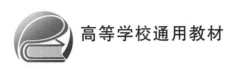

高等学校通用教材

U0168089

机械振动基础

（第2版）

胡海岩　主编

北京航空航天大学出版社

内 容 简 介

本书是为航空航天类、机械类、能源类、交通类、工程力学类等专业的本科生撰写的振动力学基础教材。全书共7章,内容包括:振动问题的背景、分类和研究途径,单自由度系统振动,多自由度系统振动,无限自由度系统振动,振动计算及综合案例,振动实验及综合案例,非线性振动简介。本书附录介绍如何用数值分析软件 MATLAB 处理振动问题,并提供了书中全部数值算例的程序。

本书结构严谨、内容丰富,强调分析、计算与实验相结合,借鉴了世界著名大学的振动力学教材,融入了作者团队的教学和研究成果,反映了振动研究领域的新进展。

图书在版编目(CIP)数据

机械振动基础 / 胡海岩主编. -- 2 版. -- 北京:
北京航空航天大学出版社,2022.11
ISBN 978 - 7 - 5124 - 3931 - 3

Ⅰ. ①机… Ⅱ. ①胡… Ⅲ. ①机械振动 Ⅳ.
①TH113.1

中国版本图书馆 CIP 数据核字(2022)第 201460 号

机械振动基础(第 2 版)
胡海岩 主编
策划编辑 赵延永 蔡 喆 责任编辑 蔡 喆 赵延永
*
北京航空航天大学出版社出版发行

北京市海淀区学院路 37 号(邮编 100191) http://www.buaapress.com.cn
发行部电话:(010)82317024 传真:(010)82328026
读者信箱:goodtextbook@126.com 邮购电话:(010)82316936
艺堂印刷(天津)有限公司印装 各地书店经销
*
开本:787×1 092 1/16 印张:14.75 字数:378 千字
2022 年 11 月第 2 版 2024 年 6 月第 3 次印刷 印数:32 001~34 000 册
ISBN 978 - 7 - 5124 - 3931 - 3 定价:49.00 元

新 版 前 言

NEW PREFACE

本书第 1 版于 2005 年作为国防科学技术工业委员会"十五"重点教材出版,是航空航天类专业的振动力学教材,适用于 40~54 学时的课程。可喜的是,全国数十所高校将其作为航空航天类、机械类、能源类、交通类、工程力学类等专业的本科生教材,使其经历了大规模的教学实践检验。

近年来,面对从"中国制造"到"中国创造"的历史性转变,我国高等工程教育正经历着深刻变革,从过去面向学生传授知识为主,转向激发学生自主学习和科技创新。在这样的背景下,高校日益重视教材建设,力求推陈出新,以适应高等工程教育的变革。

为了适应上述变革,作者根据长期从事振动力学教学和研究的体会,对本科生的振动力学教材进行了整体谋划,试图撰写反映时代特色和我国振动研究进展的新教材,引导学生开展研究性学习。一方面,根据本书第 1 版在长期教学实践中收到的反馈意见,对全书作第 2 版修订,仍作为 40~54 学时的振动力学基础教材。另一方面,撰写出版《振动力学——研究性教程》,为学习过本书的读者提供进一步自学提升的引导,尤其是开展以问题为导向的研究性学习。2020—2021 年,《振动力学——研究性教程》的中文版和英文版已相继出版。

按照上述思路,本书第 2 版的修订工作具有如下特点:

1. 既体现理论联系实际,又试图帮助读者实现认知过程的螺旋式上升。例如,在第 5 章设置了设备与弹性基础耦合振动、直升机桨叶弯曲振动两个综合案例,介绍如何针对工程问题建立动力学模型,并采用多种方法进行计算和比较。在第 6 章,以飞翼布局无人机作为综合案例,全面介绍其振动实验,并与计算结果进行比较。

2. 不仅强调振动问题的动力学建模和分析,而且重视动力学设计。例如,在等效阻尼基础上,增加了阻尼减振设计;在多自由度系统一章,增加了局部消振设计;在非线性振动一章,增加了准零刚度隔振设计。此外,在习题中设置了一批动力学设计问题。

3. 引导读者在 MATLAB 平台上处理振动问题。附录 A 提供了常用的 MATLAB 命令,对全书涉及线性代数、微分方程数值计算的 16 个例题(标注 *)提供了 MATLAB 程序,这些程序均可通过扫描附录 A2 处的二维码下载。在设置的习题中,约 40% 要求在 MATLAB 平台上完成。

4. 在每章末都增设了思考题。有些问题要求读者思考正文中的学术内容,有些问题则引导读者思考来自科学研究和工程实践中的具体问题。

南京航空航天大学张丽教授撰写了第 2 版附录 A,何欢教授、黄锐教授、金栋平教授、赵永辉教授提供了部分修订素材,并对书稿提出修改建议。陈国平教授、臧朝平教授阅读书稿并提出宝贵意见。作者在此一并致谢!

胡海岩

2022 年 10 月

前 言
PREFACE

机械振动是设计和研制飞机、直升机、导弹等飞行器时必须妥善解决的重要工程问题。因此,自 20 世纪 70 年代起,南京航空航天大学振动工程研究所为航空类专业本科生开设了"飞行器结构振动""机械振动基础"等课程,并在张阿舟教授、朱德懋教授带领下编写了《飞行器振动基础》和《振动基础》两本教材。90 年代后期,又由胡海岩教授等编写了《机械振动与冲击》,以适应学科发展和教学改革的需要。上述教材曾作为航空工业高等院校的通用教材,在多所大学使用,获得了较好的效果。

2002 年,根据"国防科工委重点教材建设计划"的要求,我们提出《机械振动基础》教材的编写计划,并被列入国防科工委"十五"重点教材建设项目。编写这本教材的基本考虑是:针对新世纪航空航天类专业教学改革的需求,在胡海岩教授等编写的《机械振动与冲击》一书基础上,根据近年来教学实践的反馈,通过精选传统内容、补充现代内容、降低理论难度等措施,编写出适合今后一个时期航空航天类专业需要的新教材。编写中,除了着重对经典内容作简明、严谨的阐述,还吸取了近期文献中的研究成果,力求反映本学科的最新发展。

本书共分 6 章。前 4 章是线性振动分析的基本内容,介绍单自由度系统、多自由度系统、无限自由度系统振动的概念、分析方法和计算方法,可作为 40 学时课程的教材。第 5 章介绍非线性振动的基本概念和分析方法,第 6 章介绍振动实验方法,可作为 14 学时的扩充内容教材。为了使读者从繁琐的振动计算中解脱出来,并通过数字仿真来加深理解机械振动理论,书末附录扼要介绍了如何使用数值分析软件平台 MATLAB 计算振动问题。每章末附有一定数量的习题,以便于读者巩固正文内容、拓宽其应用范围和工程背景。

本书由胡海岩教授主编,参加编写的有陈国平教授、陈怀海教授、金栋平教授、孙久厚研究员。国防科技工业委员会重点教材建设计划办公室聘请相关学科的专家认真审阅了全书,并提出许多宝贵的意见,作者在此致以诚挚的谢意。

作 者
2004 年 10 月

目　录
CONTENT

第1章 绪 论

机械或结构系统在其平衡位置附近的往复运动称为振动。它广泛存在于人类的日常生活和工程实践中,如洗衣机在脱水阶段的振动、车辆在行驶中的振动等。对于大自然中的往复运动现象,则通常称为震动,如地震和月震。

早在远古时期,人类就开始关注各种往复运动现象。公元前 10 世纪左右,我国古代先贤根据对振动现象的认识,发明了笙。公元前 6 世纪,古希腊哲学家 Pythagoras 通过实验,归纳了乐器中弦振动发出的声音频率与弦长、张力之间的近似关系。公元前 5 世纪,我国道家著作《管子》中记载了类似的音律规律。这些被公认为人类对振动问题的最初探索。

16 世纪 80 年代,意大利科学家 Galileo 通过实验,发现单摆小幅度振动的等时性,并计算出摆动的近似周期。此后,荷兰科学家 Huygens 发明了第一座摆钟,并对钟摆的大幅度振动进行了研究,撰写成专著《摆钟》。上述探索标志着人类开始用科学方法研究振动问题。

17 世纪后半叶,Newton 动力学和微积分的诞生为研究振动问题提供了有力的科学工具。18 世纪,法国科学家 Lagrange、瑞士科学家 Bernoulli、Euler 等致力于研究由集中质量-弹簧组成的链式系统振动,弦、杆和梁等弹性系统的振动,奠定了线性振动理论的基础。他们发现上述振动系统具有多个乃至无限多个固有振动,并揭示了系统共振的机理。

自 19 世纪后期起,工程界在制造机械和船舶、建造桥梁等工程实践中遇到大量灾害性振动问题及由此产生的疲劳和噪声问题。因此,众多的力学家和工程师致力于研究工程中的振动问题,发展了许多近似计算方法和实验方法。自 20 世纪 20 年代起,振动理论逐渐成为机械工程师、结构工程师必须掌握的知识,成为高等工程教育的重要内容。

》》》 1.1 振动问题及其模型

当飞机、船舶、车辆等载运工具行驶时,乘客会感受到振动。为了研究这类振动问题,可以把载运工具视为一个系统。飞机受到的气流作用、船舶受到的波浪作用、车辆受到的路面不平激励等,都是施加在系统上的输入,它们具有与时间相关的特征,通常称为动载荷。乘客感受到的振动则是系统的输出,通常称为动响应或简称响应。类似地,可以将燃气轮机、风力发电机、电视塔、桥梁等视为系统,研究它们在动载荷作用下的响应。

对振动问题的研究通常始于建立系统的动力学模型。首先,略去次要因素,将振动问题抽象为动力学系统。然后,研究动力学系统中整体、局部之间的关系,基于力学原理建立描述系统的数学模型,其结果是与时间相关的微分方程(组)。上述过程可简称为动力学建模,是研究振动问题的第一步。它决定了振动分析的正确性、准确性、可行性等,并且为振动设计和振动控制提供依据。

动力学模型的复杂程度取决于需要多少个独立坐标才能完备描述所关心系统的振动。通常,将描述力学系统的独立坐标数量定义为系统的自由度。本书采用这样的定义,而更一般的定义可参考《振动力学——研究性教程》[①]。现将图 1.1.1(a)中具有翼吊发动机的飞机机翼作为振动系统,考察其相对于机身的铅垂振动。如果发动机很重,而机翼质量相比之下可忽略不计,可视机翼为无惯性的弹性梁,而发动机为集中质量,仅用发动机质心的铅垂位移 $u(t)$ 来描述系统振动,得到图 1.1.1(b)所示的单自由度系统。如果计入机翼质量,则系统自由度数取决于对机翼质量分布的简化。图 1.1.1(c)是将机翼部分质量集中到发动机安装部位,其余质量集中到机翼端部得到的二自由度系统。此时,用梁端部的铅垂位移 $w(t)$ 和发动机的铅垂位移 $u(t)$ 描述系统振动。如果对机翼质量不作简化,将图 1.1.1(a)中距翼根 x 处的机翼铅垂位移记作 $w(x,t)$,由于 x 连续变化,故机翼具有无限多个自由度。如果要对发动机的具体部位进行振动分析,则要将发动机作为具有分布惯性的变形体来处理,这也是具有无限多个自由度的系统。

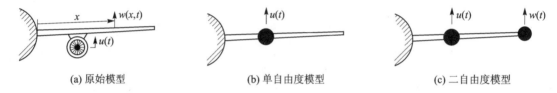

(a) 原始模型   (b) 单自由度模型   (c) 二自由度模型

图 1.1.1　具有翼吊发动机的飞机机翼模型

对于以弹性结构为主的飞行器、船舶、车辆等载运工具,其动力学模型的自由度数取决于对结构惯性分布的假设。在这类产品的初步设计阶段,通常建立自由度比较少的粗糙模型;进入详细设计阶段,再使用自由度比较多的精细模型。

例如,20 世纪 60 年代末,美国 NASA 为实施"阿波罗计划"研制 Saturn V 重型运载火箭时,率先采用复杂程度逐步增加的动力学模型。针对图 1.1.2(a)所示的运载火箭,在初步设计中仅考虑火箭垂直于其轴线的弯曲振动,对应的简化模型如图 1.1.2(b)所示。该模型只包含在无惯性弹性梁上的 30 个集中质量,共 30 个横向振动自由度。在中间设计阶段,采用图 1.1.2(c)所示的1/4 圆柱壳和圆锥壳来模拟火箭的重要舱段,模型自由度增加到 120 个。在详细设计阶段,对大部分舱段采用图 1.1.2(d)所示的1/4 圆柱壳和圆锥壳,模型自由度增加到 400 个。在 Saturn V 重型运载火箭研制中,初步设计模型用于火箭总体布局设计和地面实验规划,而详细设计模型用于描述火箭飞行过程中惯性导航平台安装部位的振动,为火箭姿态控制提供可靠信息。

此后,随着计算动力学及计算机技术的发展,工业产品的动力学模型日趋精细。目前,在运载火箭设计中,初步设计阶段的动力学模型可达上万个自由度,而精细的动力学计算模型可具有数百万个自由度。

进入 21 世纪以来,随着多物理场建模和数值仿真能力的大幅提升,基于模型的系统工程(MBSE,Model - Based System Engineering)已成为工业产品设计和研制技术的发展趋势。与此同时,数据驱动建模、深度学习等新技术为实施和推广 MBSE 提供了动力。

---

① 　胡海岩.振动力学——研究性教程[M].北京:科学出版社,2020,50-65.

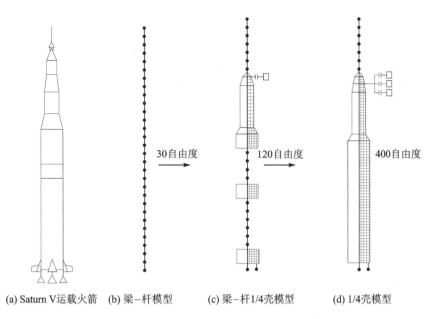

(a) Saturn V运载火箭 (b) 梁−杆模型   (c) 梁−杆1/4壳模型   (d) 1/4壳模型

图 1.1.2　Saturn V 运载火箭和复杂程度递增的动力学模型

　　在 MBSE 中,模型是基础与核心。以图 1.1.3 所示的飞机研制工程为例,飞机的动力学模型是该工程中处理所有动力学问题的基础与核心。外界或许只看到"样机—产品"流程,而设计师、工程师则需实施基于动力学模型的系统工程流程,包括基于动力学模型的计算、实验、设计和控制等环节,尤其是它们之间的反复迭代、改进和故障归零处理。

　　因此,本书将突出研究振动问题时动力学建模的作用。建议读者在阅读本书的过程中,重视和体会如何针对所研究的振动问题,建立和简化动力学模型。

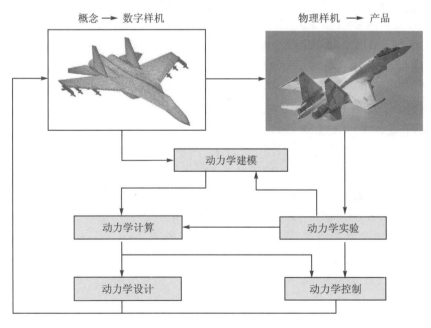

图 1.1.3　基于模型的飞机研制系统工程

1.2　振动问题的分类

在处理振动问题之前,明确问题的类别无疑非常重要。对振动问题的分类,依赖于分类的出发点。以下从系统论的角度来讨论振动问题。一个振动系统包括三个方面:输入、输出和系统模型(或系统特性)。输入是作用在系统上的动载荷,可以是随时间变化的力和力矩,也可以是位移、速度和加速度等,可统称为振动环境。输出是系统的动态响应,包括系统的位移、速度、加速度或内力、应力、应变等。从输入、输出与系统特性三者的关系来看,可以将振动问题分为三大类。

第一类问题:已知输入和系统模型求系统输出,称为响应计算或正问题。这是研究最多的问题,也是本书第 2 章~第 5 章的主要内容。对于比较简单的系统,本书将介绍解析方法或近似解析方法来计算响应。对于复杂系统,工程界已发展了许多有效的数值方法来完成计算,如计算结构响应的有限元方法、计算复杂结构响应的子结构方法、计算链式系统振动问题的传递矩阵方法等。本书作为振动力学基础教材,仅介绍最常用的有限元方法。

第二类问题:已知输入和输出求系统特性,称为系统识别或参数识别,又称为第一类反问题。振动系统的特性有许多表达方式。例如,系统的质量、刚度和阻尼,系统的频响函数,脉冲响应函数等都能描述系统特性。它们在理论上彼此等效,但各有特点,有些便于计算,有些则便于测量。系统识别或参数识别的任务是,基于实测的输入和输出数据,获得描述系统特性的参数。如果需求结果是频率、阻尼、振型等模态参数,则称为模态参数识别;如果是系统在物理坐标下的质量、刚度、阻尼等参数,则称为物理参数识别。20 世纪 80 年代起,南京航空航天大学研制了多种振动测试设备和工程化软件,成功解决了多种飞机、直升机、火箭、导弹、车辆的模态参数识别问题。目前,模态参数识别技术已趋于成熟,有许多商品化软件可供使用。物理参数识别的难度很大,尚处于发展之中。研究系统识别问题的目的之一是检验基于假设和理论所建立的系统模型是否正确,能否用于后续的振动计算与振动设计。本书第 6 章将简要介绍系统识别的若干基本方法,更深入的内容可参考《机械振动参数识别及其应用》[①]。

第三类问题:已知系统特性和输出求输入,称为动载荷识别,又称为第二类反问题。确定振动系统在运行工况下的动载荷,是振动研究中最棘手的问题之一,要针对具体问题进行个案处理。例如,在土木工程领域,工程师关注如何从高层建筑的响应来识别风载荷、地震载荷,进而制定建筑设计标准。在直升机设计领域,工程师研究如何从实测机身响应推算出直升机桨毂作用到机身上的力和力矩,或发射导弹时机身所受的冲击载荷。要使动载荷识别取得可靠结果,还必须与第一类反问题的研究紧密结合起来,也就是系统特性应该经过充分的实验验证。对于飞行器而言,全机地面振动测试是识别飞行中动载荷的重要基础。本书作为振动力学基础教材,未涉及动载荷识别问题。读者如有需求,可参考《工程结构动载荷识别方法》[②]。

在工业产品设计中,需要根据输入和输出来设计系统的质量、刚度、阻尼及其分布。这与研究上述物理参数识别问题的逻辑相同,但通常其输入和输出数据并非来自实验,故称为系统

①　周传荣,赵淳生. 机械振动参数识别及其应用[M]. 北京:科学出版社,1989.

②　张方,秦远田. 工程结构动载荷识别方法[M]. 北京:国防工业出版社,2011.

动态设计。本书在介绍振动力学基本理论和方法的过程中,嵌入若干动态设计的内容,并设置了部分习题。值得指出,复杂系统的动态设计结果通常不唯一,只能用数值优化方法获得设计结果。近年来,动态设计已从早期的参数优化发展到拓扑优化。例如,在飞行器设计中广泛采用轻质结构,导致结构共振频率很低,而通过结构拓扑优化可在保证结构轻质前提下提高共振频率。针对图 1.2.1 中绕 AB 轴匀速转动、端部有配重的薄板,作者团队完成的拓扑优化设计可允许"删除"白色区域材料,在结构轻质前提下大幅提升薄板的最低阶共振频率。这类拓扑优化设计与 3D 打印技术结合,则可拓展工业产品设计的创新空间。

如果经过上述动态设计后的系统振动不满足需求,还可通过附加有能源输入(主动)或无能源输入(被动)的子系统来调控系统振动,这称为振动控制。本书将针对具体振动系统,介绍若干振动控制方法。对振动控制有进一步需求的读者,可参考《振动控制工程》[①]。

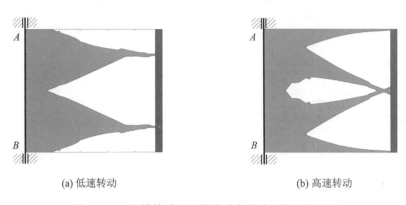

(a) 低速转动　　　　　　　　　(b) 高速转动

图 1.2.1　定轴转动矩形板的动态特性拓扑设计结果

1.3　振动研究的途径

当今,飞行器、船舶、车辆等运载工具和机器人、燃气轮机等机电产品都需要不断更新换代,以适应市场经济下的产品竞争和用户对可靠性、舒适性、经济性等不断增长的要求。由于结构日趋轻柔、机械日趋高速、环境日趋复杂,振动及由此产生的噪声、疲劳等问题制约了许多产品的性能指标,猛烈地冲击着传统的产品设计思想。

过去,工业界设计机械或结构时,通常只考虑静载荷和静特性,在产品试制出来后再进行动态特性测试或响应校核。若不符合要求,采用局部补救措施。这种传统设计往往会埋下日后事故的隐患。例如,运载火箭的星-箭耦合振动曾造成发射失败,汽轮发电机组转子振动曾引起各种断裂事故。这些大型复杂装备因振动而自行损坏或报废,会造成巨大的经济损失和恶劣的社会影响。因此,新的产品设计思想中引入了振动工程设计,即在产品设计阶段就充分考虑其动态特性,预测并解决振动问题。

经过多年努力,飞行器、船舶、机器人等高端装备的振动工程设计已融入正在快速发展的 MBSE。具体地说,就是在产品的设计、制造、使用和维护各阶段,都基于模型来处理其动力学问题,使产品的动力学建模、分析、设计和实验形成闭环,尽早消除各种隐患。为说明本书内容

① 　张阿舟,姚起杭.振动控制工程[M].北京:航空工业出版社,1989.

与该闭环的关系,图 1.3.1 给出研制飞行器结构的 MBSE 流程,本书将聚焦其中的"建模与分析"和"实验"环节。在实施数字化的 MBSE 时,图中的"微分方程"和"解微分方程"转化为有限元模型和数值计算,本书也将介绍这方面的基础知识。

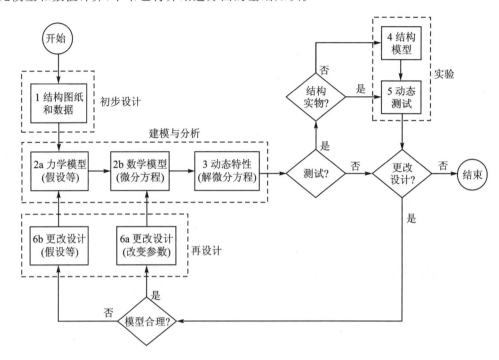

图 1.3.1 飞行器结构研制的 MBSE 流程

在航空航天领域,由于飞行器结构采用轻量化设计,导致特别突出的结构振动问题。因此,振动工程设计在飞行器的设计和研制中具有重要作用。

例如,航空界在经历多起严重空难事故后认识到,飞机结构与气流相互耦合会发生颤振。20 世纪 70 年代前,设计师主要凭借飞机试飞情况对机翼结构做局部修改,努力提高发生颤振的临界飞行速度,但收效有限。自 80 年代起,设计师在复合材料机翼结构设计阶段,通过优化铺层参数,提高飞机发生颤振的临界速度。进入 21 世纪以来,则对机翼结构引入测控技术,主动抑制颤振或降低颤振幅值。图 1.3.2 是作者团队对三维机翼模型进行颤振主动抑制的风洞实验。其中,机翼模型固定在位于风洞中的导流壁板上,由伺服电机驱动机翼的前缘和后缘控制面,通过对它们的受控运动来改变局部流场,提高机翼的颤振临界速度。

又如,直升机旋翼导致整机产生复杂振动和噪声问题。20 世纪 60 年代以前,航空界采用静态设计,其结果是有效载荷小,振动和噪声水平高。自 70 年代起,采用半动态设计,在设计、制造、地面测试、试飞、修改、定型等阶段局部地考虑振动与动不稳定性问题。自 80 年代起,随着采用新材料、新结构以及各种振动控制措施,直升机设计进入新阶段。在直升机旋翼系统的参数设计中,考虑最佳飞行性能允许的振动水平和富裕的动稳定性。在原型机研制中,结构局部修改、再分析计算、实验验证等同步跟进。因此,可不断修改原型机参数,缩短产品换代的研制周期。为适应用户要求,旋翼-机体动力耦合分析以及它们的参数匹配技术相继问世,更新旋翼时可不必再进行总体动态特性的耗时计算。

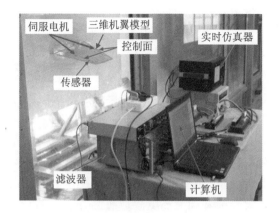

图 1.3.2 三维机翼模型颤振主动抑制的风洞实验

1.4 振动的主动利用

人类在研究振动问题之初,就根据对振动问题的理解发明了乐器、摆钟等。随着对振动问题的认识深化,振动利用逐步成为一个新的工程技术分支。目前,已有上百种利用振动的机械和许多利用振动造福人类的新技术。

自 20 世纪 30 年代起,工程界相继发明了振动夯土机、振动筛、振动给料机、振动破碎机、电磁激振器、振动试验台、振动时效处理技术等,并将其广泛应用于土木、交通、采矿、冶金、机械、电子等工程领域。例如,图 1.4.1 是物料振动筛,电机驱动凸轮将其圆周运动转换为筛网的上下往复运动,导致筛网上的物料振动;细颗粒物料通过筛网落到下方的传送带上,粗颗粒物料转到另一条传送带上,可实现对物料筛选。图 1.4.2 是模拟电子设备工作环境的振动台,由计算机产生的六路振动信号分别驱动垂直电液作动器和水平电液作动器,使台面按给定频率和幅值特性产生六个自由度的振动,对电子设备进行可靠性验证。

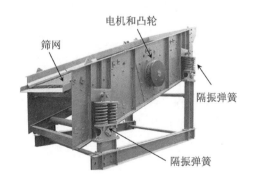

图 1.4.1 物料振动筛

图 1.4.2 检验电子设备的振动台

自 20 世纪 70 年代起,工程界陆续发明了振动钻、振动流化床、超声振动切削机床、超声电机等。与此同时,利用振动进行油井加固、提高石油产量等技术也取得重要进展。例如,图 1.4.3 是超声电机原理图。其中,压电材料定子在输入电压 $V(t)$ 的驱动下产生振动,该振动以行波方式传播,通过摩擦驱动转子朝反方向运动。超声电机的主要特点是:可提供低速大力矩输出,具有优异的起停控制性能,特别适用于精密驱动。近年来,南京航空航天大学研制的超声电机已成功应用于我国的月球探测器、火星探测器。

自 20 世纪 80 年代起,伴随计算机和数字信号处理技术的发展,工程界开始利用机械设备的振动信号对其进行故障诊断,通过自然激励对桥梁等建筑结构进行损伤检测,为机械和结构服役过程中的健康监测提供了新技术,并逐步走向智能化监测。

自 21 世纪以来,振动利用的研究范畴进一步拓宽,从过去聚焦机械和结构领域,发展到能源、信息、生物、医学等领域。例如,许多学者研究振动能源采集技术,利用环境振动来产生电能,为远离输电线的状态监测设备、通信设备、物联网等提供不间断电源。图 1.4.4 是振动能源采集器原理图。其中,采集器的基础受环境激励产生微振动 $u(t)$,悬臂梁-集中质量块组成的振动系统将微振动放大,使压电陶瓷/薄膜发生变形,产生输出电压 $V(t)$。采用微电子技术制造的能量采集器,体积小于 0.5 元硬币,质量 0.5 g,供电功率达到近 1 mW。

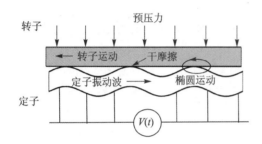
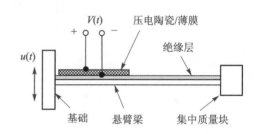

图 1.4.3　超声电机原理图　　　　　图 1.4.4　能量采集器原理图

综上所述,作为从事机电装备研制和基础设施建设的设计师或使用维护的工程师,必须掌握坚实的振动力学基础知识,在产品设计和研制中,积极开展振动工程设计,并主动利用振动来造福人类。为了实现这样的目标,设计师和工程师还必须具备宽广的机械设计、结构设计知识,并能灵活运用数值仿真、动态测试、自动控制、人工智能等技术。因此,新时代的设计师和工程师需要经历实践、认识、再实践、再认识的螺旋上升认知过程。

1.5　本书的内容简介

在高等工程教育中,开设以振动力学为核心的课程已有百年历史。南京航空航天大学为航空航天类专业本科生开设振动力学课程也有 40 多年历史,形成了几代教材。本书作为振动力学基础教材,其主要内容所涉及的线性振动理论、计算方法和实验技术已比较成熟,故本书的内容体系与前几代教材基本一致。21 世纪以来,在工业产品的设计和研制中,振动设计、振动控制和振动利用取得了许多重要进展。因此,本书在内容取舍上,力求与时俱进,进一步压缩传统内容,尽可能融入新理念、新方法和新技术。

本书第 2 章将详细介绍单自由度系统的振动,力求阐明振动力学的一些基本概念和分析方法。第 3 章介绍多自由度系统的振动,并主要以二自由度系统为例,介绍它有别于单自由度系统的振动特点和研究方法。第 4 章介绍无限自由度系统的振动,分别讨论杆、轴、梁和板的振动分析方法及振动特征。这三章构成了线性振动理论的基础。

理论分析、数值计算和实验是现代科学、技术与工程研究的三种主要手段,对于处理振动问题同样如此。近年来,这三种手段在振动工程领域中的相互结合尤为突出。本书第 5 章将介绍振动计算方法,第 6 章将介绍基于数字信号处理的振动实验技术。这两章既介绍处理振动问题所需的计算和实验方法,还提供了三个综合性案例,引导读者进行综合思考和初步的研究性学习。

在工程中,大多数系统的微振动可以用线性微分方程(组)描述,这样的系统称作线性系统,其振动为线性振动。线性微分方程的解满足叠加原理,即方程的任意两个解之叠加仍是方程的解。这给分析、计算和实验带来很大方便。线性振动分析已比较完善,为振动系统的设计、分析、监测、控制等奠定了基础,故本书主要介绍线性振动。在工程中,还有许多振动系统必须采用非线性微分方程(组)来描述,这样的系统称为非线性系统,其振动是非线性振动。例如,单摆的大幅摆动就是非线性振动,其频率与摆动幅度有关,这是线性振动所不具备的特征。研究非线性振动时无法利用线性叠加原理,且非线性振动非常复杂,学术界对其认识尚在不断深化之中。本书第 7 章将简要介绍非线性振动的基本概念和分析方法。值得指出的是,非线性振动已成为一门重要的学科分支,并在工程中起到日益重要的作用。希望了解较为系统和深入知识的读者,可阅读《应用非线性动力学》[①]。

振动系统所受到的动载荷往往很复杂,常常无法用确定性函数描述,导致系统的振动描述亦如此。例如,飞机起飞、降落阶段因跑道起伏引起的振动。由于跑道起伏程度并无确定的规律,其剖面杂乱无章,只有统计意义下的规律。因此,飞机在单次着陆时的振动无规律可言,但在同一条跑道上多次着陆时的振动具有统计规律。汽车行驶中的振动、风激励下高层建筑的振动等均具有这种特性,这种振动称为随机振动。目前,对线性系统随机振动的研究已有成熟结果,而非线性系统随机振动的研究尚在发展之中。希望了解随机振动入门知识的读者可阅读《机械振动与冲击》[②],希望掌握更深入知识的读者可阅读《随机振动》[③]。

学习振动力学课程必须要有充分的独立思考和习题训练。因此,本书在各章末均设置了若干思考题,试图引发读者的深入思考。与各章末的习题相比,这些思考题并无唯一答案。期待读者在思考这些问题的过程中有所感悟,进而产生研究振动问题的兴趣。为引导读者用MATLAB 软件求解振动问题,本书附录介绍了 MATLAB 软件的基本命令,并对书中所有涉及数值计算的例题(标注 *)提供了 MATLAB 程序。

思考题

1-1 思考机械和结构系统产生振动的必要条件是什么?

1-2 通过网络查阅史料,了解意大利科学家 Galileo 对单摆振动的研究过程,思考该过程对后人开展科学研究有什么启示?

---

① 胡海岩.应用非线性动力学[M].北京:航空工业出版社,2000.
② 胡海岩.机械振动与冲击[M].北京:航空工业出版社,1998,222-241.
③ 朱位秋.随机振动[M].2 版.北京:科学出版社,1998.

1-3　在以静力学为主的材料力学等课程中,为何基本不涉及自由度概念?

1-4　用力学语言来阐述线性振动系统的叠加原理,思考这对振动力学研究有什么作用?

1-5　试列举本章尚未涉及的振动利用案例。

1-6　思考人工智能与振动力学研究之间的关系。

第2章 单自由度系统的振动

根据绪论所述,在一定的前提下,机械和结构系统的力学模型可简化为单自由度系统。单自由度系统是最简单的振动系统,只需要一个坐标就可描述系统振动。对于工程中最常见的线性振动系统而言,多自由度系统和无限自由度系统的振动,在理论上可视为是多个乃至无限多个单自由度系统振动的线性组合。因此,单自由度系统的振动分析具有基础性作用。

本章对单自由度系统的振动问题进行全面讨论,依次介绍其动力学建模、自由振动和受迫振动。在介绍振动分析的过程中,讨论若干简单的振动设计问题。若无特别说明,本章所述系统都是单自由度系统。

2.1 系统的动力学建模

本节基于直观思考,采用理论力学和材料力学方法,讨论如何将振动问题简化为单自由度系统并建立其数学模型。这样的数学模型是含单个未知函数的常微分方程,简称为动力学方程。上述简化问题和建立数学模型的过程称为动力学建模。

在振动系统的力学模型中,有三种基本要素,即惯性、弹性、阻尼。其中,惯性来自构成系统的物质质量,是体现系统运动的实体;弹性对系统运动产生反作用力(简称弹性力),与惯性一起构成系统往复运动的内因;阻尼则在系统运动过程中消耗能量。为便于理解,本节先讨论由集中质量、弹簧和阻尼器构成的系统,再讨论更为一般的系统。

2.1.1 集中质量–弹簧–阻尼器系统

考察图 2.1.1(a)所示重力场中仅沿铅垂方向运动的系统,其模型包含一个集中质量、一个不计惯性的弹簧、一个不计惯性的阻尼器,分别描述系统的惯性、弹性和阻尼。这样一个简单模型是对实际系统的高度抽象和概括。例如,它可以描述升降机的钢丝绳和所吊重物,也可以描述安装在汽车上的发动机及其弹性支撑。

对于图 2.1.1(a)中的系统模型,描述惯性的参数是质量 m,其单位为千克(kg);描述弹性的参数是弹簧刚度系数 k,其单位为牛/米(N/m),这都是读者熟悉的物理量。阻尼器产生的反作用力(简称阻尼力)有多种,最简单的是黏性阻尼。此时,阻尼力与阻尼器两端的相对速度成正比,其比值定义为黏性阻尼系数 c,单位为牛·秒/米(N·s/m)。

现建立该系统在重力 mg 和外力 $f(t)$ 作用下的动力学方程:首先,建立描述集中质量运动的坐标系。通常将坐标系的原点选为相对地面静止的点,即采用绝对坐标系(又称惯性坐标系),并指定坐标系的正方向。其次,将集中质量作为分离体进行受力分析;约定运动方向、外

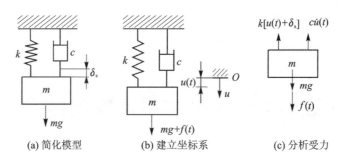

图 2.1.1　集中质量-弹簧-阻尼器系统的动力学建模

力作用方向均与坐标正向相同,弹簧产生的弹性力方向、阻尼器产生的阻尼力方向均与坐标正向相反。最后,根据 Newton 第二定律(或 d'Alembert 原理),建立系统的动力学方程。

在图 2.1.1(b)中,将该系统静平衡位置所对应的空间点作为坐标原点 O,建立图示坐标系。按上述方向约定,对图 2.1.1(c)中的集中质量进行受力分析,由 Newton 第二定律可得

$$m\ddot{u}(t) = -k[u(t) + \delta_s] - c\dot{u}(t) + mg + f(t) \tag{2.1.1}$$

其中,δ_s 为弹簧静变形。在静平衡状态下,作用在集中质量上的重力与弹簧产生的弹性力满足

$$mg - k\delta_s = 0 \tag{2.1.2}$$

将式(2.1.2)代入式(2.1.1),整理可得

$$m\ddot{u}(t) + c\dot{u}(t) + ku(t) = f(t) \tag{2.1.3}$$

这是二阶常系数线性非齐次常微分方程,其中 $u(t)$、$\dot{u}(t)$ 和 $\ddot{u}(t)$ 分别代表集中质量的位移、速度和加速度。稍后可见,这是单自由度系统动力学方程的普遍形式。

若系统不受外力 $f(t)$ 的作用,则式(2.1.3)简化为描述系统自由振动的齐次常微分方程

$$m\ddot{u}(t) + c\dot{u}(t) + ku(t) = 0 \tag{2.1.4}$$

若系统不受阻尼力 $-c\dot{u}(t)$ 和外力 $f(t)$ 的作用,则得到无阻尼系统的自由振动微分方程

$$m\ddot{u}(t) + ku(t) = 0 \tag{2.1.5}$$

这是最简单的系统动力学方程,其中的惯性项和弹性项是产生振动的必要条件,缺一不可。

2.1.2　等效动力学模型

对于图 2.1.1 中的质量-弹簧-阻尼器系统,若将其理解为抽象化的系统,则式(2.1.3)所描述的动力学方程具有普适性。基于这种普适性,可建立等效的单自由度系统动力学方程。

1. 含串并联弹性元件的等效系统

如果振动系统包含多个并联、串联或组合的弹性元件,可用其等效刚度来描述系统的弹性,进而得到与式(2.1.3)形式完全相同的动力学方程。以下讨论两个弹性元件的并联和串联,读者不难将其推广到多个弹性元件的组合。

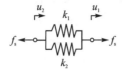

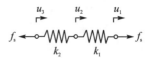

图 2.1.2　两个弹簧并联　　　　　　　　图 2.1.3　两个弹簧串联

在图 2.1.2 中,刚度系数为 k_1 和 k_2 的两个弹簧并联。在静力 f_s 作用下,它们的变形均为 $\delta \equiv u_1 - u_2$,本书采用恒等号代表"定义为"。此时,作用在两个弹簧上的力分别为

$$f_{s1} = k_1\delta, \quad f_{s2} = k_2\delta \tag{2.1.6}$$

它们的合力为

$$f_s = f_{s1} + f_{s2} = (k_1 + k_2)\delta \tag{2.1.7}$$

由此得到并联弹簧的等效刚度系数

$$k_e \equiv \frac{f_s}{\delta} = k_1 + k_2 \tag{2.1.8}$$

对于图 2.1.3 中相互串联的两个弹簧,其在静力 f_s 作用下的变形分别为

$$\delta_1 \equiv u_1 - u_2 = \frac{f_s}{k_1}, \quad \delta_2 \equiv u_2 - u_3 = \frac{f_s}{k_2} \tag{2.1.9}$$

由于它们的总变形为

$$\delta = \delta_1 + \delta_2 = f_s\left(\frac{1}{k_1} + \frac{1}{k_2}\right) \tag{2.1.10}$$

故串联弹簧的等效刚度系数为

$$k_e = \frac{k_1 k_2}{k_1 + k_2} \tag{2.1.11}$$

由此可见,弹性元件并联的等效刚度系数大于单个弹性元件的刚度系数,而串联的等效刚度系数小于单个弹性元件的刚度系数。这与电阻并联、串联的结论相反。按照上述思路,读者不难推导出两个阻尼器并联和串联后的等效阻尼系数 c_e。

因此,如果系统含多个并联/串联弹性元件,或多个并联/串联阻尼器,可将系统等效为仅含一个弹性元件和一个阻尼器的系统,用等效刚度系数 k_e 和等效阻尼系数 c_e 替代图 2.1.1 中的刚度系数 k 和阻尼系数 c,进而得到与式(2.1.3)相同的动力学方程。值得指出的是,若弹性元件与阻尼器串联,则无法实现这样的等效[①]。

2. 忽略部分惯性和弹性的等效系统

在工程中,系统的惯性分布或弹性分布常有巨大差异。此时,可忽略轻质部件的惯性,忽略刚硬部件的弹性,得到简化的系统动力学模型。

例 2.1.1　在图 2.1.4 所示的扭转振动系统中,轻质圆轴的长度为 l,直径为 d,材料剪切弹性模量为 G;刚性圆盘绕圆轴轴线的转动惯量为 J。现忽略圆轴的惯性和圆盘的弹性,建立扭转振动系统的动力学方程。

解　忽略圆轴的惯性和圆盘的弹性后,该系统只有一个扭转自由度,即图中的转角 θ。在圆盘上作用静力偶矩 M_s,由材料力学得到圆轴的静态角位移

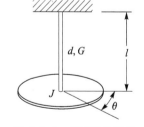

图 2.1.4　扭转振动系统

$$\theta_s = \frac{M_s l}{G I_p}, \quad I_p \equiv \frac{\pi d^4}{32} \tag{a}$$

其中,I_p 是圆轴横截面的极惯性矩。由式(a)得到圆轴下端的扭转刚度

---

① 胡海岩.振动力学——研究性教程[M].北京:科学出版社,2020,6.

$$k_T = \frac{M_s}{\theta_s} = \frac{\pi G d^4}{32l} \tag{b}$$

将该扭转刚度 k_T 作为扭转振动系统等效刚度 k_e,得到无阻尼系统自由振动的动力学方程

$$J\ddot{\theta}(t) + k_e\theta(t) = 0 \quad \Rightarrow \quad J\ddot{\theta}(t) + \frac{\pi G d^4}{32l}\theta(t) = 0 \tag{c}$$

上式与式(2.1.5)的形式相同,各物理量的对应关系为 $u \Leftrightarrow \theta$,$m \Leftrightarrow J$,$k \Leftrightarrow k_e$。

3. 基于近似振动形态的等效系统

如果振动系统中的惯性分布和弹性分布均差异不大,则无法像例 2.1.1 那样获得简化系统。此时,可用材料力学得到系统的静变形,然后假设系统的振动形态与静变形成比例,通过能量法获得等效系统的动力学方程。由于该振动形态源自假设,故称为假设振型。现用一个例题说明建立等效系统的思路,第 5 章将对这种方法进行全面和深入的讨论。

例 2.1.2 在工程中,经常遇到"设备上楼"问题,即在弹性楼板上安装较重的设备。如图 2.1.5 所示,质量为 m_1 的设备安装在两端铰支梁中部,梁的长度为 l,质量为 $m_2 = \bar{m}l$,抗弯刚度为 EI。现忽略系统阻尼,根据系统能量守恒,建立该系统沿铅垂方向的动力学方程。

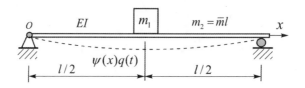

图 2.1.5 设备-弹性基础系统

解 根据材料力学,在两端铰支梁中部作用单位静力,得到左右对称的梁静挠度曲线。在图示坐标系中,该静挠度曲线的左半部分表达式为

$$\psi(x) = \frac{x(3l^2 - 4x^2)}{48EI}, \quad 0 \leqslant x \leqslant \frac{l}{2} \tag{a}$$

现假设梁的弯曲振动与梁的静挠度曲线成比例,表示为

$$w(x,t) = \psi(x)q(t) \tag{b}$$

其中,$\psi(x)$ 是假设振型,$q(t)$ 是待定时间函数。此时,该复杂系统被简化为单自由度系统。

现计算系统的动能和梁的弹性势能,利用式(a)完成如下积分

$$\begin{cases} T = \left[\dfrac{m_1}{2}\psi\left(\dfrac{l}{2}\right)^2\dot{q}^2(t) + \displaystyle\int_0^{l/2}\bar{m}\psi^2(x)\dot{q}^2(t)\mathrm{d}x\right] = \dfrac{1}{2}\left(\dfrac{l^3}{48EI}\right)^2\left(m_1 + \dfrac{17m_2}{35}\right)\dot{q}^2(t) \\[3mm] V = \displaystyle\int_0^{l/2}EI\left(\dfrac{\mathrm{d}^2\psi}{\mathrm{d}x^2}\right)^2q^2(t)\mathrm{d}x = \dfrac{1}{2}\left(\dfrac{l^3}{48EI}\right)q^2(t) \end{cases} \tag{c}$$

根据系统能量守恒,得到

$$\frac{\mathrm{d}}{\mathrm{d}t}(T+V) = \left[\left(\frac{l^3}{48EI}\right)^2\left(m_1 + \frac{17m_2}{35}\right)\ddot{q}(t) + \frac{l^3}{48EI}q(t)\right]\dot{q}(t) = 0 \tag{d}$$

由于上式对任意时刻均成立,故有

$$\left(m_1 + \frac{17m_2}{35}\right)\ddot{q}(t) + \frac{48EI}{l^3}q(t) = 0 \tag{e}$$

将式(e)与式(2.1.5)对比可见,该系统的等效质量和等效刚度为

$$m_e = m_1 + \frac{17m_2}{35}, \quad k_e = \frac{48EI}{l^3} \tag{f}$$

其中,等效质量中包含了梁质量的 $17/35 \approx 49\%$,等效刚度则是单位静力作用下梁中点挠度 $\psi(l/2)$ 的倒数。在 5.5 节,将对这类"设备上楼"问题作更深入和细致的分析。

2.2　无阻尼系统的自由振动

本节讨论无阻尼系统的自由振动问题,先推导自由振动表达式,再讨论它的主要特征。

2.2.1　自由振动的表达式

根据 2.1.1 节的讨论,无阻尼系统的自由振动满足如下二阶线性常微分方程

$$m\ddot{u}(t) + ku(t) = 0 \tag{2.2.1}$$

该方程的解具有如下形式

$$u(t) = \tilde{u}\exp(\lambda t) \tag{2.2.2}$$

其中,$\tilde{u}$ 和 λ 为常数。将上式代入式(2.2.1),消去 $\exp(\lambda t) \neq 0$,得

$$(m\lambda^2 + k)\tilde{u} = 0 \tag{2.2.3}$$

若系统的振动位移不恒为零,则有

$$m\lambda^2 + k = 0 \tag{2.2.4}$$

这个以 λ 为变量的代数方程称为**特征方程**,它的解可表示为

$$\lambda_{1,2} = \pm i\omega_n, \quad \omega_n \equiv \sqrt{\frac{k}{m}} \tag{2.2.5}$$

其中,$i \equiv \sqrt{-1}$ 为单位虚数,$\lambda_{1,2}$ 称为**特征根**,ω_n 称为系统的**固有圆频率**,也常简称为**固有频率**。此处,"固有"一词的含义是该物理量仅与系统的弹性和惯性有关,而与阻尼和外部条件等无关。在 2.2.2 节,将对该物理量作进一步讨论。

式(2.2.5)表明,式(2.2.1)有两个形如式(2.2.2)的解(简称**特征解**),记为 $\tilde{u}_1\exp(i\omega_n t)$ 和 $\tilde{u}_2\exp(-i\omega_n t)$。根据 1.5 节所述的线性微分方程叠加原理,这两个特征解的线性组合构成式(2.2.1)的通解。根据 Euler 公式,用三角函数表示指数函数 $\exp(\pm i\omega_n t)$,该通解可表示为

$$\begin{aligned} u(t) &= \tilde{u}_1\exp(i\omega_n t) + \tilde{u}_2\exp(-i\omega_n t) \\ &= \tilde{u}_1[\cos(\omega_n t) + i\sin(\omega_n t)] + \tilde{u}_2[\cos(\omega_n t) - i\sin(\omega_n t)] \\ &= a_1\cos(\omega_n t) + a_2\sin(\omega_n t) \end{aligned} \tag{2.2.6}$$

其中,a_1 和 a_2 是待定常数,取决于系统的初始条件,即系统在初始时刻的位移和速度。

根据三角函数的和角公式,还可将式(2.2.6)改写为更为简洁的形式

$$u(t) = a\sin(\omega_n t + \varphi), \quad a \equiv \sqrt{a_1^2 + a_2^2}, \quad \varphi \equiv \arctan\left(\frac{a_1}{a_2}\right) \tag{2.2.7}$$

这种振动称为**简谐振动**,a 和 φ 分别称为简谐振动的**振幅**和**初相位**,而 $\omega_n t + \varphi$ 的物理意义是**振动相位**,也称为**总相位**。

设系统在初始时刻 $t = 0$ 的位移和速度为

$$u(0) = u_0, \quad \dot{u}(0) = \dot{u}_0 \tag{2.2.8}$$

上式就是系统的**初始条件**,也称为**初始扰动**。本小节将讨论系统在初始扰动下的自由振动。如果这两个初始条件同时为零,则系统保持静平衡状态,属于不必讨论的平凡情况。

将式(2.2.6)对时间求导数,连同式(2.2.6)代入初始条件,可解出两个常数

$$a_1 = u_0, \quad a_2 = \frac{\dot{u}_0}{\omega_n} \tag{2.2.9}$$

将式(2.2.9)代回式(2.2.6),则初始扰动引起的自由振动可表示为

$$u(t) = u_0 \cos(\omega_n t) + \frac{\dot{u}_0}{\omega_n} \sin(\omega_n t) \tag{2.2.10}$$

根据式(2.2.7),还可将上式改写为

$$u(t) = a \sin(\omega_n t + \varphi) \tag{2.2.11}$$

其中,振幅和初相位分别为

$$a \equiv \sqrt{u_0^2 + \left(\frac{\dot{u}_0}{\omega_n}\right)^2}, \quad \varphi \equiv \arctan\left(\frac{\omega_n u_0}{\dot{u}_0}\right) \tag{2.2.12}$$

例 2.2.1 升降机的钢丝绳吊着质量为 m 的箱笼,以定常速度 v_0 向下运动,钢丝绳的质量可忽略不计。如果升降机在运行中紧急刹车,导致钢丝绳上端突然停止运动,计此时钢丝绳的刚度系数为 k,计算钢丝绳所受的最大张力。

解 当升降机等速运动时,钢丝绳内的张力等于箱笼所受重力,记为 $T_1 = mg$。钢丝绳上端突然停止运动时,厢笼因惯性继续向下运动;当其抵达某个位置后,在钢丝绳的内力作用下又向上运动,从而在静平衡位置附近形成自由振动。若不计钢丝绳质量,箱笼的自由振动可简化为单自由度系统的自由振动。

现以钢丝绳上端停止运动的瞬间作为初始时刻,则该系统自由振动的初始条件是

$$u_0 = 0, \quad \dot{u}_0 = v_0 \tag{a}$$

将式(a)代入(2.2.12),得到自由振动的振幅

$$a = \sqrt{u_0^2 + \left(\frac{\dot{u}_0}{\omega_n}\right)^2} = \frac{v_0}{\omega_n} = v_0 \sqrt{\frac{m}{k}} \tag{b}$$

该自由振动引起钢丝绳中的最大动态张力为

$$T_2 = ka = v_0 \sqrt{mk} \tag{c}$$

因此,钢丝绳中的总张力最大值是

$$T_{max} = T_1 + T_2 = mg + v_0 \sqrt{mk} \tag{d}$$

由式(d)可见,箱笼振动增加了钢丝绳中的总张力。当箱笼下降速度 v_0 比较大时,总张力的最大值 T_{max} 会很大,可能导致钢丝绳损坏。因此,在升降机使用中应避免箱笼下降速度 v_0 较大时突然刹车。

由式(c)可见,减小钢丝绳的刚度系数 k,则可降低最大动态张力 T_2。然而,降低钢丝绳的刚度系数 k 会带来其他问题。一种两全其美的简便设计是,在钢丝绳和悬挂箱笼的吊钩之间增加一个弹簧,即在振动系统的弹性元件中串联一个弹簧。根据2.1.2节的讨论,该方案可降低系统的等效刚度,进而降低动态张力和总张力的最大值。这种吊钩称作弹簧减振钩,可根据需要随时更换。

2.2.2　简谐振动及其特征

由式(2.2.7)所描述的简谐振动具有三个基本要素,即频率、振幅和初相位,是最简单的振动。鉴于简谐振动在振动理论中的基础性作用,本小节对其作全面讨论。

1. 周期振动及其物理意义

所谓周期振动,就是其时间历程 $u(t)$ 在任意时刻 t 均满足如下周期性条件

$$u(t+T)=u(t), \quad T>0 \tag{2.2.13}$$

其中,常数 T 为振动周期,是使上式成立的最小正常数,其单位为秒(s)。

显然,式(2.2.7)所描述的简谐振动是周期振动,其振动周期为

$$T_n=\frac{2\pi}{\omega_n}=2\pi\sqrt{\frac{m}{k}} \tag{2.2.14}$$

此处,T_n 定义为无阻尼系统振动的固有周期,其单位为秒(s)。根据式(2.2.14),固有圆频率 ω_n 的单位为弧度/秒(rad/s)。

在实践中,常采用如下定义的固有频率

$$f_n\equiv\frac{1}{T_n}=\frac{\omega_n}{2\pi} \tag{2.2.15}$$

它的单位是赫兹(Hz),即周/秒(r/s),表示 1 s 内重复振动的次数,其值可以为小数。在 ω_n 和 f_n 同时出现的场合,称 ω_n 为固有圆频率,f_n 为固有频率。由于 ω_n 的单位为弧度/秒,而一个圆周为 2π 弧度,故式(2.2.15)的物理意义是:振动在 1 s 内重复的次数。

例 2.2.2　图 2.2.1 中的直升机桨叶质量为 m,由质心 C 到铰中心 O 的距离为 l。为了确定桨叶的转动惯量,将桨叶视为重力作用下的刚体,进而简化为单自由度系统。对桨叶施加初始扰动,使其作微幅摆动;用秒表测得桨叶摆动多次所用的时间,除以摆动次数获得近似的固有周期 T_n。根据近似固有周期 T_n,求解桨叶绕质心 C 的转动惯量 J_C。

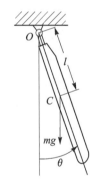

解　取图 2.2.1 所示坐标系,根据动量矩定理,得到桨叶绕点 O 转动的动力学方程

$$J_O\ddot{\theta}(t)=-mgl\sin[\theta(t)] \tag{a}$$

其中,J_O 是桨叶绕点 O 的转动惯量。

图 2.2.1　用振动实验获得直升机桨叶的转动惯量

对于微小的摆动角 $|\theta|\ll 1$ rad,可认为 $\sin\theta\approx\theta$,进而将式(a)近似为线性动力学方程

$$J_O\ddot{\theta}(t)+mgl\theta(t)=0 \tag{b}$$

因此,桨叶的微摆动固有频率及固有周期分别为

$$\omega_n=\sqrt{\frac{mgl}{J_O}}, \quad T_n=2\pi\sqrt{\frac{J_O}{mgl}} \tag{c}$$

由式(c)得到桨叶绕点 O 的转动惯量

$$J_O=\frac{mgl}{4\pi^2}T_n^2 \tag{d}$$

根据转动惯量的平行移轴公式,即可得到桨叶绕质心 C 的转动惯量

$$J_C = J_O - ml^2 = \frac{mgl}{4\pi^2}T_n^2 - ml^2 \qquad (e)$$

2. 简谐振动的位移、速度、加速度关系

将式(2.2.7)所描述的位移对时间求一次导数和二次导数,得到的速度和加速度为

$$\begin{cases} \dot{u}(t) = \omega_n a\cos(\omega_n t + \varphi) = \omega_n a\sin(\omega_n t + \varphi + \pi/2) \\ \ddot{u}(t) = -\omega_n^2 a\sin(\omega_n t + \varphi) = \omega_n^2 a\sin(\omega_n t + \varphi + \pi) \end{cases} \qquad (2.2.16)$$

由此可见,简谐振动的位移、速度、加速度之间具有如下关系:它们振动频率相同;速度的相位超前位移 $\pi/2$,加速度的相位超前位移 π;速度和加速度的振幅分别是位移振幅的 ω_n 和 ω_n^2 倍。三者之间关系可用图 2.2.2 表示。

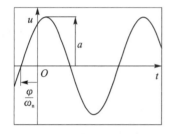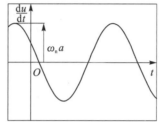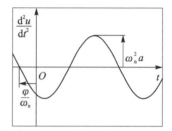

图 2.2.2　简谐振动的位移、速度与加速度关系

3. 振动方向相同的简谐振动合成

运用三角函数公式可证明:两个同频率简谐振动的合成(即叠加)仍为简谐振动,且频率不变;两个频率不同的简谐振动的合成则分两种情况:若两个频率之比为有理数时,则结果为周期振动,否则为非周期振动。

有趣的是,两个频率接近的简谐振动叠加会产生周期性拍振,如图 2.2.3 所示。其中,虚线 $\bar{a}(t)$ 称为包络线。图 2.2.3(b)表明,两个同幅值简谐振动的叠加在某些时刻相互抵消。

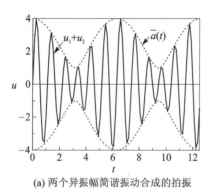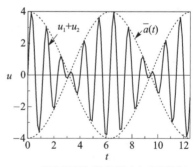

(a) 两个异振幅简谐振动合成的拍振　　　(b) 两个同振幅简谐振动合成的拍振

图 2.2.3　两个频率相近简谐振动合成的拍振

4. 振动方向垂直的简谐振动合成

借助解析几何可以证明:两个同频率简谐振动在同一平面内沿相互垂直方向的合成运动通常是椭圆;当频率不同时,则合成运动较为复杂。当频率之间存在一定比例关系时,合成运

动呈现有规律的结果,可表示为 Lissajous(李萨育)图。在振动实验中,若将两个简谐振动信号输入到双线示波器,可直接观察到 Lissajous 图,有助于理解振动的合成。

现借助图 2.2.4 来说明 Lissajous 图的生成。设两个简谐振动为 $u_1 = a_1\sin(t+\varphi_1)$ 和 $u_2 = a_2\sin(\omega t+\varphi_2)$,它们描述质点在水平方向作频率为 1、振幅为 a_1 的振动,在铅垂方向作频率为 ω、振幅为 a_2 的振动。如图 2.2.4 所示,取一张边长为 $2\pi a_1$、高为 $2a_2$ 的矩形纸,在纸上绘制一个周期为 $2\pi a_1/\omega$、振幅为 a_2 的正弦波;然后将矩形纸卷成圆柱面,并将圆柱面上的正弦波垂直投影到由 u_1 和 u_2 所张的平面上,就得到 Lissajous 图。

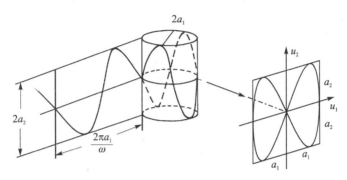

图 2.2.4　Lissajous 图的制作

Lissajous 图的形状与频率 ω 有关。若 $\omega = 1$,圆柱面上的曲线是一个椭圆,它在 u_1 和 u_2 所张平面上的投影依赖于相位差 $\varphi_2 - \varphi_1$。对于 $\varphi_2 - \varphi_1 = 0$,可以得到上述矩形纸的一条对角线;对于 $\varphi_2 - \varphi_1 = \pi/4$ 和 $\varphi_2 - \varphi_1 = \pi/2$,Lissajous 图为椭圆;当 $\varphi_2 - \varphi_1$ 由 $\pi/2$ 增加到 π 时,椭圆缩成第二条对角线;当 $\varphi_2 - \varphi_1$ 再增加时,则上述过程重复,如图 2.2.5(a)所示。若 $\omega \approx 1$ rad/s,则相应的 Lissajous 图是不封闭的曲线,如图 2.2.5(b)所示。

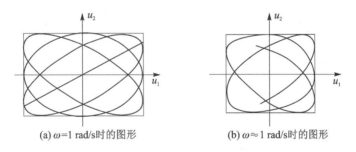

(a) $\omega = 1$ rad/s 时的图形　　　　　(b) $\omega \approx 1$ rad/s 时的图形

图 2.2.5　典型的 Lissajous 图形

⫸⫸⫸ 2.3　阻尼系统的自由振动

无阻尼系统是一种理想化系统,系统受初始扰动后的周期振动犹如"永动机",在现实中并不存在。对于真实系统,其力学模型中除了惯性元件和弹性元件外,还应有阻尼元件。本节分析线性黏性阻尼对系统自由振动的影响。

根据式(2.1.4),黏性阻尼系统的自由振动满足如下常微分方程的初值问题

$$\begin{cases} m\ddot{u}(t) + c\dot{u}(t) + ku(t) = 0 & (2.3.1a) \\ u(0) = u_0, \quad \dot{u}(0) = \dot{u}_0 & (2.3.1b) \end{cases}$$

该微分方程的解(即特征解)具有如下形式

$$u(t) = \tilde{u}\exp(\lambda t) \tag{2.3.2}$$

其中,$\tilde{u}$ 和 λ 为常数。将式(2.3.2)代入式(2.3.1a),得到相应的特征方程

$$m\lambda^2 + c\lambda + k = 0 \tag{2.3.3}$$

解出一对特征根

$$\lambda_{1,2} = -\frac{c}{2m} \pm \sqrt{\left(\frac{c}{2m}\right)^2 - \frac{k}{m}} \tag{2.3.4}$$

显然,$(c/2m)^2$ 与 k/m 之差决定这两个特征根是实数或复数,从而决定两个特征解 $\tilde{u}_1\exp(\lambda_1 t)$ 和 $\tilde{u}_2\exp(\lambda_2 t)$ 的形式。

为了讨论特征根,定义无量纲的**系统阻尼比**(简称**阻尼比**)ζ,即

$$\zeta \equiv \frac{c/(2m)}{\sqrt{k/m}} = \frac{c}{2\sqrt{mk}} = \frac{c}{2m\omega_n} = \frac{c}{c_c} \tag{2.3.5}$$

其中,ω_n 是系统的固有频率,$c_c \equiv 2m\omega_n$ 定义为系统的**临界阻尼系数**。于是,可将式(2.3.4)表示为

$$\lambda_{1,2} = -\zeta\omega_n \pm \omega_n\sqrt{\zeta^2 - 1} \tag{2.3.6}$$

因此,对于阻尼比 $\zeta \geq 1$ 或 $\zeta < 1$,上式将给出实特征根或复特征根,以下分别进行讨论。

2.3.1 过阻尼和临界阻尼系统

1. 过阻尼系统($\zeta > 1$)

当 $\zeta > 1$ 时,特征根 $\lambda_{1,2}$ 是一对互异实根,式(2.3.1a)的通解可表示为

$$u(t) = a_1\exp\left[\left(-\zeta + \sqrt{\zeta^2-1}\right)\omega_n t\right] + a_2\exp\left[\left(-\zeta - \sqrt{\zeta^2-1}\right)\omega_n t\right] \tag{2.3.7}$$

其中,a_1 和 a_2 是由初始条件确定的两个积分常数。将上式对时间求导数,将其连同式(2.3.7)代入式(2.3.1b),解出这两个积分常数

$$a_1 = \frac{\dot{u}_0 + \left(\zeta + \sqrt{\zeta^2-1}\right)\omega_n u_0}{2\omega_n\sqrt{\zeta^2-1}}, \quad a_2 = \frac{-\dot{u}_0 - \left(\zeta - \sqrt{\zeta^2-1}\right)\omega_n u_0}{2\omega_n\sqrt{\zeta^2-1}} \tag{2.3.8}$$

将它们代入式(2.3.7),得到系统位移时间历程。图 2.3.1 中的实线是 $a_1 = 1$ 且 $a_2 = -1$ 时的系统位移时间历程,它按指数规律衰减,不是往复运动。

2. 临界阻尼情况($\zeta = 1$)

当 $\zeta = 1$ 时,式(2.3.6)对应的特征根是一对相同实根

$$\lambda_{1,2} = -\omega_n \tag{2.3.9}$$

根据常微分方程理论,式(2.3.1a)的通解是如下两个特征解的线性组合

$$u(t) = a_1\exp(-\omega_n t) + a_2 t\exp(-\omega_n t) \tag{2.3.10}$$

令上式及其导数中的时间为 $t=0$,代入式(2.3.1b),解出积分常数

$$a_1 = u_0, \quad a_2 = \dot{u}_0 + \omega_n u_0 \tag{2.3.11}$$

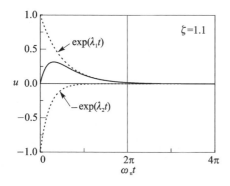

图 2.3.1　过阻尼系统的自由运动

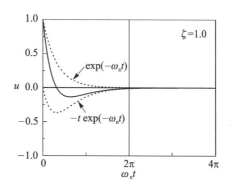

图 2.3.2　临界阻尼系统的自由运动

将它们代入式(2.3.10),再次得到按指数规律衰减的系统位移。图 2.3.2 中实线是 $a_1=1$ 且 $a_2=-1$ 时的系统位移时间历程。给读者留作习题证明,这种运动至多只过平衡点一次,不是往复运动。

值得指出,过阻尼系统和临界阻尼系统并非本书讨论的重点,但具有广泛的工程应用。例如,在火炮、中小型火箭的发射缓冲装置中,设有并联弹簧和阻尼器,将不计炮弹、火箭质量的发射系统设计为过阻尼或临界阻尼系统,以免在发射后产生往复振动。又如,在力学传感器设计中,常采用临界阻尼来消除测量信号的往复振荡。

2.3.2　欠阻尼系统

当 $0<\zeta<1$ 时,称系统为欠阻尼系统。这时,式(2.3.6)中的特征根是一对共轭复根

$$\lambda_{1,2}=-\zeta\omega_n\pm i\omega_n\sqrt{1-\zeta^2} \tag{2.3.12}$$

根据 Euler 公式,用三角函数表示指数函数 $\exp(\pm i\omega_n\sqrt{1-\zeta^2}t)$,式(2.3.1a)的通解可表示为

$$u(t)=\exp(-\zeta\omega_n t)\left[a_1\cos(\omega_d t)+a_2\sin(\omega_d t)\right] \tag{2.3.13}$$

其中

$$\omega_d\equiv\omega_n\sqrt{1-\zeta^2} \tag{2.3.14}$$

称为系统的阻尼振动频率。显然,它小于系统的固有频率。

令式(2.3.13)及其导数中的时间为 $t=0$,代入式(2.3.1b)左端,解出积分常数

$$a_1=u_0,\quad a_2=\frac{\dot{u}_0+\zeta\omega_n u_0}{\omega_d} \tag{2.3.15}$$

将其代入式(2.3.13),得到系统的位移

$$u(t)=\exp(-\zeta\omega_n t)\left[u_0\cos(\omega_d t)+\frac{\dot{u}_0+\zeta\omega_n u_0}{\omega_d}\sin(\omega_d t)\right]=U(t)u_0+V(t)\dot{u}_0 \tag{2.3.16}$$

其中

$$\begin{cases}U(t)\equiv\exp(-\zeta\omega_n t)\left[\cos(\omega_d t)+\dfrac{\zeta}{\sqrt{1-\zeta^2}t}\sin(\omega_d t)\right]\\[2mm]V(t)\equiv\dfrac{1}{\omega_d}\exp(-\zeta\omega_n t)\sin(\omega_d t)\end{cases} \tag{2.3.17}$$

它们分别是单位初始位移和单位初始速度引起的自由振动。

类比由式(2.2.10)～式(2.2.11)的推导,可将式(2.3.16)改写为

$$u(t) = a \exp(-\zeta\omega_n t)\sin(\omega_d t + \varphi) \tag{2.3.18}$$

其中

$$a \equiv \sqrt{u_0^2 + \left(\frac{\dot{u}_0 + \zeta\omega_n u_0}{\omega_d}\right)^2}, \quad \varphi \equiv \arctan\left(\frac{\omega_d u_0}{\dot{u}_0 + \zeta\omega_n u_0}\right) \tag{2.3.19}$$

图 2.3.3 中实线是典型的位移时间历程。这是系统在平衡位置附近的往复运动,但幅值不断
衰减,不再是周期振动。故平时所说的阻尼系统自由振动,都是指欠阻尼系统的自由振动。

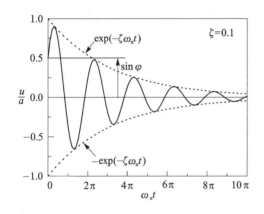

图 2.3.3　欠阻尼系统的衰减振动

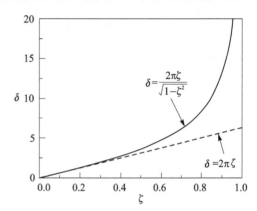

图 2.3.4　振幅对数衰减率与阻尼比的关系

在工程中,绝大多数的机械和结构系统都属于欠阻尼系统,通常其阻尼比 $\zeta < 0.2$。以金
属结构为例,由实测得到的阻尼比为 $\zeta \approx 0.002 \sim 0.01$。对于复合材料结构,其阻尼比可达到
$\zeta \approx 0.01 \sim 0.1$。以下讨论阻尼系统的振动特性。

① 图 2.3.3 表明,阻尼系统自由振动 $u(t)$ 的幅值按指数规律 $a\exp(-\zeta\omega_n t)$ 衰减,函数
$\pm a\exp(-\zeta\omega_n t)$ 可作为该自由振动的包络线。

② 阻尼系统的自由振动是非周期振动,而其任意相邻两次沿同一方向经过平衡位置的时
间间隔均为

$$\bar{T}_d \equiv \frac{2\pi}{\omega_d} = \frac{2\pi}{\omega_n\sqrt{1-\zeta^2}} = \frac{T_n}{\sqrt{1-\zeta^2}} \tag{2.3.20}$$

这种性质称为等时性。借用周期这一术语,称该时间间隔 $\bar{T}_d$ 为阻尼振动周期。显然,它大于
无阻尼自由振动的周期 T_n。值得注意,上述衰减振动的周期只说明振动具有等时性,并不意
味着振动具有周期性。

③ 阻尼振动频率 ω_d 和阻尼振动周期 $\bar{T}_d$ 是阻尼系统自由振动的重要参数。当阻尼比很
小时,它们与系统的固有频率 ω_n、固有周期 T_n 差别很小,甚至可忽略。

④ 为了描述振幅衰减的快慢,可引入振幅对数衰减率。它定义为经过一个阻尼振动周期
相邻两个振幅之比的自然对数

$$\delta \equiv \ln\left\{\frac{\exp(-\zeta\omega_n t)}{\exp[-\zeta\omega_n(t+\bar{T}_d)]}\right\} = \zeta\omega_n \bar{T}_d = \frac{2\pi\zeta}{\sqrt{1-\zeta^2}} \tag{2.3.21}$$

由此可见,振幅对数衰减率仅取决于阻尼比。图 2.3.4 中的实线是两者间关系曲线。当阻尼比 $\zeta \ll 1$ 时,通过 Taylor 级数展开,可将式(2.3.21)近似为

$$\delta \approx 2\pi\zeta \qquad (2.3.22)$$

图 2.3.4 中的虚线是这一线性化近似。当阻尼比 ζ 为 0.1、0.2 和 0.3 时,这一近似式的误差分别为 0.5%、2% 和 4.6%。

⑤ 在阻尼系统的自由振动中,由阻尼引起的振幅衰减提供了通过实验确定系统阻尼的可能性。通常,可根据实测的自由振动,通过计算振幅对数衰减率来确定系统阻尼比。

例 2.3.1　图 2.3.5 是角位移传感器的简化模型,其刚性摆杆质量可忽略,记 $\alpha \equiv a/l$。求该系统绕点 O 作微振动的阻尼振动频率和临界阻尼系数。

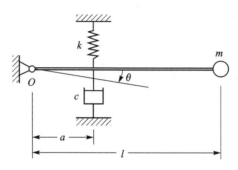

图 2.3.5　角位移传感器的力学模型

解　取图中刚性杆的转角 θ 为广义坐标。根据动量矩定理,可建立该系统作微振动的动力学方程

$$ml^2\ddot{\theta}(t) = -ka^2\theta(t) - ca^2\dot{\theta}(t) \qquad (a)$$

上式可改写为如下动力学方程

$$m\ddot{\theta}(t) + c\alpha^2\dot{\theta}(t) + k\alpha^2\theta(t) = 0 \qquad (b)$$

将式(b)与式(2.3.1a)作对比,得到系统的固有频率

$$\omega_n = \alpha\sqrt{\frac{k}{m}} \qquad (c)$$

根据式(2.3.5)和式(c),得到系统阻尼比

$$\zeta = \frac{c\alpha^2}{2m\omega_n} = \frac{c\alpha}{2\sqrt{km}} \qquad (d)$$

因此,阻尼振动频率为

$$\omega_d = \omega_n\sqrt{1-\zeta^2} = \alpha\sqrt{\frac{k}{m}\left(1 - \frac{\alpha^2 c^2}{4km}\right)} \qquad (e)$$

在式(d)中取 $\zeta = 1$,得到系统的临界阻尼系数

$$c_c = \frac{2\sqrt{km}}{\alpha} \qquad (f)$$

由上述结果可见,阻尼器的阻尼系数与系统阻尼比有本质差异。前者反映阻尼器的特性,后者则体现整个系统的特性。

2.4 简谐力激励下的受迫振动

2.4.1 完整受迫振动分析

给定系统的初始条件,系统在简谐激振力作用下的振动满足

$$\begin{cases} m\ddot{u}(t) + c\dot{u}(t) + ku(t) = f_0\sin(\omega t) & (2.4.1a) \\ u(0) = u_0, \quad \dot{u}(0) = \dot{u}_0 & (2.4.1b) \end{cases}$$

这是二阶线性非齐次常微分方程的初值问题。根据常微分方程理论,式(2.4.1a)的通解可表示为

$$u(t) = \tilde{u}(t) + u^*(t) \tag{2.4.2}$$

其中,$\tilde{u}(t)$是式(2.4.1a)所对应齐次微分方程的通解,$u^*(t)$是式(2.4.1a)的任意特解。显然,它们分别满足的常微分方程为

$$m\ddot{\tilde{u}}(t) + c\dot{\tilde{u}}(t) + k\tilde{u}(t) = 0 \tag{2.4.3}$$

$$m\ddot{u}^*(t) + c\dot{u}^*(t) + ku^*(t) = f_0\sin(\omega t) \tag{2.4.4}$$

根据式(2.3.13),得到式(2.4.3)的通解为

$$\tilde{u}(t) = \exp(-\zeta\omega_n t)[a_1\cos(\omega_d t) + a_2\sin(\omega_d t)] \tag{2.4.5}$$

其中,常数a_1和a_2由式(2.4.1b)中$u(t)$的初始条件确定。根据式(2.4.2),对于给定的初始条件,常数a_1和a_2与特解$u^*(t)$的选择有关,故稍后再作讨论。

由于$u^*(t)$是满足式(2.4.4)的任意特解,不妨将其表示为

$$u^*(t) = B_d\sin(\omega t + \psi_d) \tag{2.4.6}$$

这是与激振力同频率的简谐振动,但两者的振幅不同,且相位相差一个角度。为使上式满足式(2.4.4),B_d和ψ_d应满足一定的关系。为此,将式(2.4.6)代入式(2.4.4)得

$$(k - m\omega^2)B_d\sin(\omega t + \psi_d) + c\omega B_d\cos(\omega t + \psi_d) = f_0\sin(\omega t) \tag{2.4.7}$$

将式(2.4.7)右端的简谐激振力改写为

$$f_0\sin(\omega t) = f_0\sin(\omega t + \psi_d - \psi_d)$$
$$= \sin(\omega t + \psi_d)(f_0\cos\psi_d) - \cos(\omega t + \psi_d)(f_0\sin\psi_d) \tag{2.4.8}$$

将上式代入式(2.4.7),比较式中$\sin(\omega t + \psi_d)$和$\cos(\omega t + \psi_d)$前的系数,得到

$$\begin{cases} (k - m\omega^2)B_d = f_0\cos\psi_d \\ c\omega B_d = -f_0\sin\psi_d \end{cases} \tag{2.4.9}$$

由此解出

$$B_d = \frac{f_0}{\sqrt{(k-m\omega^2)^2 + (c\omega)^2}}, \quad \psi_d = \tan^{-1}\left(\frac{c\omega}{m\omega^2 - k}\right) \tag{2.4.10}$$

其中,$\tan^{-1}(\cdot)$代表反正切函数$\text{Arctan}(\cdot)$中满足实际意义的解支,2.4.2节将对此作详细讨论。

将式(2.4.5)和式(2.4.6)代入式(2.4.2),根据式(2.4.1b)中的初始条件,可确定通解$\tilde{u}(t)$中的两个常数为

$$\begin{cases} a_1 = u_0 + \dfrac{2\zeta\omega_n^3\omega B_0}{(\omega_n^2 - \omega^2)^2 + (2\zeta\omega_n\omega)^2} \\[4mm] a_2 = \dfrac{\dot{u}_0 + \zeta\omega_n u_0}{\omega_d} - \dfrac{\omega\omega_n^2 B_0\left[(\omega_n^2 - \omega^2) - 2\zeta^2\omega_n^2\right]}{\omega_d\left[(\omega_n^2 - \omega^2)^2 + (2\zeta\omega_n\omega)^2\right]} \end{cases} \tag{2.4.11}$$

其中,$B_0 \equiv f_0/k$ 的物理意义是系统的**准静态位移**。

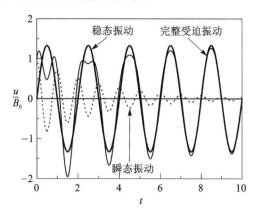

图 2.4.1　系统在简谐激励下的受迫振动

图 2.4.1 给出由式(2.4.2)表示的解,并称其为系统的**完整受迫振动**。对照图 2.4.1,由式(2.4.5)和式(2.4.6)的构成可见,系统的完整受迫振动具有如下几个特征。

① 完整受迫振动由呈现衰减振动的解 $\tilde{u}(t)$ 和呈现简谐振动的解 $u^*(t)$ 叠加而成。随着时间增加,$\tilde{u}(t)$ 的幅值逐渐衰减,以致可忽略不计,故称其为**瞬态振动**;而 $u^*(t)$ 的振幅不随时间变化,故称为**稳态振动**。稳态振动的频率等于激励频率 ω,而幅值和相位取决于激励幅值和系统参数,与初始条件无关。这是线性系统的基本特性。

② 由给定的初始条件出发,系统的完整受迫振动呈现较为复杂的波形。但随着时间增加,瞬态振动 $\tilde{u}(t)$ 趋于零,而稳态振动 $u^*(t)$ 成为主要成分,这个阶段称为**过渡过程**。过渡过程只经历一个不长的时间,阻尼越大,过渡过程的持续时间越短。

③ 经过一段时间后,系统的完整受迫振动以稳态振动 $u^*(t)$ 为主,这一阶段称为**稳态过程**。只要有简谐激振力作用,稳态振动 $u^*(t)$ 将一直持续下去。

例 2.4.1 * 考察初始静止的欠阻尼系统,求该系统在激振力 $f_0\cos(\omega_n t)$ 作用下的完整受迫振动。在 MATLAB 平台上绘图,讨论系统阻尼比对振动的影响。

解　该系统的动力学方程可表示为

$$m\ddot{u}(t) + c\dot{u}(t) + ku(t) = f_0\cos(\omega_n t) = f_0\sin\left(\omega_n t + \frac{\pi}{2}\right) \tag{a}$$

根据式(2.4.5)和式(2.4.6),得到式(a)的通解

$$u(t) = \exp(-\zeta\omega_n t)\left[a_1\cos(\omega_d t) + a_2\sin(\omega_d t)\right] + B_d\sin\left(\omega_n t + \psi_d + \frac{\pi}{2}\right) \tag{b}$$

将 $\omega = \omega_n$ 代入式(2.4.10),得到

$$B_d = \frac{f_0}{c\omega_n}, \quad \psi_d = -\frac{\pi}{2} \tag{c}$$

将式(c)代入式(b),得到含待定积分常数的完整受迫振动

$$u(t) = \exp(-\zeta\omega_n t)[a_1\cos(\omega_d t) + a_2\sin(\omega_d t)] + \frac{f_0}{c\omega_n}\sin(\omega_n t) \tag{d}$$

将式(d)对时间求导,将结果连同式(d)代入初始静止条件 $u(0)=0$ 和 $\dot{u}(0)=0$,解出 a_1 和 a_2,再将结果代回式(d),得到待求结果

$$u(t) = \frac{f_0}{c\omega_n}\left[\sin(\omega_n t) - \frac{1}{\sqrt{1-\zeta^2}}\exp(-\zeta\omega_n t)\sin\left(\sqrt{1-\zeta^2}\,\omega_n t\right)\right] \tag{e}$$

对于小阻尼情况,即 $\zeta \ll 1$,可取 $\sqrt{1-\zeta^2} \approx 1$,进而将式(e)简化为

$$u(t) \approx \frac{f_0}{c\omega_n}[1 - \exp(-\zeta\omega_n t)]\sin(\omega_n t) \tag{f}$$

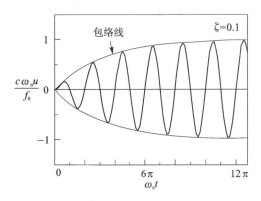

图 2.4.2　欠阻尼系统的共振过渡过程

取 $\zeta = 0.1$,采用附录 A2 的 MATLAB 程序对式(f)绘图得到图 2.4.2,这是系统由初始静止进入共振的过渡过程。建议读者取 $\zeta = 0.01$ 和 $\zeta = 0.001$,并选择更长的时间历程,绘图考察过渡过程的变化。

2.4.2　稳态振动分析

通常,系统的过渡过程很短暂,故在工程中主要关心系统的稳态振动。为了便于分析,先引入两个无量纲参数:频率比 λ 和位移振幅放大因子 β_d,即

$$\lambda \equiv \frac{\omega}{\omega_n}, \quad \beta_d \equiv \frac{B_d}{B_0} = \frac{B_d}{(f_0/k)} \tag{2.4.12}$$

其中,$B_0 \equiv f_0/k$ 是式(2.4.11)中引入的准静态位移。利用上述参数,将式(2.4.10)改写为

$$\begin{cases} \beta_d = \dfrac{1}{\sqrt{(1-\lambda^2)^2 + (2\zeta\lambda)^2}} & (2.4.13a) \\[3mm] \psi_d = \tan^{-1}\left(\dfrac{2\zeta\lambda}{\lambda^2-1}\right) & (2.4.13b) \end{cases}$$

值得指出,反正切函数 $\tan^{-1}(\cdot)$ 有多个解支。当 $\lambda < 1$ 时,取 $\psi_d \in (-\pi/2, 0]$;当 $\lambda > 1$ 时,按相位连续要求,取 $\psi_d \in (-\pi, -\pi/2)$。为获得单解支表达式,可将式(2.4.13b)改写为

$$\psi_d = \arccos\left(\frac{\lambda^2-1}{\sqrt{(1-\lambda^2)^2 + (2\zeta\lambda)^2}}\right) - \pi \tag{2.4.14}$$

其中,反余弦函数 $\arccos(\cdot)$ 由 π 单调递减为 0,故相位角 ψ_d 从 0 单调递减为 $-\pi$。在后续讨

论其他相频特性问题时,也均采用形式简单的 $\tan^{-1}(\cdot)$,读者可类似写出其单解支表达式。

对于给定的系统参数和激励幅值,B_0 和 ω_n 为常数,稳态振动的位移幅值 B_d 随外激励频率 ω 的变化可通过 $\beta_d \sim \lambda$ 之间的关系曲线描述。同理,稳态振动与激振力之间的相位差 ψ_d 随外激励频率 ω 的变化可通过 $\psi_d \sim \lambda$ 之间的关系曲线描述。以下称 $\beta_d \sim \lambda$ 之间的关系曲线为位移幅频特性曲线,称 $\psi_d \sim \lambda$ 之间的关系曲线为位移相频特性曲线。显然,系统阻尼对这两条曲线有影响。图 2.4.3 给出四种典型阻尼比下的位移幅频特性曲线和相频特性曲线。

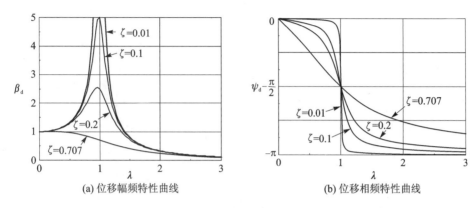

(a) 位移幅频特性曲线　　　　　　　(b) 位移相频特性曲线

图 2.4.3　稳态振动的位移幅频和相频特性曲线

由图 2.4.3 可见:

① 当激励频率远小于系统固有频率时,即 $\lambda \ll 1$ 时,$\beta_d \approx 1$;此时,稳态振动的幅值 B_d 趋于准静态位移 B_0。当激励频率远大于系统固有频率时,即 $\lambda \gg 1$ 时,$\beta_d \approx 0$;此时,稳态振动的幅值 $B_d \approx 0$,即系统几乎静止不动。

② 在 $\lambda = 1$ 左侧附近,位移幅频特性曲线出现峰值,阻尼比越小,峰值越高;当 $\lambda = 1$ 时,不论系统阻尼比如何,位移相位滞后于激励相位 $\pi/2$。

③ 当阻尼比很小时,在 $\lambda = 1$ 两侧,相位角 ψ_d 的差异接近 π,故称 $\lambda = 1$ 为"反相点";随着阻尼比增加,相频特性曲线变化趋于平缓;当 $\zeta = 0.707$ 时,相频特性曲线变化最平缓。

根据式(2.4.6),可得到稳态振动的速度时间历程

$$\dot{u}^*(t) = \omega B_d \cos(\omega t + \psi_d) = B_v \sin(\omega t + \psi_v) \tag{2.4.15}$$

其中,B_v 和 ψ_v 分别是速度振幅和速度与激振力之间的相位差,定义为

$$\begin{cases} B_v \equiv \omega B_d = \dfrac{\omega \omega_n^2 B_0}{\sqrt{(\omega_n^2 - \omega^2)^2 + (2\zeta \omega_n \omega)^2}} & \text{(2.4.16a)} \\[4mm] \psi_v \equiv \psi_d + \dfrac{\pi}{2} & \text{(2.4.16b)} \end{cases}$$

类似地,可定义稳态振动的速度振幅放大因子

$$\beta_v \equiv \frac{B_v}{\omega_n B_0} = \lambda \beta_d = \frac{\lambda}{\sqrt{(1 - \lambda^2)^2 + (2\zeta\lambda)^2}} \tag{2.4.17}$$

图 2.4.4 给出典型阻尼比下稳态振动的速度幅频特性曲线。

同理,可推导稳态振动的加速度时间历程

$$\ddot{u}^*(t) = -\omega^2 B_d \sin(\omega t + \psi_d) = B_a \sin(\omega t + \psi_a) \tag{2.4.18}$$

其中,B_a 和 ψ_a 分别是加速度振幅和加速度与激振力之间的相位差,定义为

$$\begin{cases} B_a \equiv \omega^2 B_d = \dfrac{\omega^2 \omega_n^2 B_0}{\sqrt{(\omega_n^2 - \omega^2)^2 + (2\zeta\omega_n\omega)^2}} & (2.4.19\text{a}) \\[4mm] \psi_a \equiv \psi_d + \pi & (2.4.19\text{b}) \end{cases}$$

类似地,可定义稳态振动的加速度振幅放大因子

$$\beta_a \equiv \frac{B_a}{\omega_n^2 B_0} = \lambda^2 \beta_d = \frac{\lambda^2}{\sqrt{(1-\lambda^2)^2 + (2\zeta\lambda)^2}} \qquad (2.4.20)$$

图 2.4.5 给出典型阻尼比下稳态振动的加速度幅频特性曲线。

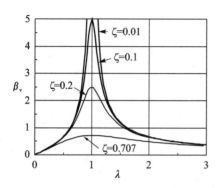

图 2.4.4　稳态振动的速度幅频特性曲线　　　图 2.4.5　稳态振动的加速度幅频特性曲线

通过对图 2.4.3～图 2.4.5 作对比,可按激励频段对系统稳态振动进行如下讨论。

1. 低频段($0 \leqslant \lambda \ll 1$)

由各幅频特性曲线可见

$$\beta_d \approx 1, \quad \beta_v \approx 0, \quad \beta_a \approx 0 \qquad (2.4.21)$$

这表明:在低频段,稳态振动的位移振幅近似等于激振力幅作用下的静位移,而速度振幅、加速度振幅接近于零。此时,可将系统近似为静态系统,稳态振动的位移幅值可近似为

$$B_d = \beta_d B_0 \approx B_0 = \frac{f_0}{k} \qquad (2.4.22)$$

由各相频特性曲线,得到稳态振动与简谐激振力之间的相位差为

$$\psi_d \approx 0, \quad \psi_v \approx \frac{\pi}{2}, \quad \psi_a \approx \pi \qquad (2.4.23)$$

这表明,在低频段,稳态振动的位移与简谐激振力基本同相位,稳态振动主要由弹性力与激振力的平衡关系给出,系统主要呈现弹性特性。

2. 高频段($\lambda \gg 1$)

在高频段,可得到

$$\begin{cases} \beta_d \approx 0, \quad \beta_v \approx 0, \quad \beta_a \approx 1 \\[2mm] \psi_d \approx -\pi, \quad \psi_v \approx -\dfrac{\pi}{2}, \quad \psi_a \approx 0 \end{cases} \qquad (2.4.24)$$

这表明,系统在高频段的稳态振动的位移和速度都很小,而稳态振动的加速度幅值为

$$B_a = \beta_a \omega_n^2 B_0 \approx \omega_n^2 B_0 = \frac{\omega_n^2 f_0}{k} = \frac{f_0}{m} \qquad (2.4.25)$$

此时,稳态振动的加速度与简谐激振力基本同相位,故系统运动主要由惯性力与激振力的平衡关系给出,系统主要呈现惯性特征。

3. 共振频率($\lambda \approx 1$)

对于 $0 < \zeta < 1/\sqrt{2} \approx 0.707$ 的欠阻尼系统,当激励频率由低向高缓慢增加时,系统稳态振动的位移、速度、加速度振幅都会在 $\lambda \approx 1$ 时出现最大值,系统呈现强烈振动。这种现象称为共振。对式(2.4.13a)求极值,可得到位移振幅达到极大值的频率比为

$$\lambda_d = \sqrt{1 - 2\zeta^2} \tag{2.4.26}$$

将这种极值现象定义为位移共振,故位移共振频率略低于系统固有频率。

类似地,可求出速度共振频率恰好就是系统固有频率,即

$$\lambda_v = 1 \tag{2.4.27}$$

而加速度共振频率略高于系统固有频率,其频率比为

$$\lambda_a = \frac{1}{\sqrt{1 - 2\zeta^2}} \tag{2.4.28}$$

对具有小阻尼比的系统,这几种共振频率差异很小。为统一起见,定义系统的共振频率比为 $\lambda = 1$。因此,速度共振频率就是系统共振频率,速度共振精确地反映了系统共振特性。

易见,当 $\lambda = 1$ 时,系统的位移、速度、加速度振幅放大系数均相等,即

$$\beta_d = \beta_v = \beta_a = \frac{1}{2\zeta} \tag{2.4.29}$$

从而有稳态振动的速度幅值

$$B_v = \beta_v \omega_n B_0 \approx \frac{\omega_n B_0}{2\zeta} = \frac{f_0}{2\zeta \sqrt{mk}} = \frac{f_0}{c} \tag{2.4.30}$$

而位移、速度、加速度与激振力间的相位差分别是

$$\varphi_d \approx -\frac{\pi}{2}, \quad \varphi_v \approx 0, \quad \varphi_a \approx \frac{\pi}{2} \tag{2.4.31}$$

上式表明,系统共振时的振动速度与简谐激振力同相位,故又称之为相位共振。从相频特性曲线上可清楚地看出,不同阻尼比的相频特性曲线都通过对应频率比 $\lambda = 1$ 的点。系统共振时,弹性力和惯性力平衡,稳态振动主要由阻尼力与激振力的平衡关系所确定,系统主要呈现阻尼特征。

值得指出,共振对多数工程系统是有害的,它会使系统产生过大的振动、噪声和动应力,导致系统功能失效,甚至完全破坏。然而,有时共振又是有利的。例如,在振动筛、压路机、振动台、能量采集器的设计中,需要利用共振来提高产品功效。

4. 共振频段

从图 2.4.3(a)、图 2.4.4 和图 2.4.5 可以看到,系统的剧烈振动不仅在共振频率处出现,而且在其附近的一个频段内都比较显著。通常,将速度振幅放大系数 β_v 下降到其峰值的 $1/\sqrt{2}$ 倍所对应的频段定义为共振区。

为了描述共振的强烈程度和共振区的宽度,可引入系统品质因数,其定义为

$$Q \equiv \frac{1}{2\zeta} = \beta_d \big|_{\lambda=1} = \beta_v \big|_{\lambda=1} = \beta_a \big|_{\lambda=1} \tag{2.4.32}$$

如图 2.4.6 所示,在共振区的两个端点 A 和 B 处,速度振幅放大系数是 $Q/\sqrt{2}$,它们对应的系

统功率恰好是共振频率对应功率的一半,故称点 A 和点 B 为半功率点。

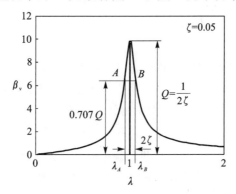

图 2.4.6　共振区及其半功率带宽

将半功率点处速度振幅放大系数作平方,得到

$$\beta_v^2 = \frac{\lambda^2}{(1-\lambda^2)^2 + (2\zeta\lambda)^2} = \frac{Q^2}{2} = \frac{1}{8\zeta^2} \tag{2.4.33}$$

由此可解出两个半功率点所对应的频率比

$$\lambda_A = \sqrt{1+\zeta^2} - \zeta, \quad \lambda_B = \sqrt{1+\zeta^2} + \zeta \tag{2.4.34}$$

于是,共振区的频带宽度(又称为半功率带宽)为

$$\Delta\lambda \equiv \lambda_B - \lambda_A = 2\zeta = \frac{1}{Q} \tag{2.4.35}$$

式(2.4.35)表明:若系统阻尼比小,则其品质因数高,共振区窄,共振峰陡峭;反之,若系统阻尼比大,则品质因数低,共振区宽,共振峰平坦。最早引入品质因数的是无线电学,因为在通信中,要求信号发射和接收装置的品质因数 Q 大小适中,权衡选择性和频带。

由于系统在共振时主要呈阻尼特性,因此可利用共振来实测系统阻尼。具体做法是:在幅频特性曲线上确定半功率带宽,然后由式(2.4.35)得到系统阻尼比

$$\zeta = \frac{\Delta\lambda}{2} \tag{2.4.36}$$

当然,如果系统阻尼比很小,则半功率带宽会非常窄,测量误差比较大。此时,需要采用更为精细的模态参数识别方法。

例 2.4.2　考察图 2.4.7(a)中的旋转机械,该设备的总质量为 M,转子的偏心质量为 m,偏心距为 e,转子的稳态转动角速度为 ω,分析转子偏心导致的设备稳态振动。

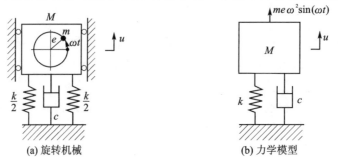

(a) 旋转机械　　　　(b) 力学模型

图 2.4.7　旋转机械及其简化力学模型

解　采用图中坐标 u 来描述设备中非旋转部分质量 $M-m$ 偏离平衡位置的垂直位移,则偏心质量的垂直位移为 $u+e\sin(\omega t)$。根据 Newton 第二定律,得到描述设备在垂直方向振动的动力学方程

$$(M-m)\frac{\mathrm{d}^2 u(t)}{\mathrm{d}t^2}=-c\dot{u}(t)-ku(t)-m\frac{\mathrm{d}^2}{\mathrm{d}t^2}[u(t)+e\sin(\omega t)] \tag{a}$$

对式(a)进行整理,得到

$$M\ddot{u}(t)+c\dot{u}(t)+ku(t)=me\omega^2\sin(\omega t) \tag{b}$$

这表明,图 2.4.7(a)中的设备可简化为图 2.4.7(b)所示受简谐激振力的系统,离心力 $me\omega^2$ 在铅垂方向上的分量就是幅值为 $me\omega^2$ 的简谐激振力。将式(b)与式(2.4.1)作对比可见,该设备的稳态振动可表示为

$$u^*(t)=B_c\sin(\omega t+\psi_d) \tag{c}$$

其中,稳态振动的位移幅值满足

$$B_c=\frac{me\omega^2}{\sqrt{(k-M\omega^2)^2+(c\omega)^2}} \tag{d}$$

将稳态振动的位移幅值改写为无量纲形式,得到

$$\beta_c\equiv\frac{B_c M}{em}=\frac{\lambda^2}{\sqrt{(1-\lambda^2)^2+(2\zeta\lambda)^2}}=\beta_a \tag{e}$$

由式(e)可见,设备位移幅频特性曲线与常幅值简谐激振力下的系统加速度幅频特性曲线相同,可参考图 2.4.5 进行讨论。在低速旋转($0\leqslant\lambda\ll1$)时,转子偏心产生的离心力很小,设备的稳态振动自然很小。在高速旋转($\lambda\gg1$)时,$\beta_c\to1$,设备的稳态振动位移幅值是偏心距的 m/M 倍,而通常 $m/M\ll1$。危险工况是产生共振的转速($\lambda\approx1$),即转速 ω 接近系统固有频率 ω_n 的情况。由此可理解,洗衣机为何在脱水阶段会产生较为强烈的振动。

2.5　简谐运动激励下的受迫振动

在许多情况下,系统受到的激励来自其基础的运动。例如,车辆在不平路面上行驶时的车体振动,车体振动引起车内电子设备的振动,地震引起的建筑物振动等都属于基础运动引起的振动。本节讨论基础简谐运动引起系统振动,对更一般的基础运动,留待 2.9 节讨论。

2.5.1　系统动力学方程

考察图 2.5.1 所示系统,其基础作简谐运动 $w(t)=w_0\sin(\omega t)$。取集中质量 m 为分离体,由 Newton 第二定律建立描述系统绝对位移 $u(t)$ 的动力学方程

$$m\ddot{u}(t)=-c[\dot{u}(t)-\dot{w}(t)]-k[u(t)-w(t)] \tag{2.5.1}$$

将 $w(t)=w_0\sin(\omega t)$ 代入式(2.5.1),将其改写为

$$m\ddot{u}(t)+c\dot{u}(t)+ku(t)=c\dot{w}(t)+kw(t)=cw_0\omega\cos(\omega t)+kw_0\sin(\omega t) \tag{2.5.2}$$

分析基础运动激励下系统的受迫振动时,经常需要了解系统相对于基础的运动。为此,引入系统相对位移

$$u_r(t)\equiv u(t)-w(t) \tag{2.5.3}$$

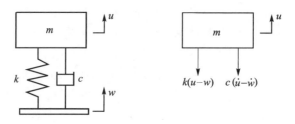

图 2.5.1 受运动激励的系统及其受力分析

将式(2.5.3)代入式(2.5.1),得到描述系统相对位移的动力学方程

$$m\ddot{u}_r(t) + c\dot{u}_r(t) + ku_r(t) = -m\ddot{w}(t) = mw_0\omega^2\sin(\omega t) \tag{2.5.4}$$

2.5.2 稳态振动分析

1. 绝对位移

根据线性系统的叠加原理,可将式(2.5.2)的解分为两部分之和,即

$$u(t) = u_1(t) + u_2(t) \tag{2.5.5}$$

其中,$u_1(t)$ 和 $u_2(t)$ 分别满足常微分方程

$$\begin{cases} m\ddot{u}_1(t) + c\dot{u}_1(t) + ku_1(t) = cw_0\omega\cos(\omega t) \\ m\ddot{u}_2(t) + c\dot{u}_2(t) + ku_2(t) = kw_0\sin(\omega t) \end{cases} \tag{2.5.6}$$

根据 2.4 节的讨论,上述两个常微分方程的稳态解可表示为

$$\begin{cases} u_1^*(t) = B_1\cos(\omega t + \psi) \\ u_2^*(t) = B_2\sin(\omega t + \psi) \end{cases} \tag{2.5.7}$$

其中

$$\begin{cases} B_1 = w_0\sqrt{\dfrac{(c\omega)^2}{(k - m\omega^2)^2 + (c\omega)^2}}, \quad B_2 = w_0\sqrt{\dfrac{k^2}{(k - m\omega^2)^2 + (c\omega)^2}} \\ \tan\psi = \dfrac{c\omega}{m\omega^2 - k} \end{cases} \tag{2.5.8}$$

因此,系统的稳态振动可表示为

$$\begin{aligned} u^*(t) &= u_1^*(t) + u_2^*(t) = B_1\cos(\omega t + \psi) + B_2\sin(\omega t + \psi) \\ &= B_d\sin(\omega t + \psi_d) \end{aligned} \tag{2.5.9}$$

式(2.5.9)中的振幅满足

$$B_d \equiv \sqrt{B_1^2 + B_2^2} = w_0\sqrt{\dfrac{k^2 + (c\omega)^2}{(k - m\omega^2)^2 + (c\omega)^2}} = w_0\sqrt{\dfrac{1 + (2\zeta\lambda)^2}{(1 - \lambda^2)^2 + (2\zeta\lambda)^2}} \tag{2.5.10}$$

由此可定义绝对位移传递率,亦即基础作单位简谐运动引起的系统绝对位移幅频特性

$$T_d \equiv \dfrac{B_d}{w_0} = \sqrt{\dfrac{1 + (2\zeta\lambda)^2}{(1 - \lambda^2)^2 + (2\zeta\lambda)^2}} \tag{2.5.11}$$

为了确定式(2.5.9)中的相位角 ψ_d,将该式中的三角函数展开作对比,可得到

$$\tan\psi_d = \dfrac{B_1\cos\psi + B_2\sin\psi}{B_2\cos\psi - B_1\sin\psi} = \dfrac{(B_1/B_2) + \tan\psi}{1 - (B_1/B_2)\tan\psi} \tag{2.5.12}$$

将式(2.5.8)代入式(2.5.12),得到

$$\psi_d = \tan^{-1}\left[\frac{-mc\omega^3}{k(k-m\omega^2)+(c\omega)^2}\right] = \tan^{-1}\left[\frac{-2\zeta\lambda^3}{1-\lambda^2+(2\zeta\lambda)^2}\right] \quad (2.5.13)$$

选择不同阻尼比 ζ,由式(2.5.11)和(2.5.13)绘制出图 2.5.2 所示的绝对位移幅频特性和相频特性曲线。

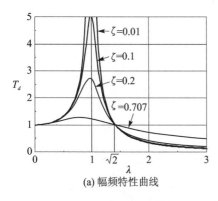
(a) 幅频特性曲线

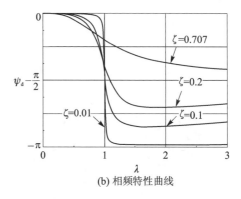
(b) 相频特性曲线

图 2.5.2　绝对位移的频率特性

根据图 2.5.2,可作如下讨论

① 在低频段($0 \leqslant \lambda \ll 1$),有 $T_d \approx 1$,$\psi_d \approx 0$;即系统绝对位移与基础位移相差无几,它们间的相对位移可忽略不计。

② 在共振频段($\lambda \approx 1$),T_d 有峰值;即基础运动经过弹簧和阻尼器后被放大传递到集中质量。

③ 在高频段($\lambda \gg \sqrt{2}$),$T_d \approx 0$;即基础运动被弹簧和阻尼器所隔离。

④ 具有不同阻尼比的幅频特性曲线均经过点$(\lambda, T_d) = (\sqrt{2}, 1)$。

2. 相对位移

由于式(2.5.4)与例 2.4.2 中式(b)的形式相同,故可将系统的相对位移表示为

$$u_r(t) = B_r \sin(\omega t + \psi_r) \quad (2.5.14)$$

其中

$$\begin{cases} B_r = \dfrac{mw_0\omega^2}{\sqrt{(k-m\omega^2)^2+(c\omega)^2}} & (2.5.15a) \\[4mm] \psi_r = \psi_d = \tan^{-1}\left(\dfrac{c\omega}{m\omega^2-k}\right) & (2.5.15b) \end{cases}$$

将式(2.5.15)作无量纲化处理,得到

$$\begin{cases} T_r \equiv \dfrac{B_r}{w_0} = \dfrac{\lambda^2}{\sqrt{(1-\lambda^2)^2+(2\zeta\lambda)^2}} = \beta_a & (2.5.16a) \\[4mm] \psi_r = \tan^{-1}\left(\dfrac{2\zeta\lambda}{\lambda^2-1}\right) & (2.5.16b) \end{cases}$$

其中,T_r 是系统的相对位移传递率,它与系统在常幅值简谐激振力作用下的加速度振幅放大系数 β_a 相同,其幅频特性曲线与图 2.4.5 一致。相位角 ψ_r 则与式(2.4.13b)中简谐激振力作用下的位移相位角 ψ_d 相同,其相频特性曲线与图 2.4.3(b)一致。

2.6 振动隔离

振动隔离(简称隔振)是通过设计由弹性元件和阻尼元件构成的隔振器,降低不同物体之间的振动传递量。例如,图 2.6.1(a)是高速列车的隔振器,包括螺旋弹簧和油液阻尼器;图 2.6.1(b)是卫星的控制力矩陀螺隔振平台,其弹性元件和阻尼元件集成为一体。

在工程实践中,习惯于将隔振问题分为以下两类:第一类简称为隔力,即降低由设备振动(振源)传递到基础的力;第二类简称为隔幅,即降低基础振动传到设备的振动幅值。本节后续讨论表明,虽然这两类隔振问题的出发点不同,但隔振器设计准则完全一致。

(a) 高速列车隔振系统

(b) 卫星陀螺隔振平台

图 2.6.1 典型隔振系统

2.6.1 第一类隔振问题

飞机、船舶、车辆等运载工具的发动机内部具有运动部件,其在工作过程中成为振源。为了降低该振源传递到运载工具上的振动,通常将发动机通过隔振器安装在运载工具上,以降低其输出的激振力,这就是第一类隔振(隔力)问题。

对于这类隔振问题,其力学模型如图 2.6.2(a)所示。其中,简谐激振力 $f_0 \sin(\omega t)$ 作用在由集中质量所代表的发动机上,弹簧和阻尼器并联构成隔振器,隔振目的是降低由发动机传递到刚性基础上的作用力。

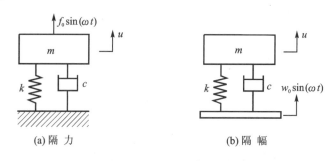
(a) 隔力

(b) 隔幅

图 2.6.2 两类隔振问题的力学模型

根据式(2.4.15)给出的稳态振动位移,可求出经隔振器传递到刚性基础的弹性力和阻尼

力分别为

$$\begin{cases} -ku(t) = -kB_\mathrm{d}\sin(\omega t + \psi_\mathrm{d}) \\ -c\dot{u}(t) = -c\omega B_\mathrm{d}\cos(\omega t + \psi_\mathrm{d}) \end{cases} \tag{2.6.1}$$

由于这两种力具有相位差 $\pi/2$,故其合力的幅值可表示为

$$|f_\mathrm{sum}| = B_\mathrm{d}\sqrt{k^2 + (c\omega)^2} = \frac{f_0\sqrt{k^2 + (c\omega)^2}}{\sqrt{(k - m\omega^2)^2 + (c\omega)^2}} = f_0\sqrt{\frac{1 + (2\zeta\lambda)^2}{(1 - \lambda^2)^2 + (2\zeta\lambda)^2}}$$

$$\tag{2.6.2}$$

将经过隔振器传递到基础上的合力幅值 $|f_\mathrm{sum}|$ 与激振力幅值 f_0 之比定义为力传递率,即

$$T_\mathrm{f} \equiv \frac{|f_\mathrm{sum}|}{f_0} = \sqrt{\frac{1 + (2\zeta\lambda)^2}{(1 - \lambda^2)^2 + (2\zeta\lambda)^2}} \tag{2.6.3}$$

上式与式(2.5.11)相同,即力传递率与简谐运动激励下的系统绝对位移传递率 T_d 完全一致。根据图 2.5.2,当 $\lambda > \sqrt{2}$ 时,$T_\mathrm{f} < 1$,这就是实现隔力的条件。

2.6.2　第二类隔振问题

飞机、直升机中的电子设备安装在机身上,当机身发生振动时必然会导致它们的振动。通常,在机身和电子设备之间安装隔振器,以降低机身传递到电子设备的振动,这就是第二类隔振(隔幅)问题。

对于这类隔振问题,其力学模型如图 2.6.2(b)所示。其中,基础作简谐振动 $w_0\sin(\omega t)$,弹簧和阻尼器并联构成隔振器,集中质量代表拟隔振的设备。隔振目的是降低由基础传递到设备上的振动。该系统的绝对位移传递率 T_d 已由式(2.5.11)给出。显然,当 $\lambda > \sqrt{2}$ 时,$T_\mathrm{d} < 1$,这就是隔幅的条件。

2.6.3　隔振器设计准则

根据前两小节的讨论,不论是隔力还是隔幅,只有当 $\lambda > \sqrt{2}$ 时,才有隔振效果。因此,隔振器设计并不区分隔力和隔幅,只需使隔振器的刚度系数 k 满足

$$\sqrt{\frac{k}{m}} = \omega_\mathrm{n} < \frac{1}{\sqrt{2}}\omega \tag{2.6.4}$$

这就是设计隔振器中弹性元件的基本准则。

从图 2.5.2 中的传递率幅频特性曲线可见:当 $\lambda > \sqrt{2}$ 时,阻尼越小传递率越低,隔振效果越好。对于小阻尼情况,T_f 或 T_d 在高频段可近似为

$$T_\mathrm{f} = T_\mathrm{d} = \frac{1}{\lambda^2 - 1}, \quad \lambda \gg \sqrt{2} \tag{2.6.5}$$

值得指出的是,工程中的简谐激励频率并非恒定不变。以旋转机械为例,从设备启动到达到额定转速,离心力频率逐渐增加到恒定值。在这种情况下,为了降低隔振系统通过共振区时的传递率,隔振系统的阻尼不能太小。因此,高效隔振与抑制共振出现矛盾。

解决上述问题的方案之一是在隔振器设计中引入非线性阻尼,使其阻尼力随着相对位移增加而增加。虽然非线性阻尼的设计已超出本书范畴,但其阻尼机理不难理解。例如,图 2.6.3(a)中

(a) 钢丝绳隔振器

(b) 金属橡胶元件

图 2.6.3　具有非线性阻尼的隔振器和弹性元件

的隔振器是由细钢丝编成的弹簧,在弹簧小变形时,钢丝间的摩擦导致钢丝间滑移被自锁,基本不产生阻尼力;而当弹簧大变形时,钢丝间发生黏滞和滑移交替运动,犹如弹塑性变形而耗能,产生较大的阻尼力。又如,图 2.6.3(b) 中的隔振器弹性元件是由细钢丝编织压制成的"金属橡胶",具有与上述钢丝弹簧类似的阻尼机理。这两类隔振器在高频隔振区的阻尼力很小,可高效隔振;而在共振区可产生较大的阻尼力,进而能有效抑制共振。

例 2.6.1　某直升机在旋翼额定转速 360 r/min 时机身产生强烈振动。为使直升机上的电子设备隔振效果达到 $T_d = 0.2$,求隔振器弹簧在设备自重下的静变形。

解　记电子设备的质量为 m,重力加速度为 g,隔振器弹簧的刚度系数为 k,隔振器在设备自重 mg 作用下的静变形为 δ_s,即 $k\delta_s = mg$。将隔振系统简化为图 2.6.2(b) 所示系统,则其固有频率可表示为

$$\omega_n = \sqrt{\frac{k}{m}} = \sqrt{\frac{g}{\delta_s}} \tag{a}$$

将直升机旋翼额定转速对应的频率记为 ω,由式(a)将激励频率比表示为

$$\lambda = \frac{\omega}{\omega_n} = \omega\sqrt{\frac{\delta_s}{g}} \tag{b}$$

将式(b)代入式(2.6.5),解出隔振器弹簧的静变形

$$\delta_s = \frac{g}{\omega^2}\left(1 + \frac{1}{T_d}\right) \tag{c}$$

将 $g = 9.8\ \text{m/s}^2$、$\omega = 2\pi \times 360/60\ \text{rad/s}$ 和 $T_d = 0.2$ 代入式(c),得到

$$\delta_s \approx 4.14 \times 10^{-2}\ \text{m} \tag{d}$$

由式(c)可见,如果激励频率 ω 比较低,或需要较低的隔振传递率 T_d,则必须增加隔振器的静变形,即隔振器的弹性元件要很软。这将带来两个难题:一是隔振系统要有足够的静变形空间;二是柔软弹性元件的侧向稳定性差。对于本例,这样静变形量级的隔振器只适用于大中型机载电子设备。

根据式(2.6.4),为隔离频率为 ω 的简谐振动,隔振系统的刚度需要满足 $k < m\omega^2/2$,这不仅对弹性元件提出苛刻要求,而且导致系统的静变形很大。近年来,学术界利用非线性弹性元件发明了"准零刚度"隔振器。这类隔振器的弹性元件具有较高的静刚度来降低隔振系统静变形,并具有较低的动刚度来满足 $k < m\omega^2/2$,7.5 节将对此作专门介绍。

▶▶▶ **2.7 阻尼及减振**

通过前几节的讨论可见,阻尼既可使系统受初始扰动后的自由振动快速衰减,还可显著抑制系统由简谐激励导致的共振峰。因此,工程中常采用阻尼来降低系统的振动,简称为减振。

减振是一个具有丰富成果的研究领域。本书作为振动力学基础教材,仅介绍与抑制共振峰相关的几个问题。在共振频率处,系统的惯性力与弹性力相互抵消,阻尼力与简谐激振力相互平衡,并由此决定系统的共振峰幅值。因此,可直观地讨论用阻尼抑制共振问题。

2.7.1 复杂阻尼及其等效模型

至此,本书讨论的阻尼问题都基于线性黏性阻尼模型。事实上,阻尼种类繁多,机理复杂。在抑制共振时,阻尼的作用是耗能,故在振动分析中常采用能量等效方法,将线性黏性阻尼以外的其他类型阻尼(统称为复杂阻尼)简化为线性黏性阻尼。

对复杂阻尼进行简化的等效原则是:在一个简谐振动周期内,复杂阻尼力与线性黏性阻尼力消耗的能量相等。值得指出,该原则基于简谐振动,故仅适用于复杂阻尼系统的稳态振动,而不适用于其自由振动和受迫振动的瞬态阶段。在历史上,曾有将等效阻尼用于系统自由振动分析的若干错误[①]。

现设系统作周期为 T 的简谐振动,即

$$u(t) = a\sin(\omega t), \quad \omega \equiv 2\pi/T \tag{2.7.1}$$

此时,黏性阻尼力可表示为

$$f_d(t) = -c\dot{u}(t) = -c\omega a\cos(\omega t) \tag{2.7.2}$$

它在一个振动周期内消耗的能量(所作负功)为

$$W = -\oint f_d \mathrm{d}u = \int_0^T (c\dot{u})\dot{u}\,\mathrm{d}t = c\omega^2 a^2 \int_0^T \cos^2(\omega t)\,\mathrm{d}t = \pi c\omega a^2 \tag{2.7.3}$$

根据能量等效原则,设复杂阻尼力在一个振动周期内消耗的能量也为 W,则可引入等效黏性阻尼系数

$$c_e \equiv \frac{W}{\pi\omega a^2} \tag{2.7.4}$$

将复杂阻尼力等效为如下黏性阻尼力

$$f_e(t) \equiv -c_e\dot{u}(t) = -\frac{W}{\pi a}\cos(\omega t) \tag{2.7.5}$$

2.7.2 结构阻尼与减振

当工程结构发生振动时,其内部产生动态应变,通过材料分子间的内摩擦而消耗能量。这种阻尼耗能机制被称为结构阻尼。在振动中,结构阻尼造成应变滞后于应力,故又称结构阻尼为迟滞阻尼。图 2.7.1 是对应简谐应变的应力迟滞曲线,其箭头表示加载与卸载过程。这条

---

① 胡海岩. 振动力学——研究性教程[M]. 北京:科学出版社,2020,65-68.

迟滞回线所包围的面积,就是简谐振动一个周期中结构阻尼所消耗的能量。

对不同材料的大量测试表明,在很宽的频率范围内,该能耗几乎与振动频率无关,而仅与振幅的平方成正比,即结构阻尼的能耗可表示为

$$W = \beta a^2 \qquad (2.7.6)$$

其中,β 是与材料相关的常数,称为迟滞阻尼系数,其单位是牛/米(N/m)。

为了更方便地度量结构阻尼,引入无量纲的损耗因子,它定义为上述能耗与系统最大弹性势能之比并除以 2π,即

$$\eta \equiv \frac{W}{2\pi V_{\max}} = \frac{\beta a^2}{\pi k a^2} = \frac{\beta}{\pi k} \qquad (2.7.7)$$

现列举几种典型材料的损耗因子,金属为 $\eta = 0.000\,1 \sim 0.008$,混凝土为 $\eta = 0.01 \sim 0.06$,天然橡胶为 $\eta = 0.1 \sim 0.3$,而高分子阻尼材料为 $\eta = 0.1 \sim 0.5$。

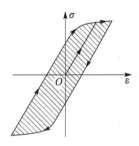

图 2.7.1 结构阻尼导致的应力与应变关系

将式(2.7.6)和式(2.7.7)代入式(2.7.4),得到结构阻尼的等效黏性阻尼系数

$$c_{\mathrm{e}} = \frac{\beta}{\pi \omega} = \frac{\eta k}{\omega} \qquad (2.7.8)$$

对应的系统等效阻尼比可定义为

$$\zeta_{\mathrm{e}} \equiv \frac{c_{\mathrm{e}}}{2\sqrt{mk}} = \frac{\eta}{2} \qquad (2.7.9)$$

现考虑结构阻尼系统在简谐激振力作用下的共振问题。将式(2.7.9)代入式(2.4.29),得到系统共振时的位移振幅放大系数

$$\beta_{\mathrm{d}} = \frac{1}{2\zeta_{\mathrm{e}}} = \frac{1}{\eta} \qquad (2.7.10)$$

由此可见,金属结构的位移振幅放大系数会高达 $\beta_{\mathrm{d}} \approx 10^2 \sim 10^4$。对于以金属结构为主的飞行器而言,这是非常危险的。为抑制共振,航空航天界常在飞行器结构上喷涂或覆盖高分子阻尼材料,进而增加结构的损耗因子。

对于高分子阻尼材料,其剪切变形的损耗因子显著高于其拉伸变形的损耗因子。因此,在结构设计中,常采用图 2.7.2 所示的夹层结构,使阻尼材料处于剪切变形状态,提高整个结构的损耗因子。

2.7.3 干摩擦阻尼与减振

根据 Coulomb 摩擦定律,当物体沿两个干燥表面接触并产生相对运动时,在接触面间产生与相对速度方向相反的干摩擦力,它可表示为

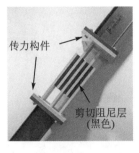

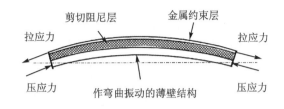

(a) 拉压构件中的剪切阻尼层　　　　　　　　(b) 弯曲构件中的剪切阻尼层

图 2.7.2　基于高分子阻尼材料的结构减振设计

$$f_d(t) = -\mu N \operatorname{sgn}[\dot{u}(t)] \qquad (2.7.11)$$

其中,μ 是无量纲的滑动摩擦系数,N 是两接触面间的正压力,$\operatorname{sgn}(\cdot)$ 是符号函数。

在一个振动周期内,干摩擦力消耗的能量为

$$W = \int_0^T \mu N |\dot{u}(t)| dt = 4\mu N \omega a \int_0^{T/4} \cos(\omega t) dt = 4\mu N a \qquad (2.7.12)$$

将式(2.7.12)代入式(2.7.4),得到干摩擦力的等效黏性阻尼系数

$$c_e = \frac{4\mu N}{\pi \omega a} \qquad (2.7.13)$$

对应的等效黏性阻尼力为

$$f_e(t) = -\frac{4\mu N}{\pi} \cos(\omega t) \qquad (2.7.14)$$

式(2.7.13)表明,当振幅 $a \to 0$ 时,等效黏性阻尼系数 $c_e \to +\infty$,这导致两个表面自锁。而式(2.7.14)表明,等效阻尼力的幅值与振动幅值无关。

对于受激励的机械和结构,其零部件结合部会发生微小滑动,进而产生干摩擦阻尼。读者自然会设想用干摩擦阻尼来抑制共振,但这种设想却难以实现。为了说明这点,将式(2.7.13)代入式(2.4.10),可得

$$a = B_d = \frac{f_0}{\sqrt{(k - m\omega^2)^2 + (c_e\omega)^2}} = \frac{f_0}{\sqrt{(k - m\omega^2)^2 + \left(\dfrac{4\mu N}{\pi a}\right)^2}} \qquad (2.7.15)$$

由此解出

$$a = \frac{1}{|k - m\omega^2|} \sqrt{f_0^2 - \left(\frac{4\mu N}{\pi}\right)^2} \qquad (2.7.16)$$

对式(2.7.16)可作如下讨论:

① 当激振力幅值满足 $f_0 > 4\mu N/\pi$ 时,系统在 $\omega = \omega_n$ 处的共振幅值趋于无穷。换言之,式(2.7.14)中幅值有限的干摩擦力无法抑制共振。

② 当激振力幅值满足 $f_0 < 4\mu N/\pi$ 时,式(2.7.16)无实数解。此时,系统在低频段呈现黏滞和滑移交替运动,其振动波形严重偏离简谐振动,需采用非线性振动分析方法求解。

2.7.4　低黏度流体阻尼与减振

实验表明,当物体在低黏度流体中快速运动时,阻尼力与物体运动速度的平方成正比,其

方向与速度方向相反,可表示为

$$f_d(t) = -\gamma \dot{u}(t) |\dot{u}(t)| \qquad (2.7.17)$$

其中,γ 为低黏度流体阻尼系数,其单位为牛·平方秒/平方米($\mathrm{N \cdot s^2/m^2}$)。

在一个振动周期内,该阻尼力消耗的能量为

$$W = \gamma \int_0^T \dot{u}^2(t) |\dot{u}(t)| \mathrm{d}t = 4\gamma \omega^3 a^3 \int_0^{T/4} \cos^3(\omega t) \mathrm{d}t = \frac{8\gamma \omega^2}{3} a^3 \qquad (2.7.18)$$

将式(2.7.18)代入式(2.7.4),得到等效黏性阻尼系数

$$c_e = \frac{8\gamma \omega}{3\pi} a \qquad (2.7.19)$$

该系数正比于振幅 a,有利于抑制共振。将式(2.7.19)代入式(2.4.10),可获得稳态振动幅值与激励频率、振幅之间的关系。由于这种阻尼力具有非线性,激振力幅值越大,抑制共振的效果越显著。

2.8 周期激励下的振动分析

回顾数学分析中周期函数的 Fourier 级数展开定理,周期激励可分解为简谐激励的线性组合。根据线性系统的叠加原理,系统在周期激励下的振动就是这些简谐激励引起的振动的线性组合。按照这样的思路,可在前几节基础上,完成系统在周期激励下的振动分析。

2.8.1 周期函数的 Fourier 级数展开

在时域中,考察以 $T_0 > 0$ 为周期的函数 $f(t)$。对于任意时间 t,该函数满足

$$f(t + T_0) = f(t) \qquad (2.8.1)$$

根据数学分析,如果函数 $f(t)$ 在区间 $[0, T_0]$ 内只有有限个第一类间断点和极值点,则 $f(t)$ 可展开为 Fourier 级数

$$f(t) = \frac{a_0}{2} + \sum_{r=1}^{+\infty} [a_r \cos(r\omega_0 t) + b_r \sin(r\omega_0 t)] \qquad (2.8.2)$$

其中,$\omega_0 = 2\pi/T_0$ 称为基频;上述级数中的系数称为 Fourier 系数,定义为

$$\begin{cases} a_r \equiv \dfrac{2}{T_0} \displaystyle\int_0^{T_0} f(t) \cos(r\omega_0 t) \mathrm{d}t, & r = 0,1,2,\cdots \\[2mm] b_r \equiv \dfrac{2}{T_0} \displaystyle\int_0^{T_0} f(t) \sin(r\omega_0 t) \mathrm{d}t, & r = 1,2,3,\cdots \end{cases} \qquad (2.8.3)$$

根据三角函数的和角公式,还可将式(2.8.2)改写为

$$f(t) = f_0 + \sum_{r=1}^{+\infty} f_r \sin(r\omega_0 t + \theta_r) \qquad (2.8.4)$$

现将 $f(t)$ 视为周期激励,讨论上述 Fourier 展开的物理意义。式(2.8.4)中的第一项是

$$f_0 \equiv \frac{a_0}{2} = \frac{1}{T_0} \int_0^{T_0} f(t) \mathrm{d}t \qquad (2.8.5)$$

它给出该周期激励在一个周期内的平均值,反映其静态成分。类比电学中的术语,可称之为直流分量。式(2.8.4)的求和号中任意项是基频 ω_0 的 r 倍频的正弦函数,称为第 r 阶谐波分量。

第 r 阶谐波分量的幅值与初相位是

$$f_r \equiv \sqrt{a_r^2 + b_r^2}, \quad \theta_r \equiv \arctan\left(\frac{a_r}{b_r}\right), \quad r = 1, 2, 3, \cdots \tag{2.8.6}$$

若记 $\omega = r\omega_0, r = 0, 1, 2, \cdots$，则幅值 f_r 及初相位 φ_r 是频率 ω 的函数。以频率 ω 为横坐标，以幅值或初相位为纵坐标，可绘制图 2.8.1 所示的幅值频谱图和相位频谱图。

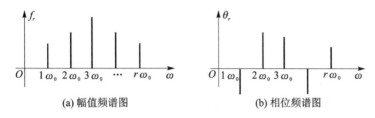

(a) 幅值频谱图　　(b) 相位频谱图

图 2.8.1　周期激励的幅值频谱图和相位频谱图

通常，将周期函数展开为 Fourier 级数并进行讨论的过程称为谐波分析或频谱分析。频谱分析中的自变量为频率，即频谱分析是频域中的分析方法。

例 2.8.1　对于图 2.8.2(a)所示周期方波函数，分析其频谱。

解　在图 2.8.2(a)中，取 $t = [0, T_0]$ 时间段作为一个周期。在该周期内，$u(t)$ 可表示为

$$u(t) = \begin{cases} 0, & t = 0, T_0/2, T_0 \\ \pi/4, & 0 < t < T_0/2 \\ -\pi/4, & T_0/2 < t < T_0 \end{cases} \tag{a}$$

根据式(2.8.3)，得到函数 $u(t)$ 的 Fourier 系数

$$a_r = 0, \quad r = 0, 1, 2, \cdots \quad b_r = \begin{cases} 1/r, & r = 1, 3, 5, \cdots \\ 0, & r = 2, 4, 6, \cdots \end{cases} \tag{b}$$

故周期方波的 Fourier 级数为

$$u(t) = \sum_{r=1,3,5,\cdots}^{+\infty} \frac{1}{r} \sin(r\omega_0 t) \tag{c}$$

由式(c)可见，周期方波的各阶谐波分量幅值与其阶次成反比衰减，而初相位均为零。因此，图 2.8.2(b)仅绘制其幅值频谱，其中 $A_r = b_r, r = 1, 3, 5, \cdots$。

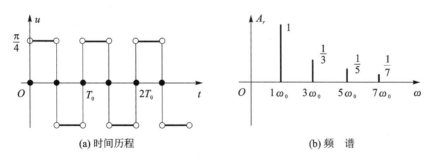

(a) 时间历程　　(b) 频　谱

图 2.8.2　周期方波的时间历程和频谱

图 2.8.3 给出用 4 个低阶 Fourier 谐波叠加逼近方波的结果。根据 Fourier 级数展开定理，光滑函数的高阶谐波分量比较小。在振动分析中，常用有限项谐波分量来近似周期振动。

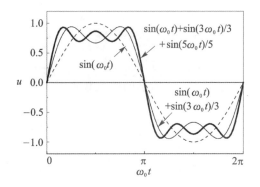

图 2.8.3　用低阶 Fourier 谐波的叠加逼近方波

2.8.2　周期激励下的受迫振动分析

考察系统在周期激振力作用下的受迫振动,其动力学方程为

$$m\ddot{u}(t) + c\dot{u}(t) + ku(t) = f(t) \tag{2.8.7}$$

其中,$f(t)$ 以 $T_0 > 0$ 为周期。根据式(2.8.4),上式可表示为

$$m\ddot{u}(t) + c\dot{u}(t) + ku(t) = f_0 + \sum_{r=1}^{+\infty} f_r \sin(r\omega_0 t + \theta_r) \tag{2.8.8}$$

对于阻尼系统,可仅关注其稳态振动,即式(2.8.8)的特解。根据线性系统的叠加原理,只要求得式(2.8.8)在方程右端各激振力单独作用下的特解,将结果叠加就是待求的稳态振动。借鉴 2.4 节的结果,可将系统的稳态振动表示为

$$u^*(t) = B_0 + \sum_{r=1}^{+\infty} B_r \sin(r\omega_0 t + \theta_r + \psi_r) \tag{2.8.9}$$

在上式中

$$\begin{cases} B_r = \dfrac{f_r}{k\sqrt{(1 - r^2\lambda_0^2)^2 + (2\zeta r\lambda_0)^2}}, & r = 0,1,2,\cdots \\ \psi_r = \tan^{-1}\left(\dfrac{2\zeta r\lambda_0}{r^2\lambda_0^2 - 1}\right), & r = 1,2,3,\cdots \end{cases} \tag{2.8.10}$$

其中

$$\lambda_0 \equiv \frac{\omega_0}{\omega_n}, \quad \omega_n \equiv \sqrt{\frac{k}{m}}, \quad \zeta \equiv \frac{c}{2\sqrt{mk}} \tag{2.8.11}$$

值得指出,此处的 f_0 是式(2.8.5)给出的激振力直流分量,有别于 2.4 节的简谐激振力幅值。

由上述推导可见,系统在周期力作用下的稳态振动具有以下特性:一是稳态振动是周期振动,其周期等于激振力的周期 T_0;二是系统稳态振动由激振力各次谐波分量分别作用下的稳态振动叠加而成;三是在系统稳态振动中,频率最靠近固有频率的谐波幅值最大,在整个稳态振动中占据主要成分。

2.9 瞬态激励下的振动分析

周期激励的基本特征是可以向正负时间轴无限延拓,即"无始无终",属于一种理想化激励。在实践中,则往往遇到"有始有终""有始无终"和"无始有终"的激励。例如,武器发射、飞机着陆等问题中的激励是"有始有终"的;在系统上突然施加一个常力,可视为"有始无终";将系统上施加的一个常力突然卸载,则可视为"无始有终"。这些激励都具有瞬时性,而没有周期性,可称为**瞬态激励**。

本节讨论系统在瞬态激励下的响应问题,其满足如下动力学方程的初值问题

$$\begin{cases} m\ddot{u}(t) + c\dot{u}(t) + ku(t) = f(t) & (2.9.1a) \\ u(0) = u_0, \quad \dot{u}(0) = \dot{u}_0 & (2.9.1b) \end{cases}$$

求解该问题的方法有多种,其基本思路均可归纳为:首先,把激励分解成一系列简单激励的线性组合;然后,求解系统在各简单激励下的响应;最后,根据线性系统的叠加原理,将这些响应叠加,即获得总的响应。

2.9.1 单位脉冲响应法

对激励作分解的一种直观方法是:将其看成是不同时刻发出的一系列窄脉冲载荷。本小节从脉冲力的描述开始,介绍系统在脉冲力作用下的响应以及如何将脉冲响应叠加为任意激励下的系统响应。

1. 理想单位脉冲函数及其性质

考察图 2.9.1 所示的矩形波函数

$$\delta_\varepsilon(t) \equiv \begin{cases} 1/\varepsilon, & |t| \leqslant \varepsilon/2 \\ 0, & |t| > \varepsilon/2 \end{cases} \tag{2.9.2}$$

当 $\varepsilon \to 0$ 时,将函数 $\delta_\varepsilon(t)$ 的极限称为**理想单位脉冲函数**或 Dirac 函数,记为 $\delta(t)$。

图 2.9.1 理想单位脉冲函数的几何意义

由于在 $t=0$ 处,上述极限趋于无穷,故 $\delta(t)$ 并不是经典意义下的函数,而应理解为广义函数。更严格地说,$\delta(t)$ 是具有如下筛选性质的一种算子:对任意的、足够光滑的函数 $f(t)$,均有

$$\int_{-\infty}^{+\infty} f(t)\delta(t)\mathrm{d}t = f(0) \tag{2.9.3}$$

根据数学分析,式(2.9.3)可理解为如下极限过程

$$\lim_{\varepsilon \to 0} \int_{-\infty}^{+\infty} f(t)\delta_\varepsilon(t)\mathrm{d}t = \lim_{\varepsilon \to 0} \int_{-\varepsilon/2}^{\varepsilon/2} \frac{f(t)}{\varepsilon}\mathrm{d}t = \lim_{\varepsilon \to 0} f(\theta\varepsilon) = f(0) \tag{2.9.4}$$

其中,$\theta \in (0,1)$来自光滑函数$f(t)$的中值定理。更一般地,对于任意参数τ,式(2.9.3)中的筛选性质可推广为

$$\int_{-\infty}^{+\infty} f(t)\delta(t-\tau)\mathrm{d}t = f(\tau) \tag{2.9.5}$$

2. 单位脉冲激励及其响应

利用理想单位脉冲函数,可方便地描述理想化的脉冲力,即作用时间无限短、幅值无限大,但冲量有限的力。设理想脉冲力的冲量为I,则可将其表示为$f(t)=I\delta(t)$。当$I=1$时,便成为单位冲量的理想脉冲力$\delta(t)$。以下为行文方便,简称$\delta(t)$为单位脉冲。

现在来求初始静止系统在单位脉冲$\delta(t)$作用下的响应,并简称其为单位脉冲响应函数,记为$h(t)$。为便于分析,记0^+为单位脉冲结束的瞬间。根据冲量定理,系统在单位脉冲结束时的位移和速度分别是

$$h(0^+)=0, \quad \dot{h}(0^+)=\frac{1}{m} \tag{2.9.6}$$

此后,系统作自由振动。根据式(2.3.17)中第二式,该自由振动为

$$h(t)=\frac{1}{m}V(t)=\frac{1}{m\omega_\mathrm{d}}\exp(-\zeta\omega_\mathrm{n}t)\sin(\omega_\mathrm{d}t), \quad t\geqslant 0 \tag{2.9.7}$$

若单位脉冲不是作用在时刻$t=0$,而是在$t=\tau$,则单位脉冲响应函数将滞后时间τ,即

$$h(t-\tau)=\frac{1}{m\omega_\mathrm{d}}\exp[-\zeta\omega_\mathrm{n}(t-\tau)]\sin[\omega_\mathrm{d}(t-\tau)], \quad t\geqslant\tau \tag{2.9.8}$$

3. Duhamel 积分

当系统受任意激振力$f(t)$作用时,可以把激振力$f(t)$看作是一系列脉冲力叠加而成,如图 2.9.2 所示。

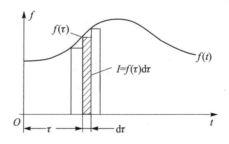

图 2.9.2　任意激振力的脉冲分解

考察作用于$t=\tau$时刻的脉冲力,其冲量为$I(\tau)=f(\tau)\mathrm{d}\tau$。根据单位脉冲响应函数的力学意义,上述脉冲力引起的系统响应为

$$\mathrm{d}u(t)=h(t-\tau)f(\tau)\mathrm{d}\tau, \quad t\geqslant\tau \tag{2.9.9}$$

值得指出,系统响应存在的前提是$t\geqslant\tau$,这体现系统因果性。根据线性系统的叠加原理,激振力$f(t)$引起的系统响应等于时间区间$0\leqslant\tau\leqslant t$上所有脉冲引起的系统响应总和,即

$$u(t)=\int_0^t h(t-\tau)f(\tau)\mathrm{d}\tau \tag{2.9.10}$$

上式称作Duhamel 积分或卷积积分。如果对积分变量进行换元,上式还可改写为

$$u(t)=\int_0^t h(\tau)f(t-\tau)\mathrm{d}\tau \tag{2.9.11}$$

在某些情况下,采用式(2.9.11)会简化计算。

例 2.9.1 * 对于初始静止系统,计算其在如下单位阶跃力作用下的响应

$$f(t) = \begin{cases} 1, & t \geqslant 0 \\ 0, & t < 0 \end{cases} \tag{a}$$

解 采用式(2.9.8)和式(2.9.10)计算 Duhamel 积分,结果为

$$u(t) = \int_0^t h(t-\tau) f(\tau) \mathrm{d}\tau = \int_0^t \frac{1}{m\omega_\mathrm{d}} \exp\left[-\zeta\omega_\mathrm{n}(t-\tau)\right] \sin\left[\omega_\mathrm{d}(t-\tau)\right] \mathrm{d}\tau$$

$$= \frac{1}{k}\left[1 - \frac{1}{\sqrt{1-\zeta^2}} \exp(-\zeta\omega_\mathrm{n}t)\cos(\omega_\mathrm{d}t - \psi)\right] \tag{b}$$

其中

$$\psi \equiv \arctan\left(\frac{\zeta}{\sqrt{1-\zeta^2}}\right) \tag{c}$$

上述响应简称为单位阶跃响应,其时间历程如图 2.9.3 所示。由图可见,无阻尼系统在上述突加载荷下的响应最大值是静位移的 2 倍。

现采用附录 A2 的 MATLAB 程序计算该问题。取 $\omega_\mathrm{n} = 1.0\mathrm{rad/s}$ 和 $\zeta = 0.1$,将时间区间 $[0,30]$ 离散为 $t_j = (j-1)\Delta t, j = 1, 2, \cdots, N, \Delta t = 30/(N-1)$,在区间 $[0, t_j]$ 上计算数值积分获得式(b)的离散值 $u(t_j), j = 1, 2, \cdots, N$。选择 $N = 31$ 和 $3\,001$,计时运行程序,将结果与图 2.9.3 对比。虽然 $N = 3\,001$ 时的计算结果好,但耗时大幅增加。建议读者思考如何解决该问题?

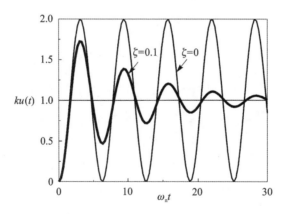

图 2.9.3 系统的单位阶跃响应

4. 非零初始条件与激励联合激发的响应

最后,考察式(2.9.1)所描述的动力学问题,即非零初始条件与任意激励联合作用引起的系统响应。根据线性系统的叠加原理,该响应可表示为

$$u(t) = \exp(-\zeta\omega_\mathrm{n}t)\left[a_1\cos(\omega_\mathrm{d}t) + a_2\sin(\omega_\mathrm{d}t)\right] + \int_0^t h(t-\tau) f(\tau) \mathrm{d}\tau \tag{2.9.12}$$

由于上述 Duhamel 积分描述零初始条件下的系统响应,故式中的积分常数可由式(2.3.15)给出。根据式(2.3.16),上述响应还可写作

$$u(t) = U(t)u_0 + V(t)\dot{u}_0 + \int_0^t h(t-\tau) f(\tau) \mathrm{d}\tau \tag{2.9.13}$$

即系统响应由零激励条件下初始条件引起的响应和零初始条件下激励引起的响应叠加而成。这两部分响应常简称为零输入响应和零初始状态响应。

2.9.2 Fourier 变换法

将瞬态激励作分解的另一种思路是，将其分解为一系列简谐激励之和。这就是在周期函数的 Fourier 级数展开基础上发展起来的 Fourier 变换。

1. 激励与响应关系

瞬态激励 $f(t)$ 是非周期函数，无法展开为 Fourier 级数，但存在如下 Fourier 变换对

$$\begin{cases} F(\omega) \equiv \mathscr{F}[f(t)] \equiv \int_{-\infty}^{+\infty} f(t)\exp(-\mathrm{i}\omega t)\mathrm{d}t \\ f(t) \equiv \mathscr{F}^{-1}[F(\omega)] \equiv \dfrac{1}{2\pi}\int_{-\infty}^{+\infty} F(\omega)\exp(\mathrm{i}\omega t)\mathrm{d}\omega \end{cases} \quad (2.9.14)$$

其中，频域的复函数 $F(\omega)$ 称为时域实函数 $f(t)$ 的 Fourier 正变换，它的模和辐角分别反映时域函数 $f(t)$ 在频率 ω 处的幅值和相位；而时域函数 $f(t)$ 称为频域函数 $F(\omega)$ 的 Fourier 逆变换，正逆变换构成变换对。附录 B 提供了 Fourier 变换的基本性质及若干常用函数的变换结果。利用这些性质和结果，可以求解系统在零初始条件下受瞬态激励的响应问题。

对式 (2.9.1a) 两端实施 Fourier 正变换，根据附录 B 中表 B1 的时域导数性质，得到

$$(k - m\omega^2 + \mathrm{i}c\omega)U(\omega) = F(\omega) \quad (2.9.15)$$

由此解出位移 $u(t)$ 的 Fourier 变换 $U(\omega)$ 为

$$U(\omega) = \frac{F(\omega)}{k - m\omega^2 + \mathrm{i}c\omega} = H(\omega)F(\omega) \quad (2.9.16)$$

其中

$$H(\omega) \equiv \frac{1}{k - m\omega^2 + \mathrm{i}c\omega} \quad (2.9.17)$$

根据 Fourier 变换的数学意义，$F(\omega)$ 是激振力对应频率 ω 的分量，$U(\omega)$ 是系统位移对应于频率 ω 的分量，故式 (2.9.16) 反映了系统在频域内的激励与响应间关系。对式 (2.9.16) 作 Fourier 逆变换，得到全部频率成分的叠加结果

$$u(t) = \mathscr{F}^{-1}[U(\omega)] = \frac{1}{2\pi}\int_{-\infty}^{+\infty} H(\omega)F(\omega)\exp(\mathrm{i}\omega t)\mathrm{d}\omega \quad (2.9.18)$$

2. 频响函数

由式 (2.9.17) 所定义的复函数 $H(\omega)$ 称作系统的位移频响函数。根据 2.4 节的讨论，可得到频响函数的幅值和相位角

$$\begin{cases} |H(\omega)| = \dfrac{1}{\sqrt{(k-m\omega^2)^2+(c\omega)^2}} = \dfrac{1}{k\sqrt{(1-\lambda^2)^2+(2\zeta\lambda)^2}} = \dfrac{\beta_\mathrm{d}}{k} \\ \arg[H(\omega)] = \tan^{-1}\left(\dfrac{c\omega}{m\omega^2-k}\right) = \tan^{-1}\left(\dfrac{2\zeta\lambda}{\lambda^2-1}\right) = \psi_\mathrm{d} \end{cases} \quad (2.9.19)$$

因此，$|H(\omega)|$ 代表单位简谐激励下系统响应的幅频特性，而 $\arg[H(\omega)]$ 代表该响应的相频特性。频响函数 $H(\omega)$ 含有系统的物理参数 m、k 和 c，包含了系统的完整信息。

频响函数 (2.9.17) 还可写成

$$H(\omega) = \frac{1}{m(\omega_n^2 - \omega^2 + \mathrm{i}2\zeta\omega_n\omega)} = \frac{1}{m[\omega_d^2 - (\omega - \mathrm{i}\zeta\omega_n)^2]} \tag{2.9.20}$$

根据附录 B 中表 B2 的倒数第 2 行,上式的 Fourier 逆变换就是单位脉冲响应函数,即

$$h(t) = \mathscr{F}^{-1}[H(\omega)] = \frac{1}{m\omega_d}\exp(-\zeta\omega_n t)\sin(\omega_d t), \quad t \geqslant 0 \tag{2.9.21}$$

即 $h(t)$ 和 $H(\omega)$ 构成 Fourier 变换对。根据附录 B 中表 B1 的时域卷积,可将式(2.9.18)改写为

$$u(t) = \frac{1}{2\pi}\int_{-\infty}^{+\infty}H(\omega)F(\omega)\exp(\mathrm{i}\omega t)\mathrm{d}\omega = \int_0^t h(t-\tau)f(\tau)\mathrm{d}\tau \tag{2.9.22}$$

这就是 Duhamel 积分,故用 Fourier 变换法得到的系统响应不含初始条件引起的响应。

通过对例 2.9.1 的数值计算可知,Duhamel 积分的计算量很大。可喜的是,在一定的前提下,上述 Fourier 变换可转换为离散 Fourier 变换,在计算机上用快速 Fourier 变换(FFT, Fast Fourier Transform)来完成计算。因此,完成 Duhamel 积分的数值计算流程为:先计算 $h(t_k)$ 和 $f(t_k)$ 的离散 Fourier 变换 $H(\omega_k)$ 和 $F(\omega_k)$,再计算 $H(\omega_k)F(\omega_k)$ 的离散 Fourier 逆变换。

此外,根据式(2.9.16)可知

$$H(\omega) = \frac{U(\omega)}{F(\omega)} \tag{2.9.23}$$

即频响函数 $H(\omega)$ 是系统输出的 Fourier 变换与系统输入的 Fourier 变换之比。在工程中,可通过测量振动系统的输入 $f(t)$ 和输出 $u(t)$,计算它们的 Fourier 变换 $F(\omega)$ 和 $U(\omega)$,由式(2.9.23)获得频响函数,并通过式(2.9.20)求取系统参数。第 6 章将讨论相关的实验方法。

2.9.3　Laplace 变换法

在 Fourier 正变换中,积分区间是整个时间域,无法计入初始条件对系统响应的影响。现介绍可计入系统初始条件的 Laplace 变换法。

1. Laplace 变换

函数 $f(t)$ 的 Laplace 变换对定义为

$$\begin{cases} F(s) \equiv \mathscr{L}[f(t)] \equiv \int_0^{+\infty} f(t)\exp(-st)\mathrm{d}t \\ f(t) \equiv \mathscr{L}^{-1}[F(s)] \equiv \frac{1}{2\pi\mathrm{i}}\int_{\sigma-\mathrm{i}\omega}^{\sigma+\mathrm{i}\omega} F(s)\exp(st)\mathrm{d}s \end{cases} \tag{2.9.24}$$

其中,$s \equiv \sigma + \mathrm{i}\omega$ 为复变量,它对应复平面上的点。该复平面上的区域称为 Laplace 域或简称为 s 域。Laplace 变换的性质及常用变换关系见附录 C。

2. 激励与响应关系

应用 Laplace 变换,可以求解非零初始条件下的系统响应。对式(2.9.1)两端作 Laplace 变换,根据附录 C 中表 C1 的时域导数性质,可得到

$$m[s^2 U(s) - su_0 - \dot{u}_0] + c[sU(s) - u_0] + kU(s) = F(s) \tag{2.9.25}$$

由此解出

$$U(s) = \frac{ms+c}{ms^2+cs+k}u_0 + \frac{m}{ms^2+cs+k}\dot{u}_0 + \frac{F(s)}{ms^2+cs+k}$$

$$= \frac{(s+\zeta\omega_n)u_0}{(s+\zeta\omega_n)^2+\omega_d^2} + \frac{\dot{u}_0 + \zeta\omega_n u_0}{(s+\zeta\omega_n)^2+\omega_d^2} + \frac{F(s)}{m(s^2+2\zeta\omega_n s+\omega_n^2)} \tag{2.9.26}$$

根据附录 C 中表 C2 的倒数第 3 行和倒数第 4 行,可分别得到上式右端前两项的 Laplace 逆变换;根据表 C2 的倒数第 1 行和表 C1 中的卷积性质,可获得上式右端第三项的 Laplace 逆变换。因此,式(2.9.26)的 Laplace 逆变换为

$$u(t) = u_0 \exp(-\zeta\omega_\mathrm{n}t)\cos(\omega_\mathrm{d}t) + \left(\frac{\dot{u}_0 + \zeta\omega_\mathrm{n}u_0}{\omega_\mathrm{d}}\right)\exp(-\zeta\omega_\mathrm{n}t)\sin(\omega_\mathrm{d}t) +$$

$$\frac{1}{m\omega_\mathrm{d}}\int_0^t \exp(-\zeta\omega_\mathrm{n}\tau)\sin(\omega_\mathrm{d}\tau)f(t-\tau)\mathrm{d}\tau \tag{2.9.27}$$

由式(2.3.16)和式(2.9.7)可见,式(2.9.27)就是式(2.9.13)的具体表达式。

3. 传递函数

如果系统的初始条件为零,则式(2.9.26)简化为

$$U(s) = \frac{F(s)}{ms^2 + cs + k} \tag{2.9.28}$$

定义系统位移的 Laplace 变换 $U(s)$ 与激振力的 Laplace 变换 $F(s)$ 之比为**传递函数**,记为

$$H(s) \equiv \frac{U(s)}{F(s)} = \frac{1}{ms^2 + cs + k} \tag{2.9.29}$$

由上式可见,传递函数仅与系统参数 m、k 和 c 有关,从而在 s 域中完整描述了系统的动态特性。不难验证,传递函数 $H(s)$ 与单位脉冲响应函数 $h(t)$ 构成 Laplace 变换对,即

$$\begin{cases} \mathscr{L}[h(t)] = \dfrac{1}{ms^2 + cs + k} = H(s) \\ \mathscr{L}^{-1}[H(s)] = \dfrac{1}{m\omega_\mathrm{d}}\exp(-\zeta\omega_\mathrm{n}t)\sin(\omega_\mathrm{d}t) = h(t), \quad t \geqslant 0 \end{cases} \tag{2.9.30}$$

此外,在复变量 $s = \sigma + \mathrm{i}\omega$ 中取 $\sigma = 0$,即 $s = \mathrm{i}\omega$,则传递函数变成频响函数

$$H(s)\Big|_{s=\mathrm{i}\omega} = \frac{1}{k - m\omega^2 + \mathrm{i}c\omega} = H(\omega) \tag{2.9.31}$$

总结本节内容,系统在任意激励下的响应分析可在时域、频域或 Laplace 域内进行。时域分析方法是 Duhamel 积分,由单位脉冲响应函数 $h(t)$ 描述系统动态特性;频域分析方法是 Fourier 变换,由频响函数 $H(\omega)$ 描述系统动态特性;Laplace 域分析方法是 Laplace 变换,由传递函数 $H(s)$ 描述系统动态特性。通过积分变换,这三种方法的结果可相互转化。

思考题

2-1 在建立系统动力学方程时,何时需要考虑重力的影响,何时可不考虑重力影响?

2-2 将刚度系数为 k 的弹性元件和阻尼系数为 c 阻尼器串联,然后再与另一个刚度系数为 k 的弹性元件并联,讨论是否可获得组合元件的等效刚度 k_e?

2-3 参考例 2.4.2,讨论如何降低洗衣机在脱水阶段的振动。

2-4 针对第二类隔振问题,讨论由基础简谐运动所输入能量与设备绝对运动能量之间的传递关系。

2-5 在 2.9 节中,将瞬态激振力分解为无限多个脉冲激振力或简谐激振力的叠加,思考是否还有其他分解方法? 如何通过这样的分解,获得瞬态激振力下系统的响应?

2−6 在初始静止的系统上作用简谐激振力 $f(t) = f_0 \sin(\omega t)$，$t \geqslant 0$，讨论是否可用 Duhamel 积分得到系统响应。

习 题

2−1 图 2−1 所示的两端铰支梁长 $l = 4\mathrm{m}$，其质量可忽略不计，抗弯刚度为 $EI = 1.96 \times 10^6 \mathrm{N \cdot m^2}$；采用图中两种方式安装 $m = 100\mathrm{kg}$ 的集中质量和刚度系数为 $k = 4.9 \times 10^5 \mathrm{N/m}$ 的弹簧，在 MATLAB 平台上计算这两种情况的系统固有频率。

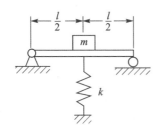
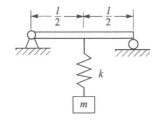

图 2−1 习题 2−1 用图

2−2 如图 2−2 所示，悬臂梁和两端铰支梁构成弹性基础，将质量为 m 的刚性设备安装到箭头所示位置。根据图中标注的参数，忽略梁的质量，建立系统的动力学方程，并推导系统固有频率表达式。

2−3 图 2−3 是微机电系统（MEMS，Micro-Electro-Mechanical System）的加速度传感器，由硅材料加工而成，其力学模型由四根相同固支-滑支梁（即固支-固支梁的一半）和集中质量 m 组成。其中，质量 $m = 2.08\ \mu\mathrm{g}$，梁的长度为 $l = 300\ \mu\mathrm{m}$，宽度和高度均为 $b = 10\ \mu\mathrm{m}$，材料弹性模量为 $E = 150\ \mathrm{GPa}$。忽略梁的质量，计算该传感器沿 z 轴的固有振动频率。

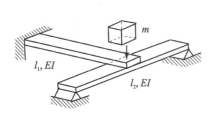
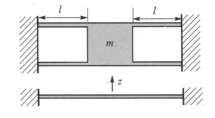

图 2−2 习题 2−2 用图　　　　图 2−3 习题 2−3 用图

2−4 对于简谐振动 $u_1(t) = 0.05\cos(40t)\mathrm{m}$ 和 $u_2(t) = 0.03\cos(39t)\mathrm{m}$，计算合成振动的最大振幅与最小振幅，并计算拍频和周期。在 MATLAB 平台上绘图，验证解析结果；再改变 $u_2(t)$ 的振幅和频率，绘图考察合成振动的变化。

2−5 在图 2−4 所示皮带轮系统中，被动轮直径为 $d = 0.8\ \mathrm{m}$，转动惯量为 $J = 1.8\ \mathrm{kg \cdot m^2}$，皮带可简化成两根拉压刚度系数为 k 的弹簧。若驱动轮匀速转动，被动轮相对于驱动轮作扭转振动的固有频率不低于 $10\ \mathrm{Hz}$，设计皮带的最小刚度系数 $k_{\min}$。

2−6 图 2−5 是一扇门的俯视图，门的高度为 $2.5\ \mathrm{m}$，质量为 $30\ \mathrm{kg}$，门的合页上装有可产生恢复力矩的弹簧-阻尼减振器，其扭转刚度系数为 $k_\mathrm{T} = 20\mathrm{N \cdot m/rad}$，扭转阻尼系数为

c_T。若要求门处于关闭位置时为临界阻尼状态,设计扭转阻尼系数 c_T;将门开到 $\theta(0)=40°$ 时释放,计算门回到 $\theta(t)=1°$ 之内所需要的时间 t。

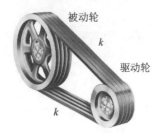

被动轮

k

驱动轮

k

图 2-4 习题 2-5 用图

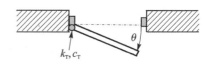

k_T, c_T

θ

图 2-5 习题 2-6 用图

2-7 对于临界阻尼系统,证明系统受初始扰动后的运动至多越过平衡位置一次。

2-8 考察集中质量–弹簧–阻尼系统,当集中质量为 $m=10$ kg 时,弹簧静伸长 $\delta_s=0.01$ m;系统自由振动 20 个循环后,振幅从 $6.4×10^{-3}$ m 降至 $1.6×10^{-3}$ m。求系统的阻尼系数 c 及在 20 个循环内阻尼力所消耗的能量。

2-9 质量为 100 kg 的设备安装在隔振平台上,受铅垂方向激振力 $f(t)=90\sin(\omega t)$N 作用而振动。隔振器的刚度系数为 $k=9×10^4$ N/m,阻尼系数为 $c=2.4×10^3$ N·s/m。在 MATLAB 平台上计算:

(1) 当 $\omega=\omega_n$ 时,设备的稳态振动幅值 B_d;

(2) 振幅具有最大值时的激振频率 ω;

(3) $\max\{B_d\}$ 与 B_d 之比值。

2-10 汽车发动机的工作转速为 1 500~3 000 r/min,要将发动机传递到车载电子设备的振动隔离 90%,求隔振器在电子设备自重下的静变形 δ_s。

2-11 电机质量为 22kg,转速为 3 000 r/min,通过 4 个相同的隔振器对称支承在刚性基础上。现要求传递到基础上的力不超过偏心质量惯性力的 10%,隔振系统共振时的力振传递率不超过 400%,设计隔振器的刚度系数和阻尼系数。

2-12 如图 2-6 所示,质量为 $m=2$ kg 的摄像机通过薄壁铝管安装在楼顶用于监控,其受到的风激振力可近似为 $f(t)=20\cos(24\pi t)$N。现有外直径 $D=30$ mm、内直径 $d=26$ mm 的薄壁铝管,其材料弹性模量为 $E=70$ GPa,质量可忽略不计。设计铝管的长度 l,使摄像机有尽可能大的监控范围,并要求摄像机的水平振动幅值不超过 2 mm。

2-13 在图 2-7 所示系统中,刚性杆的质量可忽略不计,建立描述系统微振动的动力学方程,并求解质量 m 沿铅垂方向的稳态振动。

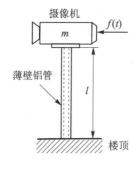

摄像机

$f(t)$

m

薄壁铝管

l

楼顶

图 2-6 习题 2-12 用图

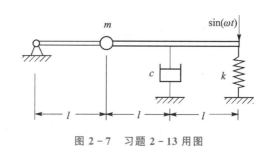

m

$\sin(\omega t)$

c

k

l

l

l

图 2-7 习题 2-13 用图

2-14　在习题 2-13 中，设系统初始时刻处于静止，将简谐激振力替换为单位脉冲激励 $\delta(t)$，计算系统的响应；对该结果实施 Fourier 变换，与习题 2-13 的结果进行对比。

2-15　已知单自由度无阻尼系统的质量为 $m=17.5$ kg，刚度系数为 $k=7\,000$ N/m，求该系统在零初始条件下受简谐力 $f(t)=52.5\sin(10t-\pi/6)$ N 作用后的响应；在 MATLAB 平台上计算 Duhamel 积分，通过绘图对比来验证解析结果的正确性。

2-16　考察初始静止的单自由度无阻尼系统，其质量为 m，刚度系数为 k。求解系统在图 2-8 所示瞬态激振力作用下的位移。选择系统参数和激励参数，使系统固有周期 $T_n = 2\pi/\sqrt{k/m}$ 分别满足 $T_n<t_1$，$t_1<T_n<t_2$，$T_n>t_2$，在 MATLAB 平台上用数值方法计算这三种情况下的 Duhamel 积分，通过绘图对比验证解析结果。

2-17　考察图 2-9 所示的初始静止系统，其基础受到阶跃加速度 $\ddot{w}(t)=a_0$ 作用，求系统的瞬态相对位移。

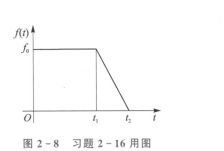

图 2-8　习题 2-16 用图　　　　图 2-9　习题 2-17 用图

2-18　为了研究汽车通过减速带时的振动，建立图 2-10 所示的 1/4 车辆简化模型和减速带模型。其中，1/4 车辆及司机的质量合计为 $m=500$ kg，1/4 车辆的悬架刚度系数为 $k=177\,653$ N/m，阻尼系数为 $c=3\,770$ N·s/m；减速带剖面是高度为 $w_0=0.02$ m，长度为 $l=0.1$ m 的半正弦函数。在 MATLAB 平台上，通过 Duhamel 积分计算该车辆模型分别以时速 $v=5$ km/h 和 $v=40$ km/h 通过减速带时产生的瞬态位移；若司机体重 70 kg，计算这两种情况下乘客受到的冲击力峰值。

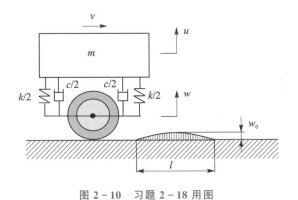

图 2-10　习题 2-18 用图

第3章 多自由度系统的振动

对于工程中的大多数振动问题,仅采用第 2 章的单自由度系统模型和理论尚无法提供满意的分析和设计结果,有时甚至会导致本质性错误。

因此,本章讨论多自由度系统的振动问题,其最简单的情况就是二自由度系统的振动问题。读者将看到:当系统的自由度由一增加到二,系统的振动行为会发生质变,引发一系列新的概念;而继续增加自由度,则主要带来量变,导致计算公式越来越复杂。因此,深刻理解二自由度系统的振动是学好本章内容的基础。由于简洁的数学描述有助于推理和计算,本章采用矩阵作为基本数学工具,并引导读者在 MATLAB 平台上完成较为复杂的计算。

与第 2 章的相似之处是,本章先讨论如何建立系统的动力学方程,然后循序渐进讨论无阻尼系统的自由振动、阻尼系统的自由振动、系统的受迫振动等。

▶▶▶ 3.1 系统的动力学建模

与单自由度系统相比,建立多自由度系统的模型要复杂许多。本节先讨论一个简单的集中质量-弹簧-阻尼器系统,以阐述基本概念和建立动力学方程所涉及的问题,然后依次介绍几种流程式的方法。

3.1.1 集中质量-弹簧-阻尼器系统

首先,考察图 3.1.1(a)所示二自由度系统的振动问题。其中,集中质量 m_1 和 m_2 沿水平方向运动,其位置坐标分别为 u_1 和 u_2,作用在两个集中质量上的激振力分别为 $f_1(t)$ 和 $f_2(t)$,不计质量的弹簧和阻尼器分别具有图示刚度系数和阻尼系数。

如图 3.1.1(b)所示,将两个集中质量分别作为分离体,根据 2.1 节中对运动方向和力方向的约定,由 Newton 第二定律得到动力学方程

$$\begin{cases} m_1\ddot{u}_1 = -k_1u_1 - k_2(u_1-u_2) - c_1\dot{u}_1 - c_2(\dot{u}_1-\dot{u}_2) + f_1 \\ m_2\ddot{u}_2 = -k_2(u_2-u_1) - k_3u_2 - c_2(\dot{u}_2-\dot{u}_1) - c_3\dot{u}_2 + f_2 \end{cases} \tag{3.1.1}$$

其中,为简洁起见,省略了自变量 t。上式可改写为

$$\begin{cases} m_1\ddot{u}_1 + (c_1+c_2)\dot{u}_1 - c_2\dot{u}_2 + (k_1+k_2)u_1 - k_2u_2 = f_1 \\ m_2\ddot{u}_2 - c_2\dot{u}_1 + (c_2+c_3)\dot{u}_2 - k_2u_1 + (k_2+k_3)u_2 = f_2 \end{cases} \tag{3.1.2}$$

为了确定系统的运动,还需要给定系统的初始条件,即

$$u_1(0)=u_{10}, \quad u_2(0)=u_{20}, \quad \dot{u}_1(0)=\dot{u}_{10}, \quad \dot{u}_2(0)=\dot{u}_{20} \tag{3.1.3}$$

这样就得到含两个未知变量 u_1 和 u_2 的二阶常系数线性常微分方程组及其初始条件,构成描

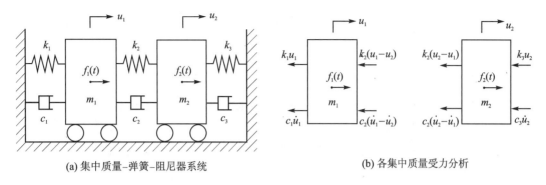

(a) 集中质量–弹簧–阻尼器系统　　　　　(b) 各集中质量受力分析

图 3.1.1　二自由度振动系统及其受力分析

述图 3.1.1 中二自由度系统的完整数学模型。

为便于理论研究和软件计算,可将式(3.1.2)和式(3.1.3)表示为如下矩阵形式

$$\begin{cases} \begin{bmatrix} m_1 & 0 \\ 0 & m_2 \end{bmatrix} \begin{bmatrix} \ddot{u}_1 \\ \ddot{u}_2 \end{bmatrix} + \begin{bmatrix} c_1+c_2 & -c_2 \\ -c_2 & c_2+c_3 \end{bmatrix} \begin{bmatrix} \dot{u}_1 \\ \dot{u}_2 \end{bmatrix} + \begin{bmatrix} k_1+k_2 & -k_2 \\ -k_2 & k_2+k_3 \end{bmatrix} \begin{bmatrix} u_1 \\ u_2 \end{bmatrix} = \begin{bmatrix} f_1 \\ f_2 \end{bmatrix} \\ \begin{bmatrix} u_1(0) \\ u_2(0) \end{bmatrix} = \begin{bmatrix} u_{10} \\ u_{20} \end{bmatrix}, \quad \begin{bmatrix} \dot{u}_1(0) \\ \dot{u}_2(0) \end{bmatrix} = \begin{bmatrix} \dot{u}_{10} \\ \dot{u}_{20} \end{bmatrix} \end{cases}$$

$$(3.1.4)$$

或等价形式

$$\begin{cases} M\ddot{u}(t) + C\dot{u}(t) + Ku(t) = f(t) & (3.1.5\text{a}) \\ u(0) = u_0, \quad \dot{u}(0) = \dot{u}_0 & (3.1.5\text{b}) \end{cases}$$

其中

$$\begin{cases} M \equiv \begin{bmatrix} m_1 & 0 \\ 0 & m_2 \end{bmatrix}, \quad C \equiv \begin{bmatrix} c_1+c_2 & -c_2 \\ -c_2 & c_2+c_3 \end{bmatrix}, \quad K \equiv \begin{bmatrix} k_1+k_2 & -k_2 \\ -k_2 & k_2+k_3 \end{bmatrix} \\ u(t) \equiv \begin{bmatrix} u_1(t) \\ u_2(t) \end{bmatrix}, \quad f(t) \equiv \begin{bmatrix} f_1(t) \\ f_2(t) \end{bmatrix}, \quad u_0 \equiv \begin{bmatrix} u_{10} \\ u_{20} \end{bmatrix}, \quad \dot{u}_0 \equiv \begin{bmatrix} \dot{u}_{10} \\ \dot{u}_{20} \end{bmatrix} \end{cases}$$

$$(3.1.6)$$

在式(3.1.6)中,M、C 和 K 分别称作系统的质量矩阵、阻尼矩阵和刚度矩阵;$u(t)$ 和 $f(t)$ 分别称作系统的位移向量和激振力向量;u_0 和 $\dot{u}_0$ 分别是系统的初始位移向量和初始速度向量。这些矩阵和向量的阶次等于系统自由度数。本书若不作说明,则所用向量均为列向量。

式(3.1.5a) 在形式上与单自由度系统的动力学方程相同,体现了 d'Alembert 原理:即激振力向量 $f(t)$ 与系统的惯性力向量 $-M\ddot{u}(t)$、阻尼力向量 $-C\dot{u}(t)$、弹性力向量 $-Ku(t)$ 之和为零向量。因此,该方程是多自由度线性系统动力学方程的普遍形式。

与单自由度系统的差异是,当系统有多个自由度时,描述系统特性的 M、C 和 K 不再是三个标量,而是三个矩阵。由式(3.1.2)可见,系统中各集中质量的运动彼此相关。换言之,式(3.1.6)中至少有一个矩阵的非对角元素不为零。系统的这种运动关联称为耦合,它是多自由度系统有别于单自由度系统的基本特征。

由于上述耦合,建立多自由度系统的动力学方程变得比较复杂。例如,对具有更多自由度的系统,采用分离体受力分析将会很复杂,从而容易出错。因此,本节介绍几种程式化的方法来建立系统动力学方程。

3.1.2 影响系数法

在材料力学和结构力学中,经常采用影响系数来描述系统的静柔度或静刚度。此处,将其推广用于建立振动系统的动力学方程。

在线性机械和结构中,通常选择某些结点(即标志点)的广义位移(如位移、转角等)来作为坐标,而这些广义坐标与对应的广义力(如力、力矩等)构成结点信息。通常,将结点信息中某个单位量引起的系统结点信息变化量称为影响系数。

1. 刚度影响系数

任选系统的两个坐标 i 和 j,令系统沿坐标 j 产生单位静位移,而其他坐标无位移,将在坐标 i 上应施加的静力定义为刚度影响系数 k_{ij},简称刚度系数。对系统的所有坐标依次重复上述过程,将得到的刚度系数 k_{ij} 组装成矩阵 $\boldsymbol{K}$,并称其为刚度矩阵。

对于 n 自由度线性系统,若将其在坐标 j 产生的单位静位移改为 u_{sj},而其他坐标无位移,则在坐标 i 上应施加静力 $f_{si}=k_{ij}u_{sj}$。若各坐标均产生位移,则应施加的总静力为

$$f_{si}=\sum_{j=1}^{n} k_{ij}u_{sj}, \quad i=1,2,\cdots,n \tag{3.1.7}$$

其对应的矩阵形式为

$$\boldsymbol{f}_s=\boldsymbol{K}\boldsymbol{u}_s \tag{3.1.8}$$

其中,$\boldsymbol{f}_s \equiv [f_{s1} \quad f_{s2} \quad \cdots \quad f_{sn}]^{\mathrm{T}}$ 是施加在系统上的静力向量,$\boldsymbol{u}_s \equiv [u_{s1} \quad u_{s2} \quad \cdots \quad u_{sn}]^{\mathrm{T}}$ 是系统的静位移向量,$\boldsymbol{K}$ 是由刚度系数 k_{ij} 组成的刚度矩阵。

2. 柔度影响系数

任选系统的两个坐标 i 和 j,沿坐标 j 施加单位静力,而对其他坐标不施加任何力,将在坐标 i 上产生的位移定义为柔度影响系数 d_{ij},简称柔度系数。对系统的所有坐标依次重复上述过程,将得到的柔度系数 d_{ij} 组装成矩阵 $\boldsymbol{D}$,并称其为柔度矩阵。根据材料力学或结构力学中的位移互等定理,柔度矩阵是对称矩阵。

对于 n 自由度线性系统,若将施加在坐标 j 上的单位静力改为 f_{sj},则其产生的静位移为 $u_{si}=d_{ij}f_{sj}$。若在所有坐标上均作用静力,则它们产生的总静位移为

$$u_{si}=\sum_{j=1}^{n} d_{ij}f_{sj}, \quad i=1,2,\cdots,n \tag{3.1.9}$$

上式对应的矩阵形式为

$$\boldsymbol{u}_s=\boldsymbol{D}\boldsymbol{f}_s \tag{3.1.10}$$

例 3.1.1 对于图 3.1.1(a)所示系统,计算系统的刚度系数和柔度系数。

解 在刚度系数和柔度系数的定义中,均要求施加静位移或静力,故对系统中的阻尼器不产生任何影响。

首先,计算刚度系数。如图 3.1.2(a)所示,令集中质量 m_1 产生单位静位移 $u_{s1}=1$,同时固定集中质量 m_2,在 m_1 和 m_2 上施加的静力分别是刚度系数

$$k_{11}=k_1+k_2, \quad k_{21}=-k_2 \tag{a}$$

如图 3.1.2(b)所示,固定集中质量 m_1,并令集中质量 m_2 产生单位静位移 $u_{s2}=1$,可得到

$$k_{12}=-k_2, \quad k_{22}=k_2+k_3 \tag{b}$$

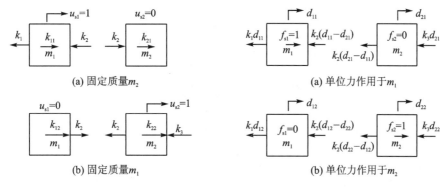

(a) 固定质量m_2　　　　　　(a) 单位力作用于m_1

(b) 固定质量m_1　　　　　　(b) 单位力作用于m_2

图 3.1.2　作用单位位移的受力分析　　　图 3.1.3　作用单位力的受力分析

其次,计算柔度系数。参考图 3.1.3(a),仅在集中质量m_1上作用单位静力$f_{s1}=1$,根据柔度系数定义,m_1和m_2的位移分别为d_{11}和d_{21},它们满足静力平衡关系

$$k_1 d_{11}+k_2(d_{11}-d_{21})=f_{s1}=1,\quad k_2(d_{21}-d_{11})+k_3 d_{21}=f_{s2}=0 \tag{c}$$

将式(c)作为关于d_{11}和d_{21}的线性代数方程组,解出柔度系数

$$d_{11}=\frac{k_2+k_3}{k_1 k_2+k_1 k_3+k_2 k_3},\quad d_{21}=\frac{k_2}{k_1 k_2+k_1 k_3+k_2 k_3} \tag{d}$$

参考图 3.1.3(b),仅在集中质量m_2上作用单位静力$f_{s2}=1$,可类似得到柔度系数

$$d_{12}=d_{21},\quad d_{22}=\frac{k_1+k_2}{k_1 k_2+k_1 k_3+k_2 k_3} \tag{e}$$

3. 刚度矩阵法

根据刚度矩阵的定义,可采用式(3.1.8)来描述多自由度线性系统的动力学问题,并称其为刚度矩阵法。

根据 d'Alembert 原理,可将式(3.1.8)中的静位移向量u_s替换为由外激励引起的位移向量$u(t)$,静力向量f_s替换为作用在系统上的力向量$f(t)-M\ddot{u}(t)$。其中,$f(t)$是激振力向量,$-M\ddot{u}(t)$是惯性力向量;质量矩阵M中的元素m_{ij}称为质量系数,其力学意义是:使坐标j产生单位加速度、而其他坐标无加速度时,在坐标i上所施加的力。

根据式(3.1.8),得到系统的动力学方程

$$Ku(t)=f(t)-M\ddot{u}(t) \tag{3.1.11}$$

这可改写为无阻尼系统动力学方程的标准形式

$$M\ddot{u}(t)+Ku(t)=f(t) \tag{3.1.12}$$

对具有线性黏性阻尼的系统,可定义阻尼系数c_{ij}为系统沿坐标j产生单位速度,而在其他坐标无速度时,在坐标i上应施加的力;用c_{ij}组装阻尼矩阵C,可将阻尼力表示为$-C\dot{u}(t)$。此时,式(3.1.12)可拓展为

$$M\ddot{u}(t)+C\dot{u}(t)+Ku(t)=f(t) \tag{3.1.13}$$

这就是多自由度线性系统动力学方程的标准形式。

例 3.1.2　用刚度矩阵法建立图 3.1.4 所示无阻尼链式系统的动力学方程。

解　该系统的位移向量和激振力向量为

$$u(t)=[u_1(t)\quad u_2(t)\quad \cdots\quad u_n(t)]^{\mathrm{T}},\quad f(t)=[f_1(t)\quad f_2(t)\quad \cdots\quad f_n(t)]^{\mathrm{T}} \tag{a}$$

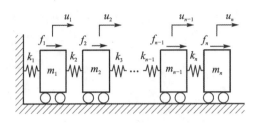

图 3.1.4　多自由度链式系统示意图

由于系统无阻尼,故只需建立式(3.1.12)中的刚度矩阵和质量矩阵。

根据刚度系数的定义,先施加一组静力 k_{i1},$i=1,\cdots,n$,使集中质量 m_1 产生单位位移,而其他集中质量不动。此时,对 m_1 沿 u_1 正向需施加的力等于弹簧 k_1 和 k_2 的刚度系数之和 k_1+k_2,即 $k_{11}=k_1+k_2$;而施加在 m_2 上的力为 k_2,但与 u_2 反向,即 $k_{21}=-k_2$;在其他集中质量上勿需施加任何力,即 $k_{i1}=0$,$i=3,\cdots,n$。用类似方法,可得其他刚度系数,最后组装成刚度矩阵

$$K=\begin{bmatrix} k_1+k_2 & -k_2 & 0 & \cdots & 0 & 0 \\ -k_2 & k_2+k_3 & -k_3 & \cdots & 0 & 0 \\ 0 & -k_3 & k_3+k_4 & \cdots & 0 & 0 \\ \vdots & \vdots & \vdots & \ddots & \vdots & \vdots \\ 0 & 0 & 0 & \cdots & k_{n-1}+k_n & -k_n \\ 0 & 0 & 0 & \cdots & -k_n & k_n \end{bmatrix} \tag{b}$$

根据前述质量系数的定义,为使集中质量 m_i 产生单位加速度而其他集中质量无加速度,所施加的力系为 $m_{ii}=m_i$,$m_{ij}=0$,$i\neq j$。因此,质量矩阵为对角矩阵

$$M=\operatorname*{diag}_{1\leqslant i\leqslant n}[m_i] \tag{c}$$

其中,$\operatorname*{diag}_{1\leqslant i\leqslant n}[\cdot]$ 代表将括号中元素按指标 i 排列为 n 阶对角矩阵。本书后续将常用这个符号。

4. 柔度矩阵法

根据柔度矩阵的定义,现采用式(3.1.10)来描述多自由度线性系统的动力学问题,并称其为**柔度矩阵法**。

首先,根据 d'Alembert 原理,作用在系统上的力向量包括激振力向量 $f(t)$、惯性力向量 $-M\ddot{u}(t)$ 和阻尼力向量 $-C\dot{u}(t)$。将它们代入式(3.1.10),得到系统的动力学方程

$$u(t)=D[f(t)-M\ddot{u}(t)-C\dot{u}(t)] \tag{3.1.14}$$

将上式两端同乘以 D^{-1},得到

$$M\ddot{u}(t)+C\dot{u}(t)+D^{-1}u(t)=f(t) \tag{3.1.15}$$

这就是用柔度矩阵表示的多自由度线性系统动力学方程。

例 3.1.3　对于图 3.1.4 中的无阻尼链式系统,用柔度矩阵法建立其动力学方程。

解　例 3.1.2 已给出了该系统的位移向量 $u(t)$、激振力向量 $f(t)$ 和质量矩阵 M,故只需建立其柔度矩阵 D。按柔度系数的定义,先仅在集中质量 m_1 上作用单位静力,则仅弹簧 k_1 产生弹性力,各质量静位移均为 $1/k_1$,得到柔度系数

$$d_{i1}=\frac{1}{k_1}, \quad i=1,2,\cdots,n \tag{a}$$

再仅在集中质量 m_2 上作用单位静力,此时集中质量 m_1 的静位移为 $1/k_1$,其余集中质量的静位移均为 $1/k_1+1/k_2$,得到柔度系数

$$d_{12}=\frac{1}{k_1},\quad d_{i2}=\frac{1}{k_1}+\frac{1}{k_2},\quad i=2,\cdots,n \tag{b}$$

根据上述逻辑依次分析,得到柔度系数的表达式

$$d_{ij}=\sum_{r=1}^{s}\frac{1}{k_r},\quad s\equiv\min(i,j) \tag{c}$$

最后,将柔度系数 d_{ij} 组装为柔度矩阵 $\boldsymbol{D}$。

例 3.1.4　图 3.1.5 中的刚架质量远小于其端部集中质量 m,刚架中的 OA 部分和 AB 部分均可简化为具有等截面抗弯刚度 EI 的梁,各自的拉伸变形可忽略,采用柔度法建立该系统作面内自由振动的动力学方程。

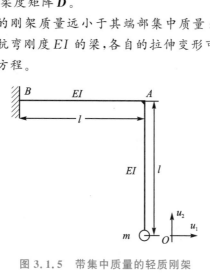

图 3.1.5　带集中质量的轻质刚架

解　建立由点 O 起向上度量的局部坐标 ξ 和由点 A 起向左度量的局部坐标 η,基于材料力学中的能量法来计算刚架端点的柔度系数。在集中质量上沿 u_1 和 u_2 方向分别施加静力 f_{s1} 和 f_{s2},梁 OA 和梁 AB 的弯矩分别为

$$M_{OA}(\xi)=f_{s1}\xi,\quad M_{AB}(\eta)=f_{s1}l+f_{s2}\eta \tag{a}$$

由此可计算刚架的弯曲变形能

$$V=\frac{1}{2EI}\int_0^l(f_{s1}\xi)^2\mathrm{d}\xi+\frac{1}{2EI}\int_0^l(f_{s1}l+f_{s2}\eta)^2\mathrm{d}\eta$$

$$=\frac{f_{s1}^2l^3}{6EI}+\frac{l^3}{2EI}\left(f_{s1}^2+f_{s1}f_{s2}+\frac{f_{s1}^2}{3}\right) \tag{b}$$

根据材料力学中的 Castigliano 第二定理,将刚架的变形能对静力 f_{si} 求偏导数得到沿 u_i 的位移,再取 $f_{sj}=1$ 和 $f_{si}=0$ 便得到柔度系数 d_{ij},即

$$\begin{cases}d_{11}=\dfrac{\partial V}{\partial f_{s1}}\bigg|_{f_{s1}=1,f_{s2}=0}=\dfrac{4l^3}{3EI},\quad d_{12}=\dfrac{\partial V}{\partial f_{s1}}\bigg|_{f_{s1}=0,f_{s2}=1}=\dfrac{l^3}{2EI}\\[3mm]d_{21}=\dfrac{\partial V}{\partial f_{s2}}\bigg|_{f_{s1}=1,f_{s2}=0}=\dfrac{l^3}{2EI},\quad d_{22}=\dfrac{\partial V}{\partial f_{s2}}\bigg|_{f_{s1}=0,f_{s2}=1}=\dfrac{l^3}{3EI}\end{cases} \tag{c}$$

用上述柔度系数组成系统柔度矩阵 $\boldsymbol{D}$,而系统质量矩阵为 $\boldsymbol{M}=m\boldsymbol{I}_2$,其中 $\boldsymbol{I}_2$ 是 2 阶单位矩阵。将它们一起代入式(3.1.14),得到描述系统面内自由振动的动力学方程

$$\begin{bmatrix}u_1(t)\\u_2(t)\end{bmatrix}=-\frac{ml^3}{6EI}\begin{bmatrix}8&3\\3&2\end{bmatrix}\begin{bmatrix}\ddot{u}_1(t)\\\ddot{u}_2(t)\end{bmatrix} \tag{d}$$

5．两种方法的关系和对比

若系统无刚体运动自由度,式(3.1.8)和式(3.1.10)表明系统刚度矩阵和柔度矩阵互逆,即

$$K = D^{-1} \quad \Leftrightarrow \quad D = K^{-1} \tag{3.1.16}$$

由于柔度矩阵是对称矩阵,故刚度矩阵也是对称矩阵。

对于无刚体自由度的系统,尽管两种方法等价,但求解问题的难度和工作量未必相同。现从几个方面来比较。

① 如果对比例 3.1.2 和例 3.1.3,则刚度矩阵法较为简洁,而且适用于结构小修改。例如在图 3.1.4 的系统右端集中质量 m_n 和固定壁之间插入一个刚度系数为 k_{n+1} 的水平弹簧,则只需将刚度矩阵最后的对角元素由 k_n 改为 $k_n + k_{n+1}$。若采用柔度矩阵法,则需重新求解柔度系数。

② 计算系统刚度系数时,要求系统仅一个自由度产生位移,其他自由度不动,这人为增加了确定刚度系数时系统的静不定程度,会使问题复杂化。计算柔度系数时,则可维持系统的原有约束。尤其用实验来确定系统的弹性性质时,均采用柔度矩阵法,而刚度矩阵法难以实现。对于例 3.1.4 中这样的刚架,只要分别在集中质量 m 处分别施加水平或垂直力,通过测量水平和垂直位移,就可以得到相应的柔度系数。

③ 如果系统具有刚体运动自由度,则在静力作用下会产生刚体位移,无法定义柔度系数,柔度矩阵法失效,而刚度矩阵法仍可奏效。例如,对于图 3.1.6 中卡车-拖车系统模型,若车轮在路面作纯滚动,可用刚度矩阵法建立无阻尼系统的动力学方程

$$\begin{bmatrix} m_1 & 0 \\ 0 & m_2 \end{bmatrix} \begin{bmatrix} \ddot{u}_1(t) \\ \ddot{u}_2(t) \end{bmatrix} + \begin{bmatrix} k & -k \\ -k & k \end{bmatrix} \begin{bmatrix} u_1(t) \\ u_2(t) \end{bmatrix} = \mathbf{0} \tag{3.1.17}$$

不难看出,上式刚度矩阵中的两行元素成比例,即刚度矩阵奇异,系统不存在柔度矩阵。

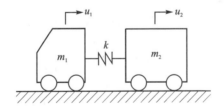

图 3.1.6　卡车-拖车系统模型

3.1.3　Lagrange 方程

由 3.1.2 节的讨论可见,刚度矩阵法和柔度矩阵法的基础是结构力学和 d'Alembert 原理,使用时必须注意位移和力的方向。虽然这两种方法可程式化,但对于复杂系统而言,其分析和计算工作量较大,容易出差错。

本小节介绍分析力学中的 Lagrange 方程。它是基于能量的方法,故先介绍多自由度微振动系统的能量表达式。

不失一般性,考察由 N 个质点组成的系统,在定常完整约束作用下,系统有 n 个自由度。采用 n 维广义坐标向量 $\boldsymbol{q} \equiv \begin{bmatrix} q_1 & q_2 & \cdots & q_n \end{bmatrix}^{\mathrm{T}}$ 描述系统位形,记各质点的位置向量为

$r_k(\boldsymbol{q}), k=1,2,\cdots,N$。因此，该系统的动能可表示为

$$T(\boldsymbol{q},\dot{\boldsymbol{q}})=\frac{1}{2}\sum_{k=1}^{N}m_k\dot{\boldsymbol{r}}_k^{\mathrm{T}}(\boldsymbol{q})\dot{\boldsymbol{r}}_k(\boldsymbol{q})=\frac{1}{2}\sum_{k=1}^{N}m_k\left(\sum_{r=1}^{n}\frac{\partial\boldsymbol{r}_k^{\mathrm{T}}}{\partial q_r}\dot{q}_r\right)\left(\sum_{s=1}^{n}\frac{\partial\boldsymbol{r}_k}{\partial q_s}\dot{q}_s\right)$$

$$=\frac{1}{2}\sum_{r=1}^{n}\sum_{s=1}^{n}\left(\sum_{k=1}^{N}m_k\frac{\partial\boldsymbol{r}_k^{\mathrm{T}}}{\partial q_r}\frac{\partial\boldsymbol{r}_k}{\partial q_s}\right)\dot{q}_r\dot{q}_s=\frac{1}{2}\sum_{r=1}^{n}\sum_{s=1}^{n}m_{rs}(\boldsymbol{q})\dot{q}_r\dot{q}_s \quad (3.1.18)$$

其中，$m_{rs}(\boldsymbol{q})$ 是对应系统广义位移的质量系数，定义为

$$m_{rs}(\boldsymbol{q})\equiv\sum_{k=1}^{N}m_k\frac{\partial\boldsymbol{r}_k^{\mathrm{T}}}{\partial q_r}\frac{\partial\boldsymbol{r}_k}{\partial q_s},\quad r,s=1,\cdots,n \quad (3.1.19)$$

由此得到系统动能的二次型表达式

$$T(\boldsymbol{q},\dot{\boldsymbol{q}})=\frac{1}{2}\dot{\boldsymbol{q}}^{\mathrm{T}}\boldsymbol{M}\dot{\boldsymbol{q}},\quad \boldsymbol{M}(\boldsymbol{q})\equiv[m_{rs}(\boldsymbol{q})] \quad (3.1.20)$$

其中，质量矩阵 $\boldsymbol{M}(\boldsymbol{q})$ 是对称矩阵。由于动能恒正，故矩阵 $\boldsymbol{M}(\boldsymbol{q})$ 是正定矩阵。

对于系统在平衡位置附近的微振动，取系统平衡位置建立广义坐标向量 $\boldsymbol{q}$，则质量矩阵是与向量 $\boldsymbol{q}$ 无关的常数矩阵 $\boldsymbol{M}$，故式(3.1.20)简化为

$$T(\dot{\boldsymbol{q}})=\frac{1}{2}\dot{\boldsymbol{q}}^{\mathrm{T}}\boldsymbol{M}\dot{\boldsymbol{q}}=\frac{1}{2}\sum_{r=1}^{n}\sum_{s=1}^{n}m_{rs}\dot{q}_r\dot{q}_s,\quad \boldsymbol{M}\equiv[m_{rs}] \quad (3.1.21)$$

根据刚度矩阵法，线性系统的势能可表示为

$$V(\boldsymbol{q})=\frac{1}{2}\boldsymbol{q}^{\mathrm{T}}\boldsymbol{K}\boldsymbol{q}=\frac{1}{2}\sum_{r=1}^{n}\sum_{s=1}^{n}k_{rs}q_rq_s \quad (3.1.22)$$

如果系统没有刚体运动自由度，则刚度矩阵 $\boldsymbol{K}$ 正定。否则，刚度矩阵 $\boldsymbol{K}$ 半正定，系统的任意刚体运动 $\boldsymbol{q}(t)$ 均使得 $\boldsymbol{K}\boldsymbol{q}(t)=\boldsymbol{0}$。

在分析力学中，已基于 d'Alembert 原理建立了完整约束系统的 Lagrange 方程

$$\frac{\mathrm{d}}{\mathrm{d}t}\left(\frac{\partial T}{\partial \dot{q}_r}\right)-\frac{\partial T}{\partial q_r}+\frac{\partial V}{\partial q_r}=f_r,\quad r=1,2,\cdots,n \quad (3.1.23)$$

其中，$f_r(t)$ 是与势能无关、对应广义坐标 $q_r(t)$ 的主动力。这表明，只要写出系统动能和势能，即可得到系统动力学方程。由于能量是标量，该过程不再涉及各向量的方向，可有效避免出错。

此外，若系统含有线性黏性阻尼，可将阻尼力从主动力中分离出来，引入耗散能函数

$$D(\dot{\boldsymbol{q}})\equiv\frac{1}{2}\dot{\boldsymbol{q}}^{\mathrm{T}}\boldsymbol{C}\dot{\boldsymbol{q}}=\frac{1}{2}\sum_{r=1}^{n}\sum_{s=1}^{n}c_{rs}\dot{q}_r\dot{q}_s \quad (3.1.24)$$

则 Lagrange 方程可改写为

$$\frac{\mathrm{d}}{\mathrm{d}t}\left(\frac{\partial T}{\partial \dot{q}_r}\right)-\frac{\partial T}{\partial q_r}+\frac{\partial D}{\partial \dot{q}_r}+\frac{\partial V}{\partial q_r}=f_r(t),\quad r=1,2,\cdots,n \quad (3.1.25)$$

将式(3.1.21)、式(3.1.22)和式(3.1.24)代入上式，得到

$$\sum_{s=1}^{n}m_{rs}\ddot{q}_s(t)+\sum_{s=1}^{n}c_{rs}\dot{q}_s(t)+\sum_{s=1}^{n}k_{rs}q_s(t)=f_r(t),\quad r=1,2,\cdots,n \quad (3.1.26)$$

这正是式(3.1.13)中系统动力学方程的分量形式。

例 3.1.5　对于图 3.1.4 中的链式系统，基于 Lagrange 方程建立系统动力学方程。

解　取图示物理坐标为广义坐标，即 $q_r=u_r,r=1,2,\cdots,n$，写出系统的动能和势能

$$T = \frac{1}{2}\sum_{r=1}^{n} m_r \dot{u}_r^2, \quad V = \frac{1}{2}\left[k_1 u_1^2 + \sum_{r=2}^{n} k_r (u_r - u_{r-1})^2\right] \tag{a}$$

将式(a)代入式(3.1.23),得到

$$\begin{cases} m_1 \ddot{u}_1 + k_1 u_1 - k_2 (u_2 - u_1) = f_1 \\ m_r \ddot{u}_r + k_r (u_r - u_{r-1}) - k_{r+1}(u_{r+1} - u_r) = f_r, \quad r = 2, \cdots, n-1 \\ m_n \ddot{u}_n + k_n (u_n - u_{n-1}) = f_n \end{cases} \tag{b}$$

若将式(b)写成矩阵形式,则得到对角质量矩阵 $\boldsymbol{M}$ 和例3.1.2中的三对角矩阵 $\boldsymbol{K}$。上述过程比较简便,尤其是不涉及容易出错的受力分析。

例3.1.6 在我国台北101大厦的设计中,为了降低风载荷导致大厦顶部的横向振动,在大厦内的第92层用16根钢丝绳悬吊图3.1.7(a)所示钢球作为消振装置。图3.1.7(b)是该问题的力学模型,在3.6节将详细讨论其消振机理。在初步设计阶段,采用第5章将介绍的Ritz法,将大厦简化为图3.1.7(c)所示的集中质量–弹簧系统,将消振装置视为平面内的单摆,风载荷简化为外力 $f_A(t)$。基于Lagrange方程,建立图3.1.7(c)中二自由度系统的动力学方程。

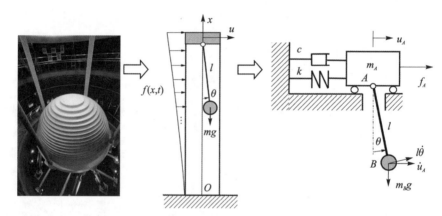

(a) 大厦内悬挂的消振装置　　(b) 大厦–消振装置系统　　(c) 简化的二自由度模型

图 3.1.7　高耸建筑动力消振问题的简化力学模型

解 选取图3.1.7(c)所示 u_A 和 θ 为广义坐标,以摆的静平衡位置作为系统零势能参考点。根据摆端部集中质量 B 的牵连速度 $\dot{u}_A$ 和相对速度 $l\dot{\theta}$,得到其绝对速度为

$$\dot{u}_B = \sqrt{(\dot{u}_A + l\dot{\theta}\cos\theta)^2 + (l\dot{\theta}\sin\theta)^2} \tag{a}$$

由此可写出系统的动能

$$\begin{aligned} T &= \frac{1}{2}m_A \dot{u}_A^2 + \frac{1}{2}m_B \left[(\dot{u}_A + l\dot{\theta}\cos\theta)^2 + (l\dot{\theta}\sin\theta)^2\right] \\ &= \frac{1}{2}m_A \dot{u}_A^2 + \frac{1}{2}m_B (\dot{u}_A^2 + 2l\dot{u}_A\dot{\theta}\cos\theta + l^2\dot{\theta}^2) \end{aligned} \tag{b}$$

系统的势能和耗散能分别为

$$V = \frac{1}{2}k u_A^2 + m_B g l(1 - \cos\theta) \tag{c}$$

$$D = \frac{1}{2} c \dot{u}_A^2 \tag{d}$$

将式(b)、式(c)和式(d)代入式(3.1.25),得到系统的动力学方程

$$\begin{cases} (m_A + m_B) \ddot{u}_A + c \dot{u}_A + k u_A + m_B l (\ddot{\theta} \cos\theta - \dot{\theta}^2 \sin\theta) = f_A \\ m_B l^2 \ddot{\theta} + m_B l \ddot{u}_A \cos\theta + m_B g l \sin\theta = 0 \end{cases} \tag{e}$$

对于微振动问题,将式(e)中的 $\sin\theta$ 和 $\cos\theta$ 进行 Taylor 级数展开并略去高次项,得到描述线性振动的动力学方程组

$$\begin{cases} (m_A + m_B) \ddot{u}_A(t) + m_B l \ddot{\theta}(t) + c \dot{u}_A(t) + k u_A(t) = f_A(t) \\ m_B l \ddot{u}_A(t) + m_B l^2 \ddot{\theta}(t) + m_B g l \theta(t) = 0 \end{cases} \tag{f}$$

由此可见,式(f)存在惯性耦合,但弹性力和阻尼力已解耦。3.6节将对该问题作进一步讨论。

3.2　无阻尼系统的自由振动

为便于讨论多自由度系统振动的基本特性,本节忽略系统中阻尼的影响,讨论无阻尼系统的自由振动。先讨论二自由度系统的自由振动,然后将结果推广到多自由度系统。

3.2.1　二自由度系统的固有振动

考察二自由度无阻尼振动系统,其在 $t = 0$ 时刻前受到扰动,在 $t > 0$ 后的自由振动满足如下常微分方程组的初值问题

$$\begin{cases} M \ddot{u}(t) + K u(t) = 0 \\ u(0) = u_0, \quad \dot{u}(0) = \dot{u}_0 \end{cases} \tag{3.2.1}$$

其中,M 和 K 是二阶正定矩阵,$u(t)$ 是待求的位移向量。

鉴于单自由度无阻尼系统的自由振动是简谐运动,可设想二自由度无阻尼系统也有类似的自由振动。由于系统有两个自由度,而它们各自的运动未必有相同幅值,故将式(3.2.1)的试探解表示为

$$u(t) = \varphi \sin(\omega t + \theta), \quad \varphi \equiv \begin{bmatrix} \varphi_1 & \varphi_2 \end{bmatrix}^{\mathrm{T}} \tag{3.2.2}$$

将式(3.2.2)代入式(3.2.1)并要求其在任意时刻都成立,可得

$$(K - \omega^2 M) \varphi = 0 \tag{3.2.3}$$

这是线性代数中的广义特征值问题。

为便于理解,现考察图 3.2.1 所示的二自由度链式系统,根据例 3.1.2,其质量矩阵和刚度矩阵可表示为

$$M = \begin{bmatrix} m_1 & 0 \\ 0 & m_2 \end{bmatrix}, \quad K = \begin{bmatrix} k_{11} & k_{12} \\ k_{21} & k_{22} \end{bmatrix} = \begin{bmatrix} k_1 + k_2 & -k_2 \\ -k_2 & k_2 + k_3 \end{bmatrix} \tag{3.2.4}$$

将其代入式(3.2.3),得到

$$\left(\begin{bmatrix} k_{11} & k_{12} \\ k_{21} & k_{22} \end{bmatrix} - \omega^2 \begin{bmatrix} m_1 & 0 \\ 0 & m_2 \end{bmatrix} \right) \begin{bmatrix} \varphi_1 \\ \varphi_2 \end{bmatrix} = 0 \tag{3.2.5}$$

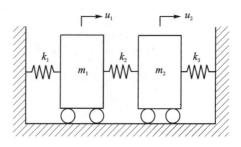

图 3.2.1　二自由度无阻尼系统

对于系统自由振动,上式应有非零解,这要求

$$\det \begin{bmatrix} k_{11} - m_1\omega^2 & k_{12} \\ k_{21} & k_{22} - m_2\omega^2 \end{bmatrix} = 0 \qquad (3.2.6)$$

将式(3.2.6)展开并整理,得到

$$\omega^4 - \left(\frac{k_{11}}{m_1} + \frac{k_{22}}{m_2} \right) \omega^2 + \frac{k_{11}k_{22} - k_{12}^2}{m_1 m_2} = 0 \qquad (3.2.7)$$

式(3.2.7)可视为关于 ω^2 的二次代数方程,由此可解出一对根

$$\omega_{1,2}^2 = \frac{m_1 k_{22} + m_2 k_{11}}{2m_1 m_2} \mp \frac{1}{2} \sqrt{\left(\frac{m_1 k_{22} + m_2 k_{11}}{m_1 m_2} \right)^2 - \frac{4(k_{11}k_{22} - k_{12}^2)}{m_1 m_2}} \qquad (3.2.8)$$

注意到刚度矩阵 $\boldsymbol{K}$ 正定,即 $k_{11}k_{22} - k_{12}^2 > 0$,而 $(m_1 k_{22} + m_2 k_{11})/m_1 m_2 > 0$,故有 $\omega_1^2 > 0$ 和 $\omega_2^2 > 0$。因此,可取 $\omega_1 > 0$ 和 $\omega_2 > 0$ 作为振动频率。这表明,二自由度无阻尼系统具有两种不同频率 ω_1 和 ω_2 的振动;而式(3.2.8)表明,这两个频率仅取决于系统的弹性和惯性特性。推广单自由度系统的术语,将 ω_1 和 ω_2 分别称为系统的第一阶固有频率和第二阶固有频率,相应的振动分别称为系统的第一阶固有振动和第二阶固有振动。

为了确定系统的固有振动,还需确定其对应的振幅向量 $\boldsymbol{\varphi}_1$ 和 $\boldsymbol{\varphi}_2$。为此,将 ω_1^2 代回式(3.2.5),故向量 $\boldsymbol{\varphi}_1 = \begin{bmatrix} \varphi_{11} & \varphi_{21} \end{bmatrix}^T$ 应满足

$$\begin{cases} (k_{11} - m_1\omega_1^2)\varphi_{11} + k_{12}\varphi_{21} = 0 \\ k_{21}\varphi_{11} + (k_{22} - m_2\omega_1^2)\varphi_{21} = 0 \end{cases} \qquad (3.2.9)$$

由于 ω_1^2 使式(3.2.9)的系数矩阵行列式为零,故式(3.2.9)的非零解有无穷多个。因此,只能确定系统作第一阶固有振动时两个集中质量的位移振幅之比,即

$$s_1 \equiv \frac{\varphi_{11}}{\varphi_{21}} = -\frac{k_{12}}{k_{11} - \omega_1^2 m_1} = -\frac{k_{22} - \omega_1^2 m_2}{k_{21}} \qquad (3.2.10a)$$

同理,将 ω_2^2 代入式(3.2.5),得到系统作第二阶固有振动时两个集中质量的振幅之比

$$s_2 \equiv \frac{\varphi_{12}}{\varphi_{22}} = -\frac{k_{12}}{k_{11} - \omega_2^2 m_1} = -\frac{k_{22} - \omega_2^2 m_2}{k_{21}} \qquad (3.2.10b)$$

根据上述讨论,得到两个振幅向量

$$\boldsymbol{\varphi}_1 = \begin{bmatrix} \varphi_{11} \\ \varphi_{21} \end{bmatrix} = \varphi_{21} \begin{bmatrix} s_1 \\ 1 \end{bmatrix}, \quad \boldsymbol{\varphi}_2 = \begin{bmatrix} \varphi_{12} \\ \varphi_{22} \end{bmatrix} = \varphi_{22} \begin{bmatrix} s_2 \\ 1 \end{bmatrix} \qquad (3.2.11)$$

它们描述了二自由度系统作固有振动时的形态,分别称为第一阶和第二阶固有振动的振型,或简称固有振型。由式(3.2.11)可见,固有振型具有下述性质:

① 固有振型 $\boldsymbol{\varphi}_r$ 反映了二自由度系统作第 r 阶固有振动时两个自由度的位移比例关系；此时图 3.2.1 中两个集中质量的固有振动是同频率的简谐振动，但可能是同相($s_r>0$)或反相($s_r<0$)振动。

② 对于任意固有振型 $\boldsymbol{\varphi}_r$ 和非零实数 a，$a\boldsymbol{\varphi}_r$ 也是对应固有频率 ω_r 的固有振型，即固有振型只能确定到相差一个实常数因子的程度。

至此可断言，二自由度无阻尼系统的固有振动可表示为

$$\boldsymbol{u}_r(t)=\boldsymbol{\varphi}_r\sin(\omega_r t+\theta_r)=\begin{bmatrix}\varphi_{1r}\\\varphi_{2r}\end{bmatrix}\sin(\omega_r t+\theta_r),\quad r=1,2 \tag{3.2.12}$$

例 3.2.1　对于图 3.2.1 中的二自由度系统，取系统参数为 $m_1=m_2=m$，$k_1=k_3=k$，$k_2=\mu k$，$0<\mu\leqslant 1$，讨论系统的固有振动。

解　将上述参数代入式(3.2.8)，得到系统的两个固有频率分别为

$$\omega_1=\sqrt{\frac{k}{m}},\quad \omega_2=\sqrt{\frac{(1+2\mu)k}{m}} \tag{a}$$

由式(3.2.10)得到两个固有振动的集中质量振幅比

$$s_1=1,\quad s_2=-1 \tag{b}$$

即系统的两个固有振型可取作

$$\boldsymbol{\varphi}_1=\begin{bmatrix}1\\1\end{bmatrix},\quad \boldsymbol{\varphi}_2=\begin{bmatrix}-1\\1\end{bmatrix} \tag{c}$$

因此，系统的两个固有振动形如

$$\boldsymbol{u}_1(t)=\begin{bmatrix}1\\1\end{bmatrix}\sin\left(\sqrt{\frac{k}{m}}t+\theta_1\right),\quad \boldsymbol{u}_2(t)=\begin{bmatrix}-1\\1\end{bmatrix}\sin\left(\sqrt{\frac{(1+2\mu)k}{m}}t+\theta_2\right) \tag{d}$$

图 3.2.2 给出该系统作固有振动时的集中质量振幅关系。易见，这两个固有振动都是同步振动；即在振动中，两个集中质量总是同时达到峰值或同时经过平衡位置。

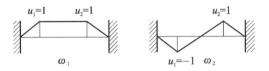

图 3.2.2　二自由度无阻尼系统的固有振型

该系统作第一阶固有振动时，两个集中质量始终保持相同运动方向，且振幅相同，中间弹簧没有变形。而系统作第二阶固有振动时，两个集中质量始终保持相反运动方向，且振幅也相同，故中间弹簧的中点保持静止不动。通常，将系统固有振动中这类并不受边界约束却保持静止的点称为节点。根据中间弹簧的变形特点，读者不难理解该系统的两个固有频率取值。

通过这一例题，读者可清楚地看到系统固有振动的运动模式。通常，这种运动模式被称为模态。因此，无阻尼系统的固有频率和固有振型被称作系统的固有模态，描述固有振型的向量被称作模态向量。要说明的是，固有模态是指系统被理想化为无阻尼系统时的系统内在特性，只与系统的弹性和惯性有关。

如上所述，二自由度无阻尼系统的两种固有振动还仅是可能存在的振动形式。欲使系统真正实现这样的振动，还应使系统满足一定的初始条件。由式(3.2.12)可见，系统产生第 r 阶固有振动的初始条件是

$$\boldsymbol{u}(0) = \boldsymbol{\varphi}_r \sin\theta_r, \quad \dot{\boldsymbol{u}}(0) = \boldsymbol{\varphi}_r \omega_r \cos\theta_r, \quad r = 1,2 \tag{3.2.13}$$

这说明:为了使二自由度系统作第 r 阶固有振动,系统的初始位移、初始速度必须与第 r 阶固有振型成式(3.2.13)所确定的比例关系。这是二自由度无阻尼系统有别于单自由度无阻尼系统的一个基本特征。

3.2.2　二自由度系统的自由振动

如果二自由度系统的初始条件不满足式(3.2.13),则其自由振动将不是上述任何一阶固有振动。但根据线性常微分方程的理论可知,二自由度无阻尼系统的任意自由振动总是这两阶固有振动的线性组合,即

$$\boldsymbol{u}(t) = \alpha_1 \boldsymbol{u}_1(t) + \alpha_2 \boldsymbol{u}_2(t) = \alpha_1 \boldsymbol{\varphi}_1 \sin(\omega_1 t + \theta_1) + \alpha_2 \boldsymbol{\varphi}_2 \sin(\omega_2 t + \theta_2) \tag{3.2.14}$$

根据三角函数的和角公式,上式也可等价表示为

$$\boldsymbol{u}(t) = \boldsymbol{\varphi}_1 \left[a_1 \cos(\omega_1 t) + b_1 \sin(\omega_1 t) \right] + \boldsymbol{\varphi}_2 \left[a_2 \cos(\omega_2 t) + b_2 \sin(\omega_2 t) \right] \tag{3.2.15}$$

其中,常数 α_r 和 θ_r(或 a_r 和 b_r),$r=1,2$ 由初始条件确定。

例 3.2.2 ∗　对于例 3.2.1 中二自由度系统,给定如下初始条件

$$\boldsymbol{u}(0) = \begin{bmatrix} 1 \\ 0 \end{bmatrix}, \quad \dot{\boldsymbol{u}}(0) = \begin{bmatrix} 0 \\ 0 \end{bmatrix} \tag{a}$$

求解该系统自由振动的表达式,并在 MATLAB 平台上用数值解进行验证。

解　由例 3.2.1 的结果及式(3.2.15),该系统的自由振动满足

$$\begin{cases} \boldsymbol{u}(t) = \begin{bmatrix} 1 \\ 1 \end{bmatrix} \left[a_1 \cos(\omega_1 t) + b_1 \sin(\omega_1 t) \right] + \begin{bmatrix} -1 \\ 1 \end{bmatrix} \left[a_2 \cos(\omega_2 t) + b_2 \sin(\omega_2 t) \right] \\ \dot{\boldsymbol{u}}(t) = \begin{bmatrix} 1 \\ 1 \end{bmatrix} \left[\omega_1 b_1 \cos(\omega_1 t) - \omega_1 a_1 \sin(\omega_1 t) \right] + \begin{bmatrix} -1 \\ 1 \end{bmatrix} \left[\omega_2 b_2 \cos(\omega_2 t) - \omega_2 a_2 \sin(\omega_2 t) \right] \end{cases}$$

$$\tag{b}$$

其中

$$\omega_1 = \sqrt{\frac{k}{m}}, \quad \omega_2 = \sqrt{\frac{(1+2\mu)k}{m}} \tag{c}$$

将式(b)代入式(a)中的初始条件,则有

$$\begin{bmatrix} 1 \\ 1 \end{bmatrix} a_1 + \begin{bmatrix} -1 \\ 1 \end{bmatrix} a_2 = \begin{bmatrix} 1 \\ 0 \end{bmatrix}, \quad \begin{bmatrix} 1 \\ 1 \end{bmatrix} \omega_1 b_1 + \begin{bmatrix} -1 \\ 1 \end{bmatrix} \omega_2 b_2 = \begin{bmatrix} 0 \\ 0 \end{bmatrix} \tag{d}$$

求解上述两个线性代数方程组,得到

$$a_1 = 1/2, \quad a_2 = -1/2, \quad b_1 = 0, \quad b_2 = 0 \tag{e}$$

故系统的自由振动为

$$\boldsymbol{u}(t) = \frac{1}{2} \begin{bmatrix} 1 \\ 1 \end{bmatrix} \cos(\omega_1 t) + \frac{1}{2} \begin{bmatrix} 1 \\ -1 \end{bmatrix} \cos(\omega_2 t) \tag{f}$$

现取 $\mu=1$,则系统固有频率分别为 $\omega_1 = \sqrt{k/m}$ 和 $\omega_2 = \sqrt{3k/m}$。图 3.2.3 中粗实线给出两个集中质量的自由振动,细实线对应第一阶固有振动,虚线对应第二阶固有振动。由于 ω_1 和 ω_2 之比是无理数,故该自由振动不是简谐振动,而是由两个不同频率的简谐振动合成的非周期振动。

建议读者先用附录 A3 中的 MATLAB 程序验证图 3.2.3 中的系统自由振动;再选择其他初始条件,用该 MATLAB 程序计算系统自由振动,加深对二自由度系统自由振动的理解。

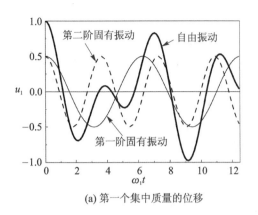

(a) 第一个集中质量的位移

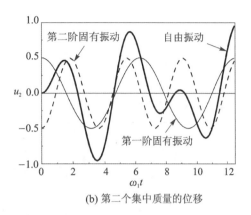

(b) 第二个集中质量的位移

图 3.2.3　二自由度无阻尼系统的自由振动

综上所述,二自由度无阻尼系统的自由振动与单自由度无阻尼系统的自由振动有如下显著区别:单自由度无阻尼系统的自由振动与固有振动是同频率的振动,其在任意初始条件下的自由振动就是简谐振动。二自由度无阻尼系统的自由振动通常是两个不同频率固有振动的线性组合;当两个固有频率之比是有理数时,该自由振动是周期振动;否则,该自由振动则是非周期振动。

3.2.3　二自由度系统的运动耦合与解耦

在 3.1.1 节曾指出,二自由度系统有别于单自由度系统的基本特征之一是其运动具有耦合,这给振动分析带来若干新问题。为了理解运动耦合,现考察汽车简化模型的振动问题。

例 3.2.3　如图 3.2.4 所示,汽车的刚性车体质量为 m、绕质心 C 的转动惯量为 J_C,分析车体在铅垂平面内的运动耦合问题。

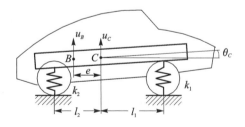

图 3.2.4　汽车振动的简化模型

解　首先,按图 3.2.4 中质心 C 处的坐标系建立系统的动力学方程。汽车车体的平面运动包括其质心 C 的铅垂位移 u_C 和绕质心的逆时针角位移 θ_C,它们引起悬架前后弹簧产生的弹性力分别为 $-k_1(u_C+l_1\theta_C)$ 和 $-k_2(u_C-l_2\theta_C)$,根据理论力学,可建立车体作微振动的动力学方程

$$\begin{cases} m\ddot{u}_C=-k_1(u_C+l_1\theta_C)-k_2(u_C-l_2\theta_C) \\ J_C\ddot{\theta}_C=-k_1(u_C+l_1\theta_C)l_1+k_2(u_C-l_2\theta_C)l_2 \end{cases} \tag{a}$$

上式可表示为矩阵形式

$$\begin{bmatrix} m & 0 \\ 0 & J_C \end{bmatrix} \begin{bmatrix} \ddot{u}_C \\ \ddot{\theta}_C \end{bmatrix} + \begin{bmatrix} k_1+k_2 & k_1 l_1 - k_2 l_2 \\ k_1 l_1 - k_2 l_2 & k_1 l_1^2 + k_2 l_2^2 \end{bmatrix} \begin{bmatrix} u_C \\ \theta_C \end{bmatrix} = \mathbf{0} \tag{b}$$

由式(b)可见,此时的车体质心平动与绕质心转动引起的惯性力不耦合,但弹性力彼此耦合,即系统具有弹性耦合。在式(b)中,刚度矩阵的非对角线元素非零,故又称为刚度耦合。类似地,若一个系统的质量矩阵或阻尼矩阵中非对角线元素不为零,则称系统具有惯性耦合或阻尼耦合。有趣的是,上述耦合或不耦合与坐标系选取相关。

其次,再选取另一组坐标系描述该系统的振动。例如,在图中车体上指定点 B,约定从质心 C 到点 B 的水平坐标为 $e > 0$。用车体在点 B 的铅垂位移 u_B 和绕该点的逆时针转角 θ_B 为坐标,建立系统动力学方程。根据刚体的平面运动规律

$$u_C = u_B + e\theta_B, \quad \theta_C = \theta_B \tag{c}$$

将式(c)代入式(b),整理后得到动力学方程的矩阵形式

$$\begin{bmatrix} m & me \\ me & J_C + me^2 \end{bmatrix} \begin{bmatrix} \ddot{u}_B \\ \ddot{\theta}_B \end{bmatrix} + \begin{bmatrix} k_1+k_2 & k_1(l_1+e) - k_2(l_2-e) \\ k_1(l_1+e) - k_2(l_2-e) & k_1(l_1+e)^2 + k_2(l_2-e)^2 \end{bmatrix} \begin{bmatrix} u_B \\ \theta_B \end{bmatrix} = \mathbf{0}$$

$$\tag{d}$$

显然,此时系统既有弹性耦合,又有惯性耦合。

由于点 B 到质心 C 的距离 e 具有任意性,自然可选择适当的 e,进而消除惯性耦合或弹性耦合,该过程称为解耦。消除惯性耦合的条件就是前面讨论过的 $e = 0$;而消除弹性耦合则需满足如下条件

$$k_1(l_1+e) - k_2(l_2-e) = 0 \quad \Rightarrow \quad e = \frac{k_2 l_2 - k_1 l_1}{k_1 + k_2} \tag{e}$$

如果 $k_2 l_2 - k_1 l_1 \neq 0$,则无法同时消除惯性耦合和弹性耦合。

由例 3.2.3 可见,二自由度系统间的耦合取决于描述系统所选定的坐标系。选择恰当的坐标系,可消去某种耦合作用。读者自然关心,能否选到某个坐标系,使系统运动完全不耦合,即系统质量矩阵和刚度矩阵同时是对角阵。若存在这种坐标系,二自由度系统在该坐标系中犹如两个彼此独立的单自由度系统。在 3.2.5 节,将详细讨论这个问题。

3.2.4 多自由度系统的固有振动

本小节基于矩阵描述,将 3.2.1 节对二自由度系统的固有振动分析推广到多自由度系统。对具有 n 个自由度的系统,其自由振动满足如下常微分方程组的初值问题

$$\begin{cases} \boldsymbol{M}\ddot{\boldsymbol{u}}(t) + \boldsymbol{K}\boldsymbol{u}(t) = \mathbf{0} & (3.2.16a) \\ \boldsymbol{u}(0) = \boldsymbol{u}_0, \quad \dot{\boldsymbol{u}}(0) = \dot{\boldsymbol{u}}_0 & (3.2.16b) \end{cases}$$

其中,$\boldsymbol{u}(t) \equiv [u_1(t) \quad u_2(t) \quad \cdots \quad u_n(t)]^{\mathrm{T}}$,$\boldsymbol{M}$ 和 $\boldsymbol{K}$ 分别是 n 阶质量矩阵和刚度矩阵,$\boldsymbol{u}_0$ 和 $\dot{\boldsymbol{u}}_0$ 是描述初始位移和初始速度的 n 维向量。

1. 固有振动的形式和条件

仿照 3.2.1 节的推理,设系统的各自由度作相同频率的同步振动

$$\boldsymbol{u}(t) = \boldsymbol{\varphi}\sin(\omega t + \theta) \tag{3.2.17}$$

其中,ω 和 θ 是标量,$\boldsymbol{\varphi}$ 是 n 维向量。将上式代入式(3.2.16a),得到该运动需满足的条件是,存在非零向量 $\boldsymbol{\varphi}$ 使

$$(\boldsymbol{K}-\omega^2\boldsymbol{M})\boldsymbol{\varphi}=\boldsymbol{0} \tag{3.2.18}$$

或记为

$$(\boldsymbol{K}-\lambda\boldsymbol{M})\boldsymbol{\varphi}=\boldsymbol{0}, \quad \lambda\equiv\omega^2 \tag{3.2.19}$$

按照线性代数的语言,这是矩阵束 $\boldsymbol{K}$ 和 $\boldsymbol{M}$ 的广义特征值问题,标量 λ 和对应的非零向量 $\boldsymbol{\varphi}$ 分别称为特征值和相应的特征向量。由线性代数可知,式(3.2.19)有非零解向量 $\boldsymbol{\varphi}$ 的充分必要条件是

$$\det(\boldsymbol{K}-\lambda\boldsymbol{M})=0 \tag{3.2.20}$$

这是一个关于 λ 的 n 次代数方程,称作特征方程。从理论上讲,求解式(3.2.19)中的广义特征值问题,就是由式(3.2.20)解出特征根 λ_r,$r=1,2,\cdots,n$,然后逐一代回式(3.2.19),寻求齐次线性代数方程的非零解向量 $\boldsymbol{\varphi}_r$,$r=1,2,\cdots,n$。

由质量矩阵的正定性及刚度矩阵的半正定性可知,任意特征向量 $\boldsymbol{\varphi}_r$,$r=1,2,\cdots,n$ 总使得

$$M_r\equiv\boldsymbol{\varphi}_r^{\mathrm{T}}\boldsymbol{M}\boldsymbol{\varphi}_r>0, \quad K_r\equiv\boldsymbol{\varphi}_r^{\mathrm{T}}\boldsymbol{K}\boldsymbol{\varphi}_r\geqslant0, \quad r=1,2,\cdots,n \tag{3.2.21}$$

其中,M_r 和 K_r 分别定义为第 r 阶模态质量和模态刚度。用 $\boldsymbol{\varphi}_r^{\mathrm{T}}$ 左乘式(3.2.19)后可解出

$$\lambda_r=\frac{\boldsymbol{\varphi}_r^{\mathrm{T}}\boldsymbol{K}\boldsymbol{\varphi}_r}{\boldsymbol{\varphi}_r^{\mathrm{T}}\boldsymbol{M}\boldsymbol{\varphi}_r}=\frac{K_r}{M_r}\geqslant0, \quad r=1,2,\cdots,n \tag{3.2.22}$$

这表明,由矩阵 $\boldsymbol{K}$ 和 $\boldsymbol{M}$ 确定的特征值 λ_r 均为非负实数。因此,可引入 $\omega_r\equiv\sqrt{\lambda_r}$,并将诸 ω_r 排列为

$$0\leqslant\omega_1\leqslant\omega_2\leqslant\cdots\leqslant\omega_{n-1}\leqslant\omega_n \tag{3.2.23}$$

将所得到的非负特征值 λ_r 代回式(3.2.19),可得到实系数齐次线性方程

$$(\boldsymbol{K}-\lambda_r\boldsymbol{M})\boldsymbol{\varphi}_r=\boldsymbol{0}, \quad r=1,2,\cdots,n \tag{3.2.24}$$

由此确定的特征向量 $\boldsymbol{\varphi}_r$ 自然是实向量,称为系统的固有振型。由于对任意非零实数 a,$a\boldsymbol{\varphi}_r$ 也是对应特征值 λ_r 的特征向量,所以 $\boldsymbol{\varphi}_r$ 仅能确定到各分量间比例不变的程度。在实践中,常采用以下方案调整固有振型向量的范数,并称该过程为归一化。

① 按最大幅值归一化:选取特征向量中绝对值最大的分量 φ_{rm},将固有振型归一化为

$$\bar{\boldsymbol{\varphi}}_r\equiv\frac{\boldsymbol{\varphi}_r}{\varphi_{rm}}, \quad r=1,2,\cdots,n \tag{3.2.25}$$

② 按模态质量归一化:用式(3.2.21)中的模态质量 M_r,将固有振型归一化为

$$\bar{\boldsymbol{\varphi}}_r\equiv\frac{\boldsymbol{\varphi}_r}{\sqrt{M_r}}=\frac{\boldsymbol{\varphi}_r}{\sqrt{\boldsymbol{\varphi}_r^{\mathrm{T}}\boldsymbol{M}\boldsymbol{\varphi}_r}}, \quad r=1,2,\cdots,n \tag{3.2.26}$$

这两种归一化固有振型各有特点。例如,式(3.2.25)中的固有振型可让人一眼看出系统固有振动最大的自由度,而式(3.2.26)中的固有振型在研究理论问题时更为方便。

根据上述分析,式(3.2.17)中的 ω 和 $\boldsymbol{\varphi}$ 都是能够确定的,故系统确实可产生所猜想的振动

$$\boldsymbol{u}_r(t)=\boldsymbol{\varphi}_r\sin(\omega_rt+\theta_r), \quad r=1,2,\cdots,n \tag{3.2.27}$$

这种振动的特征是,系统中各自由度以同一频率 ω_r 和同一初相位 θ_r 振动,而振幅按特征向量 $\boldsymbol{\varphi}_r$ 规定的比例分配。多自由度无阻尼系统的这种自由振动被称作其第 r 阶固有振动,ω_r 被

称为它的第 r 阶固有频率，$\boldsymbol{\varphi}_r$ 被称为它的第 r 阶固有振型。这两者又常合在一起，被称作第 r 阶固有模态。

根据系统的初始条件(3.2.16b)，在系统初始时刻，第 r 阶固有振动应满足

$$\boldsymbol{u}_r(0) = \boldsymbol{\varphi}_r \sin\theta_r, \quad \dot{\boldsymbol{u}}_r(0) = \omega_r \boldsymbol{\varphi}_r \cos\theta_r, \quad r = 1, 2, \cdots, n \tag{3.2.28}$$

若上述条件不能满足，则系统自由振动是各阶固有振动的线性组合，即

$$\boldsymbol{u}(t) = \sum_{r=1}^{n} \alpha_r \boldsymbol{\varphi}_r \sin(\omega_r t + \theta_r) = \sum_{r=1}^{n} \boldsymbol{\varphi}_r [a_r \cos(\omega_r t) + b_r \sin(\omega_r t)] \tag{3.2.29}$$

其中，常数 α_r 和 θ_r(或 a_r 和 b_r)，$r = 1, 2, \cdots, n$ 由初始条件确定，3.2.5 节将给出具体步骤。

2. 不同固有频率的振型性质

性质 1 对于互不相同的固有频率，固有振型关于质量矩阵和刚度矩阵具有加权正交性。

证明 任取对应两个不同频率 ω_r 和 ω_s 的固有振型 $\boldsymbol{\varphi}_r$ 和 $\boldsymbol{\varphi}_s$，它们均满足式(3.2.24)，即

$$\begin{cases} \boldsymbol{K}\boldsymbol{\varphi}_r = \omega_r^2 \boldsymbol{M}\boldsymbol{\varphi}_r \\ \boldsymbol{K}\boldsymbol{\varphi}_s = \omega_s^2 \boldsymbol{M}\boldsymbol{\varphi}_s, \quad r, s = 1, 2, \cdots, n \end{cases} \tag{a}$$

根据刚度矩阵和质量矩阵的对称性，通过矩阵转置可得到

$$\begin{cases} \boldsymbol{\varphi}_s^{\mathrm{T}} \boldsymbol{K}\boldsymbol{\varphi}_r = \omega_r^2 \boldsymbol{\varphi}_s^{\mathrm{T}} \boldsymbol{M}\boldsymbol{\varphi}_r = \omega_r^2 \boldsymbol{\varphi}_r^{\mathrm{T}} \boldsymbol{M}\boldsymbol{\varphi}_s \\ \boldsymbol{\varphi}_s^{\mathrm{T}} \boldsymbol{K}\boldsymbol{\varphi}_r = \boldsymbol{\varphi}_r^{\mathrm{T}} \boldsymbol{K}\boldsymbol{\varphi}_s = \omega_s^2 \boldsymbol{\varphi}_r^{\mathrm{T}} \boldsymbol{M}\boldsymbol{\varphi}_s \end{cases} \tag{b}$$

将式(b)中两式相减的结果是

$$(\omega_r^2 - \omega_s^2) \boldsymbol{\varphi}_r^{\mathrm{T}} \boldsymbol{M}\boldsymbol{\varphi}_s = 0 \tag{c}$$

由于这两个固有频率不同，即 $\omega_r^2 - \omega_s^2 \neq 0$，得到

$$\boldsymbol{\varphi}_r^{\mathrm{T}} \boldsymbol{M}\boldsymbol{\varphi}_s = 0, \quad r \neq s \tag{3.2.30a}$$

将上式代回式(b)，得到

$$\boldsymbol{\varphi}_r^{\mathrm{T}} \boldsymbol{K}\boldsymbol{\varphi}_s = 0, \quad r \neq s \tag{3.2.30b}$$

证毕。

采用式(3.2.21)中所定义的第 r 阶模态质量 M_r 和模态刚度 K_r，还可将式(3.2.30)中的加权正交关系表示为

$$\boldsymbol{\varphi}_r^{\mathrm{T}} \boldsymbol{M}\boldsymbol{\varphi}_s = M_r \delta_{rs}, \quad \boldsymbol{\varphi}_r^{\mathrm{T}} \boldsymbol{K}\boldsymbol{\varphi}_s = K_r \delta_{rs} \tag{3.2.31}$$

其中，δ_{rs} 是满足如下定义的 Kronecker 符号

$$\delta_{rs} \equiv \begin{cases} 1, & r = s \\ 0, & r \neq s \end{cases} \tag{3.2.32}$$

如果采用对模态质量归一化的固有振型，则上述加权正交关系为

$$\bar{\boldsymbol{\varphi}}_r^{\mathrm{T}} \boldsymbol{M}\bar{\boldsymbol{\varphi}}_s = \delta_{rs}, \quad \bar{\boldsymbol{\varphi}}_r^{\mathrm{T}} \boldsymbol{K}\bar{\boldsymbol{\varphi}}_s = \omega_r^2 \delta_{rs} \tag{3.2.33}$$

性质 2 具有互异固有频率的 n 个固有振型向量线性无关。

证明 根据线性代数，n 个固有振型向量线性无关的充分必要条件是，只有全为零的常数 $a_r, r = 1, 2, \cdots, n$ 方能使

$$\sum_{r=1}^{n} a_r \boldsymbol{\varphi}_r = \boldsymbol{0} \tag{a}$$

将上式两端左乘 $\boldsymbol{\varphi}_s^{\mathrm{T}} \boldsymbol{M}$，利用式(3.2.30a)可得

$$\boldsymbol{\varphi}_s^{\mathrm{T}} \boldsymbol{M} \sum_{r=1}^{n} a_r \boldsymbol{\varphi}_r = \sum_{r=1}^{n} a_r \boldsymbol{\varphi}_s^{\mathrm{T}} \boldsymbol{M}\boldsymbol{\varphi}_r = a_s \boldsymbol{\varphi}_s^{\mathrm{T}} \boldsymbol{M}\boldsymbol{\varphi}_s = 0 \tag{b}$$

由于质量矩阵 M 正定,故必有 $a_s = 0, s = 1, 2, \cdots, n$。证毕。

3. 相同固有频率的振型性质

许多振动系统具有对称面或含多个相同子结构,譬如正方形薄板、圆形薄板、航空发动机叶盘、雷达天线反射面等。这类振动系统通常具有两个或多个相同固有频率(简称重频),其振动分析具有特殊性。现以二自由度系统为例讨论该问题,4.5 节将讨论薄板的重频问题。

例 3.2.4 在图 3.2.5 所示的二自由度对称系统中,均质刚性杆的质量为 m,杆长为 l_1,弹性支撑间的距离为 $l_2 = l_1 / \sqrt{3}$,弹簧刚度系数均为 k,研究其固有振动问题。

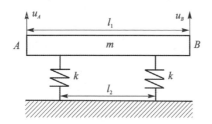

图 3.2.5　二自由度对称系统

解 取图示位移 u_A 和 u_B 为广义坐标,根据图中几何关系,得到系统的动能和势能

$$\begin{cases} T = \dfrac{m}{2} \left(\dfrac{\dot{u}_A + \dot{u}_B}{2} \right)^2 + \dfrac{1}{2} \cdot \dfrac{m l_1^2}{12} \left(\dfrac{\dot{u}_B - \dot{u}_A}{l_1} \right)^2 \\[3mm] V = \dfrac{k}{2} \left(u_A + \dfrac{u_B - u_A}{l_1} \cdot \dfrac{l_1 - l_2}{2} \right)^2 + \dfrac{k}{2} \left(u_A + \dfrac{u_B - u_A}{l_1} \cdot \dfrac{l_1 + l_2}{2} \right)^2 \end{cases} \quad \text{(a)}$$

将式(a)代入 Lagrange 方程,得到系统动力学方程,其质量矩阵和刚度矩阵为

$$M = \frac{m}{6} \begin{bmatrix} 2 & 1 \\ 1 & 2 \end{bmatrix}, \quad K = \frac{k}{3} \begin{bmatrix} 2 & 1 \\ 1 & 2 \end{bmatrix} \quad \text{(b)}$$

式(b)对应的广义特征值问题为

$$(K - \omega^2 M) \boldsymbol{\varphi} = 0 \quad \Rightarrow \quad \left\{ \frac{k}{3} \begin{bmatrix} 2 & 1 \\ 1 & 2 \end{bmatrix} - \frac{m \omega^2}{6} \begin{bmatrix} 2 & 1 \\ 1 & 2 \end{bmatrix} \right\} \boldsymbol{\varphi} = 0 \quad \text{(c)}$$

由式(c)可解出重频的固有频率

$$\omega_1 = \omega_2 = \sqrt{\frac{2k}{m}} \quad \text{(d)}$$

将任意一个固有频率 ω_r 代入式(c),均得到

$$\begin{bmatrix} 0 & 0 \\ 0 & 0 \end{bmatrix} \boldsymbol{\varphi}_r = 0 \quad \text{(e)}$$

由于式(e)的系数矩阵秩为零,故任意非零向量 $\boldsymbol{\varphi}_r$ 均满足式(e),可作为系统固有振型。换言之,该系统的重频固有振动可以是铅垂平面内平衡位置附近的任意二维运动。

考察式(e)可见,任意两个线性无关的向量 $\boldsymbol{\varphi}_1$ 和 $\boldsymbol{\varphi}_2$ 均可作为重频 $\omega_1 = \omega_2$ 的固有振型。例如,可取如下两个向量作为固有振型

$$\boldsymbol{\varphi}_1 = \begin{bmatrix} 1 & 0 \end{bmatrix}^\mathrm{T}, \quad \boldsymbol{\varphi}_2 = \begin{bmatrix} 0 & 1 \end{bmatrix}^\mathrm{T} \quad \text{(f)}$$

显然,它们的如下线性组合也满足式(e)而成为固有振型

$$\boldsymbol{\varphi} = a_1 \boldsymbol{\varphi}_1 + a_2 \boldsymbol{\varphi}_2 \quad \text{(g)}$$

值得指出,上述重频固有振动是由系统对称性导致的特殊现象。读者可验证,若该系统的两个弹性支撑刚度系数有差异,则上述重频会变为两个不同的固有频率。

虽然例 3.2.4 中的系统非常特殊,但其重频固有振动规律是普适的。采用线性代数的语言来阐述,若 n 自由度系统具有 m 个相同固有频率,则其固有振型向量位于 m 维线性子空间中,任意 m 个线性无关的特征向量 $\boldsymbol{\varphi}_r, r=1,2,\cdots,m$ 均可作为该空间的基向量。

为了后续研究方便,可按照关于质量矩阵 $\boldsymbol{M}$ 加权正交的原则来确定重频固有振型。以二重固有频率问题为例,初步选定二个线性无关的重频固有振型 $\boldsymbol{\varphi}_1$ 和 $\boldsymbol{\varphi}_2$ 后,取

$$\begin{cases} \widetilde{\boldsymbol{\varphi}}_1 = \boldsymbol{\varphi}_1 \\ \widetilde{\boldsymbol{\varphi}}_2 = a_1\boldsymbol{\varphi}_1 + \boldsymbol{\varphi}_2 \end{cases} \tag{3.2.34}$$

若固有振型 $\widetilde{\boldsymbol{\varphi}}_1$ 和 $\widetilde{\boldsymbol{\varphi}}_2$ 关于质量矩阵 $\boldsymbol{M}$ 满足加权正交性,则有

$$0 = \widetilde{\boldsymbol{\varphi}}_1^{\mathrm{T}} \boldsymbol{M} \widetilde{\boldsymbol{\varphi}}_2 = \boldsymbol{\varphi}_1^{\mathrm{T}} \boldsymbol{M}(a_1\boldsymbol{\varphi}_1 + \boldsymbol{\varphi}_2) = a_1\boldsymbol{\varphi}_1^{\mathrm{T}} \boldsymbol{M}\boldsymbol{\varphi}_1 + \boldsymbol{\varphi}_1^{\mathrm{T}} \boldsymbol{M}\boldsymbol{\varphi}_2 \tag{3.2.35}$$

由此即可确定

$$a_1 = -\frac{\boldsymbol{\varphi}_1^{\mathrm{T}} \boldsymbol{M}\boldsymbol{\varphi}_2}{\boldsymbol{\varphi}_1^{\mathrm{T}} \boldsymbol{M}\boldsymbol{\varphi}_1} \tag{3.2.36}$$

不难验证,这样选定的 $\widetilde{\boldsymbol{\varphi}}_1$ 和 $\widetilde{\boldsymbol{\varphi}}_2$ 也关于刚度矩阵加权正交。

上述过程可推广到 m 个相同固有频率的情况,且这样确定的固有振型可保持互异固有频率的固有振型性质,只是多个固有频率彼此重合,可视为振动系统的某种退化。

例 3.2.5 从例 3.2.4 中式(f)所确定的两个线性无关固有振型出发,确定关于系统质量矩阵加正交的重频固有振型。

解 将例 3.2.4 中式(b)的质量矩阵表达式和式(f)代入式(3.2.36),得到

$$a_1 = -\frac{\begin{bmatrix} 1 & 0 \end{bmatrix}\begin{bmatrix} 2 & 1 \\ 1 & 2 \end{bmatrix}\begin{bmatrix} 0 \\ 1 \end{bmatrix}}{\begin{bmatrix} 1 & 0 \end{bmatrix}\begin{bmatrix} 2 & 1 \\ 1 & 2 \end{bmatrix}\begin{bmatrix} 1 \\ 0 \end{bmatrix}} = -\frac{1}{2} \tag{a}$$

根据式(3.2.34),取两个固有振型

$$\begin{cases} \widetilde{\boldsymbol{\varphi}}_1 = \boldsymbol{\varphi}_1 = \begin{bmatrix} 1 & 0 \end{bmatrix}^{\mathrm{T}} \\ \widetilde{\boldsymbol{\varphi}}_2 = -\frac{1}{2}\boldsymbol{\varphi}_1 + \boldsymbol{\varphi}_2 = \begin{bmatrix} -1/2 & 1 \end{bmatrix}^{\mathrm{T}} \end{cases} \tag{b}$$

读者可验证它们关于例 3.2.4 中质量矩阵 $\boldsymbol{M}$ 和刚度矩阵 $\boldsymbol{K}$ 的加权正交性。

4. 刚体运动模态

飞机、车辆等运载工具及旋转机械中的轴系都具有刚体运动自由度。这类系统可发生没有弹性变形的刚体运动,其形式为

$$\boldsymbol{u}_r(t) = \boldsymbol{\varphi}_0(a_0 + b_0 t) \tag{3.2.37}$$

其中,a_0 和 b_0 是由初始条件确定的常数,向量 $\boldsymbol{\varphi}_0$ 描述系统作刚体运动时各自由度的位移相对比值。虽然刚体运动未必是往复运动,但习惯上仍将 $\boldsymbol{\varphi}_0$ 称作刚体运动振型。

将式(3.2.37)代入式(3.2.16)中的系统动力学方程,可见刚体运动要求向量 $\boldsymbol{\varphi}_0$ 满足

$$\boldsymbol{K}\boldsymbol{\varphi}_0 = \boldsymbol{0} \tag{3.2.38}$$

上式有非零解 $\boldsymbol{\varphi}_0$ 的充分必要条件是,系统刚度矩阵 $\boldsymbol{K}$ 奇异。由式(3.2.38)可见,$\boldsymbol{\varphi}_0^{\mathrm{T}}\boldsymbol{K}\boldsymbol{\varphi}_0 = 0$。

因此,系统的刚体运动不会产生弹性变形能。

将式(3.2.38)与式(3.2.18)中的广义特征值问题比较可见,刚体运动振型对应的系统广义特征值为零,即零频率。因此,将零固有频率及相应的刚体运动振型一并称作**刚体运动模态**。回顾多自由度无阻尼系统的自由振动试探解,它是简谐函数构成的向量,并不包括式(3.2.37)这样的刚体运动模式。采用式(3.2.37)来描述刚体运动,一方面来自物理直观,另一方面基于线性常微分方程组的理论[①]。

由刚度矩阵法可证明,系统刚体运动的自由度数等于系统刚度矩阵 $\boldsymbol{K}$ 的阶数与秩之差。根据线性代数,这一差值就是式(3.2.38)的线性无关非零解个数。因此,具有 $m > 1$ 个刚体运动自由度的系统,必然有 m 个线性无关的刚体运动振型,从而对应 m 重零频率。

值得指出,如果系统存在刚体转动自由度,则可在外力矩驱动下作匀速转动,其转速对应于非零的刚体运动频率。由于该频率与外力矩有关,故并非严格意义下的固有频率。

例 3.2.6　对于图 3.2.6 中不计阻尼的卡车-拖车系统模型,求解其自由振动。

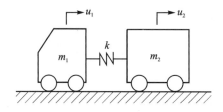

图 3.2.6　卡车-拖车系统模型

解　在图 3.2.6 所示的坐标系中,系统的动力学方程为

$$\begin{bmatrix} m_1 & 0 \\ 0 & m_2 \end{bmatrix}\begin{bmatrix} \ddot{u}_1 \\ \ddot{u}_2 \end{bmatrix} + \begin{bmatrix} k & -k \\ -k & k \end{bmatrix}\begin{bmatrix} u_1 \\ u_2 \end{bmatrix} = \boldsymbol{0} \tag{a}$$

对应的广义特征值问题为

$$\begin{bmatrix} k - m_1\omega^2 & -k \\ -k & k - m_2\omega^2 \end{bmatrix}\boldsymbol{\varphi} = \boldsymbol{0} \tag{b}$$

由式(b)可解出该系统的两个固有频率

$$\omega_1 = 0, \quad \omega_2 = \sqrt{\frac{(m_1 + m_2)k}{m_1 m_2}} \tag{c}$$

相应的固有振型为

$$\boldsymbol{\varphi}_1 = \begin{bmatrix} 1 & 1 \end{bmatrix}^{\mathrm{T}}, \quad \boldsymbol{\varphi}_2 = \begin{bmatrix} 1 & -m_1/m_2 \end{bmatrix}^{\mathrm{T}} \tag{d}$$

系统的运动由刚体运动叠加简谐振动而成,即

$$\begin{bmatrix} u_1 \\ u_2 \end{bmatrix} = \begin{bmatrix} 1 \\ 1 \end{bmatrix}(a_1 t + b_1) + \begin{bmatrix} 1 \\ -m_1/m_2 \end{bmatrix}\left[a_2\cos(\omega_2 t) + b_2\sin(\omega_2 t) \right] \tag{e}$$

其中,常数 a_1, a_2, b_1, b_2 由系统的初始条件确定。

5. 主要结论

具有 n 个自由度的无阻尼系统总有 n 个线性无关的固有振型向量 $\boldsymbol{\varphi}_r, r = 1, \cdots, n$,它们中

---

① 尤秉礼.常微分方程补充教程[M].北京:人民教育出版社,1981,122-124.

的任意两个均关于质量矩阵和刚度矩阵加权正交。

为了表述简洁，将上述固有振型向量组装为**固有振型矩阵**

$$\boldsymbol{\Phi} \equiv \begin{bmatrix} \boldsymbol{\varphi}_1 & \boldsymbol{\varphi}_2 & \cdots & \boldsymbol{\varphi}_n \end{bmatrix} \tag{3.2.39}$$

它是可逆方阵，并且满足加权正交关系的矩阵形式

$$\begin{cases} \boldsymbol{\Phi}^{\mathrm{T}} \boldsymbol{M} \boldsymbol{\Phi} = \mathop{\mathrm{diag}}_{1 \leqslant r \leqslant n} [\boldsymbol{\varphi}_r^{\mathrm{T}} \boldsymbol{M} \boldsymbol{\varphi}_r] = \mathop{\mathrm{diag}}_{1 \leqslant r \leqslant n} [M_r] \equiv \boldsymbol{M}_q \\ \boldsymbol{\Phi}^{\mathrm{T}} \boldsymbol{K} \boldsymbol{\Phi} = \mathop{\mathrm{diag}}_{1 \leqslant r \leqslant n} [\boldsymbol{\varphi}_r^{\mathrm{T}} \boldsymbol{K} \boldsymbol{\varphi}_r] = \mathop{\mathrm{diag}}_{1 \leqslant r \leqslant n} [K_r] \equiv \boldsymbol{K}_q \end{cases} \tag{3.2.40}$$

其中，$\boldsymbol{M}_q$ 称为**模态质量矩阵**，$\boldsymbol{K}_q$ 称为**模态刚度矩阵**。如果将上述固有振型向量关于模态质量归一化为 $\overline{\boldsymbol{\varphi}}_r$，$r = 1, \cdots, n$，则式(3.2.40)可简化为

$$\overline{\boldsymbol{\Phi}}^{\mathrm{T}} \boldsymbol{M} \overline{\boldsymbol{\Phi}} = \boldsymbol{I}_n, \quad \overline{\boldsymbol{\Phi}}^{\mathrm{T}} \boldsymbol{K} \overline{\boldsymbol{\Phi}} = \mathop{\mathrm{diag}}_{1 \leqslant r \leqslant n} [\omega_r^2] \equiv \boldsymbol{\Omega}^2 \tag{3.2.41}$$

其中，$\boldsymbol{I}_n$ 是 n 阶单位矩阵，$\boldsymbol{\Omega}$ 是固有频率矩阵。上述关系是无阻尼系统的最重要性质，它们意味着无阻尼系统的各阶固有振动之间不发生能量耦合。

3.2.5 多自由度系统的自由振动

回顾并转抄式(3.2.16)，多自由度系统的自由振动满足[①]

$$\begin{cases} \boldsymbol{M} \ddot{\boldsymbol{u}}(t) + \boldsymbol{K} \boldsymbol{u}(t) = \boldsymbol{0} & \tag{3.2.16a} \\ \boldsymbol{u}(0) = \boldsymbol{u}_0, \quad \dot{\boldsymbol{u}}(0) = \dot{\boldsymbol{u}}_0 & \tag{3.2.16b} \end{cases}$$

其中，向量 $\boldsymbol{u}$ 的分量是描述系统运动的广义位移，具有明确的物理意义，常称为**物理坐标**。

1. 模态坐标变换与运动解耦

首先，讨论式(3.2.16a)所描述的多自由度无阻尼系统解耦问题。根据 3.2.4 节的讨论，n 自由度无阻尼系统总有 n 个线性无关的固有振型向量 $\boldsymbol{\varphi}_r$，$r = 1, \cdots, n$，可用它们作为基向量来描述系统的物理坐标。现定义如下**模态坐标变换**

$$\boldsymbol{u} = \boldsymbol{\Phi} \boldsymbol{q} = \sum_{r=1}^{n} \boldsymbol{\varphi}_r q_r \tag{3.2.42}$$

其中，$\boldsymbol{\Phi}$ 是式(3.2.39)所定义的固有振型矩阵，向量 $\boldsymbol{q}$ 的分量 q_r 反映第 r 个固有振型 $\boldsymbol{\varphi}_r$ 对系统振动的贡献，故称为**模态坐标**。值得指出，上述物理坐标和模态坐标都是时间的函数。

将式(3.2.42)代入式(3.2.16a)并对两端左乘 $\boldsymbol{\Phi}^{\mathrm{T}}$，根据式(3.2.40)得到

$$\boldsymbol{M}_q \ddot{\boldsymbol{q}}(t) + \boldsymbol{K}_q \boldsymbol{q}(t) = \boldsymbol{0} \tag{3.2.43}$$

其中，$\boldsymbol{M}_q$ 和 $\boldsymbol{K}_q$ 是式(3.2.40)中定义的对角矩阵。因此，式(3.2.43)已解耦为 n 个模态坐标 $q_r(t)$ 的动力学方程

$$M_r \ddot{q}_r(t) + K_r q_r(t) = 0, \quad r = 1, 2, \cdots, n \tag{3.2.44}$$

这表明，模态坐标可实现无阻尼系统的完全解耦。若系统无刚体自由度，即 $K_r > 0$，式(3.2.44)给出的系统解耦运动正是系统的 n 个固有振动

$$q_r(t) = a_r \cos(\omega_r t) + b_r \sin(\omega_r t), \quad r = 1, 2, \cdots, n \tag{3.2.45}$$

例 3.2.7* 考察例 3.2.3 中的汽车动力学模型，其车体质量为 $m = 1\,800$ kg，绕质心的转动惯量为 $J_C = 3\,456$ kg·m^2，质心与前悬架弹簧距离 $l_1 = 1.5$ m，与后悬架弹簧距离 $l_2 = 1.3$ m，前后悬架的弹簧刚度系数均为 $k = 8.2 \times 10^5$ N/m。对汽车模型的动力学方程解耦。

解 根据例 3.2.3 中的式(b)，该汽车动力学方程的质量矩阵和刚度矩阵为

---

① 为方便读者查阅，此处转录原公式及其编号。

$$\boldsymbol{M}=\begin{bmatrix} m & 0 \\ 0 & J_C \end{bmatrix}=\begin{bmatrix} 1800 & 0 \\ 0 & 3456 \end{bmatrix}, \quad \boldsymbol{K}=\begin{bmatrix} 2k & k(l_1-l_2) \\ k(l_1-l_2) & k(l_1^2+l_2^2) \end{bmatrix}=\begin{bmatrix} 1.64\times10^6 & 1.64\times10^5 \\ 1.64\times10^5 & 3.23\times10^6 \end{bmatrix}$$

$$\text{(a)}$$

采用附录 A3 中的 MATLAB 程序求解广义特征值问题,得到固有频率和固有振型向量

$$\begin{cases} f_1=4.656 \text{ Hz}, \quad \boldsymbol{\varphi}_1=\begin{bmatrix} 1 & -0.603 \end{bmatrix}^\mathrm{T} \\ f_2=5.007 \text{ Hz}, \quad \boldsymbol{\varphi}_2=\begin{bmatrix} 1 & 0.864 \end{bmatrix}^\mathrm{T} \end{cases} \tag{b}$$

引入模态坐标变换

$$\begin{bmatrix} u_C \\ \theta_C \end{bmatrix}=\begin{bmatrix} 1 & 1 \\ -0.603 & 0.864 \end{bmatrix}\begin{bmatrix} q_1 \\ q_2 \end{bmatrix} \tag{c}$$

在该模态坐标下,动力学方程解耦为

$$M_r\ddot{q}_r(t)+K_rq_r(t)=0, \quad r=1,2 \tag{d}$$

其中

$$\begin{cases} M_1=3.057\times10^3 \text{ kg}\cdot\text{m}^2, \quad M_2=4.377\times10^3 \text{ kg}\cdot\text{m}^2 \\ K_1=2.617\times10^6 \text{ N}\cdot\text{m}, \quad K_2=4.333\times10^6 \text{ N}\cdot\text{m} \end{cases} \tag{e}$$

读者可以验证,上述模态刚度和模态质量之比的平方根是固有圆频率。

2. 系统自由振动

在 3.2.4 节曾指出,多自由度系统作固有振动必须满足特定初始条件;否则,系统自由振动包含各阶固有振动的线性叠加。现讨论如何由给定的初始条件来确定自由振动。对于无刚体自由度的系统,由式(3.2.42)和式(3.2.45)可见

$$\boldsymbol{u}(t)=\boldsymbol{\Phi}\boldsymbol{q}(t)=\boldsymbol{\Phi}\begin{bmatrix} a_1\cos(\omega_1 t)+b_1\sin(\omega_1 t) \\ \vdots \\ a_n\cos(\omega_n t)+b_n\sin(\omega_n t) \end{bmatrix}$$

$$=\boldsymbol{\Phi}\{\operatorname*{diag}_{1\leqslant r\leqslant n}[\cos(\omega_r t)]\boldsymbol{a}+\operatorname*{diag}_{1\leqslant r\leqslant n}[\sin(\omega_r t)]\boldsymbol{b}\} \tag{3.2.46}$$

其中

$$\boldsymbol{a}\equiv\begin{bmatrix} a_1 & a_2 & \cdots & a_n \end{bmatrix}^\mathrm{T}, \quad \boldsymbol{b}\equiv\begin{bmatrix} b_1 & b_2 & \cdots & b_n \end{bmatrix}^\mathrm{T} \tag{3.2.47}$$

将式(3.2.46)及其导数代入式(3.2.16b)所给的初始条件,得到

$$\boldsymbol{u}_0=\boldsymbol{\Phi}\boldsymbol{a}, \quad \dot{\boldsymbol{u}}_0=\boldsymbol{\Phi}\operatorname*{diag}_{1\leqslant r\leqslant n}[\omega_r]\boldsymbol{b} \tag{3.2.48}$$

由于固有振型矩阵 $\boldsymbol{\Phi}$ 可逆,解出

$$\boldsymbol{a}=\boldsymbol{\Phi}^{-1}\boldsymbol{u}_0, \quad \boldsymbol{b}=\operatorname*{diag}_{1\leqslant r\leqslant n}[1/\omega_r]\boldsymbol{\Phi}^{-1}\dot{\boldsymbol{u}}_0 \tag{3.2.49}$$

因此,系统的自由振动可表示为

$$\boldsymbol{u}(t)=\boldsymbol{\Phi}\operatorname*{diag}_{1\leqslant r\leqslant n}[\cos(\omega_r t)]\boldsymbol{\Phi}^{-1}\boldsymbol{u}_0+\boldsymbol{\Phi}\operatorname*{diag}_{1\leqslant r\leqslant n}[\sin(\omega_r t)/\omega_r]\boldsymbol{\Phi}^{-1}\dot{\boldsymbol{u}}_0$$

$$=\boldsymbol{U}(t)\boldsymbol{u}_0+\boldsymbol{V}(t)\dot{\boldsymbol{u}}_0 \tag{3.2.50}$$

其中

$$\boldsymbol{U}(t)\equiv\boldsymbol{\Phi}\operatorname*{diag}_{1\leqslant r\leqslant n}[\cos(\omega_r t)]\boldsymbol{\Phi}^{-1}, \quad \boldsymbol{V}(t)\equiv\boldsymbol{\Phi}\operatorname*{diag}_{1\leqslant r\leqslant n}[\sin(\omega_r t)/\omega_r]\boldsymbol{\Phi}^{-1} \tag{3.2.51}$$

它们代表对各自由度分别施加单位初始位移和单位初始速度引起的系统自由振动。

在计算中,为了避免计算上述逆矩阵 $\boldsymbol{\Phi}^{-1}$,可将式(3.2.40)中第一式右乘 $\boldsymbol{\Phi}^{-1}$,得到

$$\boldsymbol{\Phi}^{\mathrm{T}}\boldsymbol{M}=\boldsymbol{M}_q\boldsymbol{\Phi}^{-1} \quad \Rightarrow \quad \boldsymbol{\Phi}^{-1}=\boldsymbol{M}_q^{-1}\boldsymbol{\Phi}^{\mathrm{T}}\boldsymbol{M} \tag{3.2.52}$$

其中,$\boldsymbol{M}_q^{-1}$是对角矩阵的逆矩阵,其计算极为简便。

最后指出,对具有刚体自由度的系统,系统自由振动中将包含刚体运动。由于刚体模态与弹性模态线性无关,可以完全类似地确定系统的运动,如下例所示。

例 3.2.8 图 3.2.6 中不计阻尼的卡车-拖车系统初始静止,某摩托车迎面与卡车相撞后立即反弹脱离,卡车受到冲量 I_0 作用,研究该卡车-拖车系统的响应。

解 由于卡车受冲击时,其与拖车之间的弹性联接件来不及发生变形,故冲击结束时的系统运动初始条件为

$$\boldsymbol{u}(0)=\boldsymbol{0}, \quad \dot{\boldsymbol{u}}(0)=\begin{bmatrix}I_0/m_1 & 0\end{bmatrix}^{\mathrm{T}} \tag{a}$$

根据例 3.2.6 中的分析,系统响应是如下刚体运动与弹性振动的叠加

$$\begin{aligned}\boldsymbol{u}(t)&=\boldsymbol{\varphi}_1(a_1+b_1t)+\boldsymbol{\varphi}_2\begin{bmatrix}a_2\cos(\omega_2 t)+b_2\sin(\omega_2 t)\end{bmatrix}\\&=\boldsymbol{\Phi}\left\{\begin{bmatrix}1 & 0\\0 & \cos(\omega_2 t)\end{bmatrix}\boldsymbol{a}+\begin{bmatrix}t & 0\\0 & \sin(\omega_2 t)\end{bmatrix}\boldsymbol{b}\right\}\end{aligned} \tag{b}$$

其中

$$\omega_2=\sqrt{\frac{(m_1+m_2)k}{m_1 m_2}}, \quad \boldsymbol{\Phi}=\begin{bmatrix}1 & 1\\1 & -m_1/m_2\end{bmatrix} \tag{c}$$

将式(b)代入式(a),得到

$$\boldsymbol{u}(0)=\boldsymbol{\Phi}\boldsymbol{a}=\boldsymbol{0}, \quad \dot{\boldsymbol{u}}(0)=\boldsymbol{\Phi}\begin{bmatrix}1 & 0\\0 & \omega_2\end{bmatrix}\boldsymbol{b}=\begin{bmatrix}I_0/m_1\\0\end{bmatrix} \tag{d}$$

由式(d)可解出

$$\boldsymbol{a}=\boldsymbol{0}, \quad \boldsymbol{b}=\begin{bmatrix}1 & 0\\0 & 1/\omega_2\end{bmatrix}\begin{bmatrix}1 & 1\\1 & -m_1/m_2\end{bmatrix}^{-1}\begin{bmatrix}I_0/m_1\\0\end{bmatrix}=\frac{I_0}{m_1+m_2}\begin{bmatrix}1\\m_2/(m_1\omega_2)\end{bmatrix} \tag{e}$$

故系统的响应为

$$\boldsymbol{u}(t)=\boldsymbol{\Phi}\begin{bmatrix}t & 0\\0 & \sin(\omega_2 t)\end{bmatrix}\boldsymbol{b}=\frac{I_0}{(m_1+m_2)\omega_2}\begin{bmatrix}\omega_2 t+(m_2/m_1)\sin(\omega_2 t)\\\omega_2 t-\sin(\omega_2 t)\end{bmatrix} \tag{f}$$

3.3 无阻尼系统的受迫振动

根据 3.1 节的讨论,多自由度无阻尼系统的受迫振动满足如下动力学初值问题

$$\begin{cases}\boldsymbol{M}\ddot{\boldsymbol{u}}(t)+\boldsymbol{K}\boldsymbol{u}(t)=\boldsymbol{f}(t) & (3.3.1a)\\\boldsymbol{u}(0)=\boldsymbol{u}_0, \quad \dot{\boldsymbol{u}}(0)=\dot{\boldsymbol{u}}_0 & (3.3.1b)\end{cases}$$

本节将分别从频域和时域讨论系统的动态特性,最后给出系统在任意激励下的响应。

3.3.1 频域分析

1. 频响函数矩阵

首先研究系统受正弦激励的响应。在式(3.3.1)中,线性常微分方程组的通解是其特解及对应的齐次方程通解之和,分别对应系统的稳态振动和瞬态振动。实际系统总有阻尼,因初始

条件和激励引起的瞬态振动会很快衰减掉,仅保留下对应特解的稳态振动部分。稍后将证明,阻尼系统的非共振稳态振动近似为上述特解部分。

考察受正弦激振力作用的系统,其动力学方程为

$$M\ddot{u}(t) + Ku(t) = \tilde{f}\sin(\omega t) \qquad (3.3.2)$$

其中,$\tilde{f} \equiv [\tilde{f}_1 \quad \tilde{f}_2 \quad \cdots \quad \tilde{f}_n]^T$ 是描述激振力幅值的常向量。设该方程的特解为

$$u(t) = \tilde{u}\sin(\omega t), \quad \tilde{u} \equiv [\tilde{u}_1 \quad \tilde{u}_2 \quad \cdots \quad \tilde{u}_n]^T \qquad (3.3.3)$$

将上式代入式(3.3.2),得到

$$Z(\omega)\tilde{u} = (K - \omega^2 M)\tilde{u} = \tilde{f} \qquad (3.3.4)$$

其中,$Z(\omega)$ 为系统的**动刚度矩阵**,定义为

$$Z(\omega) \equiv K - \omega^2 M \qquad (3.3.5)$$

该矩阵的元素 $Z_{ij}(\omega)$ 具有刚度系数 k_{ij} 的量纲,反映了系统第 j 个自由度具有单位正弦位移 $\sin(\omega t)$、而其余自由度无位移时,施加在第 i 个自由度上的正弦激振力幅值 $\tilde{f}_i$。根据 3.1.2 节对刚度影响系数的定义,当 $\omega = 0$ 时,动刚度阵 $Z(0)$ 就是系统刚度矩阵 K。

如果激励频率 ω 与系统固有频率 $\omega_r, r = 1, 2, \cdots, n$ 不重合,则动刚度矩阵 $Z(\omega)$ 可逆,定义其逆矩阵为频响函数矩阵

$$H(\omega) \equiv Z^{-1}(\omega) = (K - \omega^2 M)^{-1}, \quad \omega \neq \omega_r \qquad (3.3.6)$$

根据式(3.3.4)和式(3.3.6),得到

$$\tilde{u} = H(\omega)\tilde{f} \qquad (3.3.7)$$

由此可见,矩阵 $H(\omega)$ 的元素 $H_{ij}(\omega)$ 具有柔度系数量纲,是系统第 j 个自由度受单位正弦激励时第 i 个自由度的稳态振动位移幅值,故 $H(\omega)$ 又称为**动柔度矩阵**。通常,若 $H_{ij}(\omega)$ 的两个下标相同,称其为**原点频响函数**;若不同,则称其为**跨点频响函数**。

显然,频响函数矩阵 $H(\omega)$ 可在频域完整描述多自由度系统的动态特性。虽然动刚度矩阵 $Z(\omega)$ 携带着同样信息,但频响函数矩阵 $H(\omega)$ 便于实验测量,故获得更广泛的应用。

2. 频响函数矩阵的固有模态展开

利用固有振型矩阵的加权正交性,对式(3.3.5)左乘 Φ^T 和右乘 Φ,得到

$$\Phi^T Z(\omega)\Phi = \Phi^T (K - \omega^2 M)\Phi = \operatorname*{diag}_{1 \leqslant r \leqslant n}[K_r - M_r\omega^2] \qquad (3.3.8)$$

由此得到

$$Z(\omega) = \Phi^{-T} \operatorname*{diag}_{1 \leqslant r \leqslant n}[K_r - M_r\omega^2] \Phi^{-1} \qquad (3.3.9)$$

对上式两端求逆,得到频响函数矩阵的固有模态展开式

$$H(\omega) = \Phi \operatorname*{diag}_{1 \leqslant r \leqslant n}\left[\frac{1}{K_r - M_r\omega^2}\right] \Phi^T = \sum_{r=1}^n \frac{\varphi_r \varphi_r^T}{K_r - M_r\omega^2}, \quad \omega \neq \omega_r \qquad (3.3.10)$$

因此,频响函数矩阵的元素具有如下固有模态展开式

$$H_{ij}(\omega) = \sum_{r=1}^n \frac{\varphi_{ir}\varphi_{jr}}{K_r - M_r\omega^2}, \quad \omega \neq \omega_r \qquad (3.3.11)$$

式(3.3.10)和式(3.3.11)中的模态展开式揭示了系统频率特性与模态参数间的下述关系:

① 在系统第 j 个自由度上施加简谐激励时,系统在第 i 个自由度上的响应由 n 个与固有

振型分量 φ_{ir},$r=1,2,\cdots,n$ 成正比的振动分量叠加而成。

② 这些振动分量的大小与 φ_{jr},亦即激励处的固有振型分量有关。如果 $\varphi_{jr}=0$,即激励点正好位于第 r 阶固有振型 $\boldsymbol{\varphi}_r$ 的节点上,则系统响应中就没有第 r 阶固有振动成分。

③ 若 $\varphi_{jr}\neq0$,则当激励频率等于系统固有频率 ω_r,$r=1,2,\cdots,n$ 时,$H_{ij}(\omega)$ 将无穷大,即系统发生共振。若系统的各阶固有频率值差异较大,当激励频率 ω 接近 ω_r 时,式(3.3.10)中的频响函数矩阵可近似表示为

$$\boldsymbol{H}(\omega)\approx\frac{\boldsymbol{\varphi}_r\boldsymbol{\varphi}_r^{\mathrm{T}}}{K_r-M_r\omega^2} \tag{3.3.12}$$

在该频带内,系统呈现单自由度系统的振动性态。

3. 频响函数的反共振

在式(3.3.6)所定义的频响函数矩阵中,有些元素 $H_{ij}(\omega)$ 可能在某个频率时为零,这种现象称为**反共振**。为了研究反共振,首先确定 $H_{ij}(\omega)$ 出现反共振的频率,即**反共振频率**。

根据线性代数中逆矩阵与伴随矩阵间的关系,系统第 i 个自由度与第 j 个自由度间的频响函数可写作

$$H_{ij}(\omega)=\frac{\widetilde{Z}_{ji}(\omega)}{\det \boldsymbol{Z}(\omega)},\quad \omega\neq\omega_r \tag{3.3.13}$$

其中,$\widetilde{Z}_{ji}(\omega)$ 是动刚度矩阵 $\boldsymbol{Z}(\omega)$ 中元素 $Z_{ji}(\omega)$ 的代数余子式,即将 $\boldsymbol{Z}(\omega)$ 划去第 j 行和第 i 列后的行列式再乘以 $(-1)^{i+j}$。因此,$H_{ij}(\omega)$ 的第 r 个反共振频率 ω_r^{ij} 满足 $\widetilde{Z}_{ji}(\omega_r^{ij})=0$。

例 3.3.1 针对图 3.3.1 中的三自由度系统,确定频响函数 $H_{22}(\omega)$ 和 $H_{12}(\omega)$ 的反共振频率,并讨论反共振的力学意义。

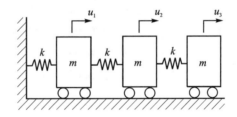

图 3.3.1 三自由度链式系统

解 借鉴例 3.1.2,该系统的动力学方程为

$$\begin{bmatrix} m & 0 & 0 \\ 0 & m & 0 \\ 0 & 0 & m \end{bmatrix}\begin{bmatrix} \ddot{u}_1(t) \\ \ddot{u}_2(t) \\ \ddot{u}_3(t) \end{bmatrix}+\begin{bmatrix} 2k & -k & 0 \\ -k & 2k & -k \\ 0 & -k & k \end{bmatrix}\begin{bmatrix} u_1(t) \\ u_2(t) \\ u_3(t) \end{bmatrix}=\begin{bmatrix} \bar{f}_1\sin(\omega t) \\ \bar{f}_2\sin(\omega t) \\ \bar{f}_3\sin(\omega t) \end{bmatrix} \tag{a}$$

系统的动刚度矩阵为

$$\boldsymbol{Z}(\omega)=\begin{bmatrix} 2k-m\omega^2 & -k & 0 \\ -k & 2k-m\omega^2 & -k \\ 0 & -k & k-m\omega^2 \end{bmatrix} \tag{b}$$

① 对于原点频响函数 $H_{22}(\omega)$,反共振频率满足

$$\widetilde{Z}_{22}(\omega) = \det \begin{bmatrix} 2k - m\omega^2 & 0 \\ 0 & k - m\omega^2 \end{bmatrix} = 0 \qquad (c)$$

解出两个反共振频率 $\omega_1^{22} = \sqrt{k/m}$ 和 $\omega_2^{22} = \sqrt{2k/m}$。现讨论对应这两个频率的反共振机理。

由于 $H_{22}(\omega)$ 的反共振要求系统的中间集中质量静止不动，而由左右两个集中质量的自由振动产生弹性力来抵消外激励。因此，这两个反共振频率就是中间质量块固定后两侧单自由度系统的固有频率。当激励频率为 $\omega = \omega_1^{22}$ 时，系统中只有右侧集中质量振动；而激励频率为 $\omega = \omega_2^{22}$ 时，系统中只有左侧集中质量振动。

② 对于跨点频响函数 $H_{12}(\omega)$，反共振频率满足

$$\widetilde{Z}_{21}(\omega) = -\det \begin{bmatrix} -k & 0 \\ -k & k - m\omega^2 \end{bmatrix} = 0 \qquad (d)$$

由此解出反共振频率 $\omega_1^{12} = \sqrt{k/m}$。根据前述分析，这也是 $H_{22}(\omega)$ 的反共振频率 $\omega_1^{22} = \sqrt{k/m}$。事实上，$H_{12}(\omega)$ 的反共振必要求中间集中质量也不动。否则，中间集中质量的运动会使其左侧弹簧变形，进而驱使左侧集中质量运动。

从例 3.3.1 可见，反共振与共振的不同之处是，它是系统内部弹性力抵消外激励造成的局部振动消除现象。因此，系统的反共振频率就是施加局部约束后系统的固有频率。按此思路可以证明，如果 n 自由度无阻尼系统的固有频率无重频，则具有如下反共振性质：

① 原点频响函数 $H_{jj}(\omega)$ 总有 $n-1$ 个反共振频率；在每对相邻共振频率 ω_r 和 ω_{r+1} 之间，必有一个反共振频率 ω_r^{jj}，$r = 1, 2, \cdots, n-1$，即

$$0 \leqslant \omega_1 < \omega_1^{jj} < \omega_2 < \omega_2^{jj} < \cdots < \omega_{n-1}^{jj} < \omega_n \qquad (3.3.14)$$

② 跨点频响函数 $H_{ij}(\omega)$ 的反共振频率数量和分布比较复杂，需要个案分析，但其总数不超过 $n-1$。如在例 3.3.1 中，$H_{13}(\omega)$ 无反共振频率，而 $H_{12}(\omega)$ 和 $H_{23}(\omega)$ 各有一个反共振频率。

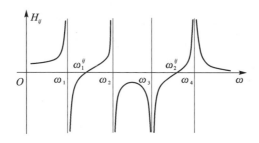

图 3.3.2　跨点频响函数示意图

现用直观的方法给出 n 自由度系统频响函数 $H_{ij}(\omega)$ 反共振的一个判据。参考图 3.3.2，由于 $H_{ij}(\omega)$ 在共振频率 ω_r，$r = 1, 2, \cdots, n$ 处有间断点，自然应在它们之间及零频率和无穷频率处寻找反共振现象。根据式(3.3.11)，$H_{ij}(\omega)$ 在后两个频段内具有如下性质

$$\begin{cases} H_{ij}(\omega) \approx \dfrac{\varphi_{i1}\varphi_{j1}}{K_1} \neq 0, & \omega \to 0 \\[3mm] H_{ij}(\omega) \approx \dfrac{\varphi_{in}\varphi_{jn}}{-M_n\omega^2} \neq 0, & \omega \to +\infty \end{cases} \qquad (3.3.15)$$

即 $H_{ij}(\omega)$ 在这两个频段中不存在反共振。在频段 $\omega_r < \omega < \omega_{r+1}$，$r = 1, 2, \cdots, n$ 上，$H_{ij}(\omega)$ 是

连续函数;它在该频段中有反共振频率的充分条件是:对充分小的 $\varepsilon > 0$ 有

$$\mathrm{sgn}[H_{ij}(\omega_r + \varepsilon)]\,\mathrm{sgn}[H_{ij}(\omega_{r+1} - \varepsilon)] < 0 \tag{3.3.16}$$

根据式(3.3.11)可得

$$\begin{cases} \mathrm{sgn}[H_{ij}(\omega_r + \varepsilon)] = -\mathrm{sgn}(\varphi_{ir}\varphi_{jr}) \\ \mathrm{sgn}[H_{ij}(\omega_{r+1} - \varepsilon)] = \mathrm{sgn}(\varphi_{i(r+1)}\varphi_{j(r+1)}) \end{cases} \tag{3.3.17}$$

因此,式(3.3.16)可写作

$$\mathrm{sgn}(\varphi_{ir}\varphi_{jr})\mathrm{sgn}(\varphi_{i(r+1)}\varphi_{j(r+1)}) > 0 \quad \Rightarrow \quad \varphi_{ir}\varphi_{jr}\varphi_{i(r+1)}\varphi_{j(r+1)} > 0 \tag{3.3.18}$$

式(3.3.18)在计算系统固有振型后可方便地判断反共振现象,而且由它可导出原点频响函数的前述反共振性质。

例 3.3.2 * 针对例 3.3.1 中的系统,通过计算固有模态来判断反共振。

解 根据例 3.3.1 中的质量矩阵和刚度矩阵,采用附录 A3 的 MATLAB 程序计算得到固有频率和振型

$$\omega_1 = 0.445\sqrt{\frac{k}{m}}, \quad \omega_2 = 1.247\sqrt{\frac{k}{m}}, \quad \omega_3 = 1.802\sqrt{\frac{k}{m}} \tag{a}$$

$$\boldsymbol{\Phi} = \begin{bmatrix} 0.445 & -1.247 & 1.802 \\ 0.802 & -0.555 & -2.247 \\ 1.000 & 1.000 & 1.000 \end{bmatrix} \tag{b}$$

以频响函数 $H_{12}(\omega)$ 为例,在频段 $\omega \in (\omega_1, \omega_2)$,存在 $\varphi_{11}\varphi_{21}\varphi_{12}\varphi_{22} > 0$,故有反共振;在频段 $\omega \in (\omega_2, \omega_3)$,则有 $\varphi_{12}\varphi_{22}\varphi_{13}\varphi_{23} < 0$,不存在反共振。这与例 3.3.1 的结果一致。

最后指出,反共振是多自由度系统和无限自由度系统的一种基本特征。为了理解和利用反共振,3.6 节将从系统局部减振角度对其进行更加深入的讨论。

3.3.2 时域分析

根据 2.9.1 节的分析,线性系统的响应包含零激励条件下初始状态引起的响应和零初始状态下激励引起的响应,即零输入响应和零状态响应。系统的响应可以是其中某一种,或两种之线性组合。3.2.5 节中研究的自由振动就是零输入响应,这里主要分析零状态响应,即研究如下动力学方程的求解问题

$$\begin{cases} \boldsymbol{M}\ddot{\boldsymbol{u}}(t) + \boldsymbol{K}\boldsymbol{u}(t) = \boldsymbol{f}(t) \\ \boldsymbol{u}(0) = \boldsymbol{0}, \quad \dot{\boldsymbol{u}}(0) = \boldsymbol{0} \end{cases} \tag{3.3.19}$$

1. 单位脉冲响应矩阵及其固有模态展开

根据模态坐标变换

$$\boldsymbol{u}(t) = \boldsymbol{\Phi}\boldsymbol{q}(t) = \sum_{r=1}^{n} \boldsymbol{\varphi}_r q_r(t) \tag{3.3.20}$$

将式(3.3.19)转换为 n 个单自由度系统的零状态响应问题

$$\begin{cases} M_r\ddot{q}_r(t) + K_r q_r(t) = \boldsymbol{\varphi}_r^{\mathrm{T}}\boldsymbol{f}(t), \quad r = 1, 2, \cdots, n \\ q_r(0) = 0, \quad \dot{q}_r(0) = 0 \end{cases} \tag{3.3.21}$$

其中,M_r 和 K_r 分别是模态质量和模态刚度,$\boldsymbol{\varphi}_r^{\mathrm{T}}\boldsymbol{f}(t)$ 是对应第 r 阶模态的模态力。

现考察系统的第 j 个自由度受单位脉冲作用引起的第 r 阶模态坐标响应,它满足

$$\begin{cases} M_r\ddot{q}_r(t) + K_r q_r(t) = \varphi_{jr}\delta(t), & r=1,2,\cdots,n \\ q_r(0)=0, & \dot{q}_r(0)=0 \end{cases} \tag{3.3.22}$$

根据单自由度无阻尼系统的单位脉冲响应函数,可得到

$$q_r(t) = \frac{\varphi_{jr}}{M_r\omega_r}\sin(\omega_r t) \tag{3.3.23}$$

将其代入式(3.3.20),得到单位脉冲响应矩阵的第 j 列,即

$$h_j(t) = \sum_{r=1}^{n} \boldsymbol{\varphi}_r q_r = \sum_{r=1}^{n} \frac{\boldsymbol{\varphi}_r \varphi_{jr}}{M_r\omega_r}\sin(\omega_r t) \tag{3.3.24}$$

由此得到单位脉冲响应矩阵的固有模态展开式

$$h(t) = \sum_{r=1}^{n} \frac{\boldsymbol{\varphi}_r \boldsymbol{\varphi}_r^{\mathrm{T}}}{M_r\omega_r}\sin(\omega_r t) \tag{3.3.25}$$

根据附录 B 中表 B2 的倒数第 2 行,上式也可通过对式(3.3.10)作 Fourier 逆变换而得。

此外,不难推导出

$$h(t) = \boldsymbol{\Phi} \operatorname*{diag}_{1\leqslant r\leqslant n}\left[\frac{\sin(\omega_r t)}{M_r\omega_r}\right]\boldsymbol{\Phi}^{\mathrm{T}} = \boldsymbol{\Phi}\operatorname*{diag}_{1\leqslant r\leqslant n}\left[\frac{\sin(\omega_r t)}{\omega_r}\right]\boldsymbol{\Phi}^{-1}\boldsymbol{\Phi}\operatorname*{diag}_{1\leqslant r\leqslant n}\left[\frac{1}{M_r}\right]\boldsymbol{\Phi}^{\mathrm{T}}$$
$$= \boldsymbol{V}(t)\boldsymbol{M}^{-1} \tag{3.3.26}$$

其中,$\boldsymbol{V}(t)$ 已由式(3.2.51)定义,是各自由度上单位初速度引起的自由振动。这说明:在各自由度上依次作用单位脉冲引起的初速度向量排成的矩阵恰好就是 $\boldsymbol{M}^{-1}$。

2. 任意激励下的响应

根据单位脉冲响应矩阵的意义,初始静止系统受任意激励后的响应为

$$\boldsymbol{u}(t) = \int_0^t \boldsymbol{h}(t-\tau)\boldsymbol{f}(\tau)\mathrm{d}\tau = \int_0^t \boldsymbol{h}(\tau)\boldsymbol{f}(t-\tau)\mathrm{d}\tau \tag{3.3.27}$$

按照本小节开始时的说明,当考虑到系统初始状态对响应的贡献时,系统的响应为

$$\boldsymbol{u}(t) = \boldsymbol{U}(t)\boldsymbol{u}_0 + \boldsymbol{V}(t)\dot{\boldsymbol{u}}_0 + \int_0^t \boldsymbol{h}(t-\tau)\boldsymbol{f}(\tau)\mathrm{d}\tau \tag{3.3.28}$$

本小节对无阻尼系统用模态坐标变换解耦、单自由度系统求解、再线性叠加的方法研究其振动问题。该流程被称作**模态叠加法**,是处理线性振动问题的通用流程。

3.4 比例阻尼系统的振动

在机械和结构系统中,总存在阻尼消耗能量,使系统的自由振动不断衰减,最后静止。当正弦激励的频率接近系统固有频率时,系统中的阻尼可使共振峰限定在一定范围内。在上述两种情况下,阻尼对系统的响应起决定性作用,必须要分析它的影响。然而,阻尼是一种极为复杂的因素,对其研究还很不充分。在振动分析中,通常采用线性黏性阻尼假设或等效线性黏性阻尼假设,使分析得以进行。与单自由度系统相比,多自由度系统中的阻尼具有耦合效应,给振动分析带来一定困难。

3.4.1 多自由度系统的阻尼问题

根据 3.1 节的讨论,线性黏性阻尼系统的振动满足

$$\begin{cases} \boldsymbol{M}\ddot{\boldsymbol{u}}(t) + \boldsymbol{C}\dot{\boldsymbol{u}}(t) + \boldsymbol{K}\boldsymbol{u}(t) = \boldsymbol{f}(t) \\ \boldsymbol{u}(0) = \boldsymbol{u}_0, \quad \dot{\boldsymbol{u}}(0) = \dot{\boldsymbol{u}}_0 \end{cases} \tag{3.4.1}$$

对于上式中的质量矩阵 $\boldsymbol{M}$ 和刚度矩阵 $\boldsymbol{K}$，现有研究已非常充分。然而，对阻尼矩阵 $\boldsymbol{C}$ 的认识仍很有限，往往只能根据物理意义判定该矩阵是对称的。当系统具有局部阻尼或人工阻尼器时，阻尼矩阵 $\boldsymbol{C}$ 未必是正定矩阵。

由 3.2 节和 3.3 节可知：对于无阻尼系统，可采用其固有振型向量作为基向量，通过模态坐标变换使系统运动解耦，给振动分析带来极大方便。读者自然关心，对于阻尼系统是否可如此处理？

现基于固有振型矩阵 $\boldsymbol{\Phi}$，引入模态坐标变换

$$\boldsymbol{u}(t) = \boldsymbol{\Phi}\boldsymbol{q}(t) \tag{3.4.2}$$

根据 3.2 节的讨论，式(3.4.1)可转换为

$$\begin{cases} \boldsymbol{M}_q\ddot{\boldsymbol{q}}(t) + \boldsymbol{C}_q\dot{\boldsymbol{q}}(t) + \boldsymbol{K}_q\boldsymbol{q}(t) = \boldsymbol{\Phi}^{\mathrm{T}}\boldsymbol{f}(t) \tag{3.4.3a} \end{cases}$$

$$\begin{cases} \boldsymbol{q}(0) = \boldsymbol{\Phi}^{-1}\boldsymbol{u}_0, \quad \dot{\boldsymbol{q}}(0) = \boldsymbol{\Phi}^{-1}\dot{\boldsymbol{u}}_0 \tag{3.4.3b} \end{cases}$$

其中

$$\boldsymbol{M}_q \equiv \boldsymbol{\Phi}^{\mathrm{T}}\boldsymbol{M}\boldsymbol{\Phi}, \quad \boldsymbol{K}_q \equiv \boldsymbol{\Phi}^{\mathrm{T}}\boldsymbol{K}\boldsymbol{\Phi}, \quad \boldsymbol{C}_q \equiv \boldsymbol{\Phi}^{\mathrm{T}}\boldsymbol{C}\boldsymbol{\Phi} \tag{3.4.4}$$

根据固有振型矩阵的加权正交性，矩阵 $\boldsymbol{M}_q$ 和 $\boldsymbol{K}_q$ 是对角阵，但 $\boldsymbol{C}_q$ 未必是对角阵。

多年来，许多学者致力于研究如何使矩阵 $\boldsymbol{M}$,$\boldsymbol{K}$ 和 $\boldsymbol{C}$ 同时对角化，取得的主要进展有以下两类。

① 探索什么样的阻尼矩阵能被式(3.4.2)中的固有模态坐标变换对角化。英国物理学家 Rayleigh 最先指出，如下阻尼矩阵可以可对角化

$$\boldsymbol{C} = \alpha\boldsymbol{M} + \beta\boldsymbol{K} \tag{3.4.5}$$

其中，α 和 β 是常数。这种形式的阻尼被称作 Rayleigh 阻尼或比例阻尼。对于弱阻尼结构，这种阻尼形式可获得比较好的结果。此后，其他学者又相继提出了若干更一般的可对角化阻尼矩阵形式，例如

$$\boldsymbol{C} = \boldsymbol{M}\sum_{r=0}^{n}\eta_r(\boldsymbol{M}^{-1}\boldsymbol{K})^r \tag{3.4.6}$$

美国力学家 Caughey 和 O'Kelly[1]、Nicholson[2] 等相继指出：使阻尼阵对角化的充分条件是系统质量矩阵 $\boldsymbol{M}$、刚度矩阵 $\boldsymbol{K}$ 和阻尼矩阵 $\boldsymbol{C}$ 均正定，且满足下述三式之一

$$\boldsymbol{M}\boldsymbol{K}^{-1}\boldsymbol{C} = \boldsymbol{C}\boldsymbol{K}^{-1}\boldsymbol{M} \tag{3.4.7a}$$

$$\boldsymbol{C}\boldsymbol{M}^{-1}\boldsymbol{K} = \boldsymbol{K}\boldsymbol{M}^{-1}\boldsymbol{C} \tag{3.4.7b}$$

$$\boldsymbol{M}\boldsymbol{C}^{-1}\boldsymbol{K} = \boldsymbol{K}\boldsymbol{C}^{-1}\boldsymbol{M} \tag{3.4.7c}$$

由于历史原因，通常将在固有振型矩阵变换下可对角化的阻尼矩阵统称为比例阻尼。

② 寻找使 $\boldsymbol{M}$,$\boldsymbol{K}$ 和 $\boldsymbol{C}$ 同时对角化的广义坐标。已有研究表明，在复数空间内可实现这个目标。此时，系统振型是复振型，其理论称作复模态理论。

本节讨论可通过式(3.4.2)实现阻尼矩阵对角化的振动系统，并沿用习惯称其为比例阻尼

---

[1] Caughey T K, O'Kelly M E J. Classical Normal Modes in Damped Linear Dynamic Systems. Journal of Applied Mechanics,1965, 32(3)：583-588.

[2] Nicholson D W. Note on Vibrations of Damped Linear-systems. Mechanics Research Communication,1978, 5(1)：79-83.

系统。通常,未经人工设置局部阻尼的弱阻尼结构,可近似为比例阻尼系统。此时,式(3.4.3)可解耦为由模态坐标描述的 n 个单自由度阻尼系统,即

$$\begin{cases} M_r\ddot{q}_r(t) + C_r\dot{q}_r(t) + K_rq_r(t) = \boldsymbol{\varphi}_r^{\mathrm{T}}\boldsymbol{f}(t), & r=1,2,\cdots,n \\ q_r(0) = q_{0r}, & \dot{q}_r(0) = \dot{q}_{0r} \end{cases} \tag{3.4.8}$$

其中,$\boldsymbol{\varphi}_r^{\mathrm{T}}\boldsymbol{f}(t)$ 是对应第 r 阶模态的模态力,C_r 是新引入的第 r 阶模态阻尼系数,即

$$C_r \equiv \boldsymbol{\varphi}_r^{\mathrm{T}}\boldsymbol{C}\boldsymbol{\varphi}_r, \quad r=1,2,\cdots,n \tag{3.4.9}$$

当式(3.4.2)无法使阻尼矩阵完全对角化时,工程界常略去 $\boldsymbol{C}_q$ 中的非对角元素,并以此作为对原系统模型的近似。采用这样近似处理的阻尼模型称作振型阻尼,处理后的系统振动分析过程与比例阻尼系统的振动分析过程完全相同。然而,美国力学家 Hwang 和 Ma 举例指出,振型阻尼模型有时会引入工程上无法接受的误差[①]。因此,使用振型阻尼模型需要慎重。在 3.5 节将用例题说明,这样近似处理会带来系统振动特性的变化。

3.4.2 自由振动

对于比例阻尼系统的自由振动问题,式(3.4.8)解耦为 n 个模态坐标的自由振动问题

$$\begin{cases} M_r\ddot{q}_r(t) + C_r\dot{q}_r(t) + K_rq_r(t) = 0 \\ q_r(0) = q_{0r}, \quad \dot{q}_r(0) = \dot{q}_{0r}, \quad r=1,2,\cdots,n \end{cases} \tag{3.4.10}$$

根据式(2.3.16)和式(2.3.17)给出的单自由度阻尼系统自由振动,各模态坐标的自由振动为

$$q_r(t) = U_r(t)q_{0r} + V_r(t)\dot{q}_{0r}, \quad r=1,2,\cdots,n \tag{3.4.11}$$

其中

$$\begin{cases} U_r(t) \equiv \exp(-\zeta_r\omega_r t)\left[\cos(\omega_{\mathrm{d}r}t) + \dfrac{\zeta_r}{\sqrt{1-\zeta_r^2}}\sin(\omega_{\mathrm{d}r}t)\right] \\ V_r(t) \equiv \dfrac{\exp(-\zeta_r\omega_r t)}{\omega_{\mathrm{d}r}}\sin(\omega_{\mathrm{d}r}t), \quad r=1,2,\cdots,n \end{cases} \tag{3.4.12}$$

$$\omega_r \equiv \sqrt{\frac{K_r}{M_r}}, \quad \zeta_r \equiv \frac{C_r}{2\sqrt{M_rK_r}}, \quad \omega_{\mathrm{d}r} \equiv \sqrt{1-\zeta_r^2}\,\omega_r, \quad r=1,2,\cdots,n \tag{3.4.13}$$

此处,ω_r 为第 r 阶固有频率,ζ_r 为第 r 阶模态阻尼比,$\omega_{\mathrm{d}r}$ 为第 r 阶阻尼振动频率。

将式(3.4.11)表示为矩阵形式

$$\boldsymbol{q}(t) = \operatorname*{diag}_{1\leqslant r\leqslant n}[U_r(t)]\boldsymbol{q}_0 + \operatorname*{diag}_{1\leqslant r\leqslant n}[V_r(t)]\dot{\boldsymbol{q}}_0 \tag{3.4.14}$$

参照式(3.2.50)的推导,将上式连同初始条件(3.4.3b)代入式(3.4.2),得到由物理坐标描述的系统自由振动

$$\boldsymbol{u}(t) = \boldsymbol{U}(t)\boldsymbol{u}_0 + \boldsymbol{V}(t)\dot{\boldsymbol{u}}_0 \tag{3.4.15}$$

其中,$\boldsymbol{U}(t)$ 和 $\boldsymbol{V}(t)$ 分别是各自由度单位初始位移或单位初始速度引起的自由振动矩阵,即

$$\boldsymbol{U}(t) \equiv \boldsymbol{\Phi}\operatorname*{diag}_{1\leqslant r\leqslant n}[U_r(t)]\boldsymbol{\Phi}^{-1}, \quad \boldsymbol{V}(t) \equiv \boldsymbol{\Phi}\operatorname*{diag}_{1\leqslant r\leqslant n}[V_r(t)]\boldsymbol{\Phi}^{-1} \tag{3.4.16}$$

如果比例阻尼系统的初始条件满足

$$\boldsymbol{u}_0 = \boldsymbol{\varphi}_r q_{0r}, \quad \dot{\boldsymbol{u}}_0 = \boldsymbol{\varphi}_r \dot{q}_{0r} \tag{3.4.17}$$

---

① Hwang J H, Ma F. On the Approximate Solution of Non-classically Damped Linear-systems. Journal of Applied Mechanics,1993,60(3):695-701.

系统自由振动将是如下第 r 阶模态振动

$$\boldsymbol{u}(t)=\boldsymbol{\varphi}_r q_r(t)=\alpha_r \exp(-\zeta_r \omega_r t)\cos(\omega_{dr}t+\theta_r)\boldsymbol{\varphi}_r \qquad (3.4.18)$$

其中,α_r 和 θ_r 是由初始条件确定的常数。此时,$\boldsymbol{\varphi}_r$ 给出系统作第 r 阶模态振动时各自由度振幅的比例关系,即系统各自由度按此关系作同步衰减振动。参照对无阻尼系统所定义的固有振型,将 $\boldsymbol{\varphi}_r$ 称为比例阻尼系统的第 r 阶振型,它等于系统的第 r 阶固有振型。

例 3.4.1 图 3.4.1 中系统的左右阻尼器参数有微小差异,即 $0<\varepsilon\ll c$,将两个集中质量在反向单位静位移条件下释放,求系统的自由振动。

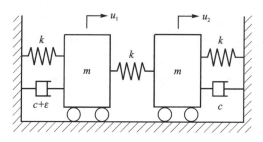

图 3.4.1 二自由度非比例阻尼系统

解 该系统的动力学方程和初始条件分别为

$$\begin{bmatrix} m & 0 \\ 0 & m \end{bmatrix}\begin{bmatrix} \ddot{u}_1(t) \\ \ddot{u}_2(t) \end{bmatrix}+\begin{bmatrix} c+\varepsilon & 0 \\ 0 & c \end{bmatrix}\begin{bmatrix} \dot{u}_1(t) \\ \dot{u}_2(t) \end{bmatrix}+\begin{bmatrix} 2k & -k \\ -k & 2k \end{bmatrix}\begin{bmatrix} u_1(t) \\ u_2(t) \end{bmatrix}=\boldsymbol{0} \qquad (a)$$

$$\begin{bmatrix} u_1(0) \\ u_2(0) \end{bmatrix}=\begin{bmatrix} 1 \\ -1 \end{bmatrix}, \qquad \begin{bmatrix} \dot{u}_1(0) \\ \dot{u}_2(0) \end{bmatrix}=\boldsymbol{0} \qquad (b)$$

根据例 3.2.1,该系统的固有频率和固有振型矩阵为

$$\omega_1=\sqrt{\frac{k}{m}}, \qquad \omega_2=\sqrt{\frac{3k}{m}}, \qquad \boldsymbol{\Phi}=\begin{bmatrix} 1 & 1 \\ 1 & -1 \end{bmatrix} \qquad (c)$$

利用模态坐标变换

$$\begin{bmatrix} u_1(t) \\ u_2(t) \end{bmatrix}=\begin{bmatrix} 1 & 1 \\ 1 & -1 \end{bmatrix}\begin{bmatrix} q_1(t) \\ q_2(t) \end{bmatrix} \qquad (d)$$

将式(a)转化为

$$\begin{bmatrix} 2m & 0 \\ 0 & 2m \end{bmatrix}\begin{bmatrix} \ddot{q}_1(t) \\ \ddot{q}_2(t) \end{bmatrix}+\begin{bmatrix} 2c+\varepsilon & \varepsilon \\ \varepsilon & 2c+\varepsilon \end{bmatrix}\begin{bmatrix} \dot{q}_1(t) \\ \dot{q}_2(t) \end{bmatrix}+\begin{bmatrix} 2k & 0 \\ 0 & 6k \end{bmatrix}\begin{bmatrix} q_1(t) \\ q_2(t) \end{bmatrix}=\boldsymbol{0} \qquad (e)$$

将式(b)转化为

$$\begin{bmatrix} q_1(0) \\ q_2(0) \end{bmatrix}=\begin{bmatrix} 1 & 1 \\ 1 & -1 \end{bmatrix}^{-1}\begin{bmatrix} 1 \\ -1 \end{bmatrix}=\begin{bmatrix} 0 \\ 1 \end{bmatrix}, \qquad \begin{bmatrix} \dot{q}_1(t) \\ \dot{q}_2(t) \end{bmatrix}=\boldsymbol{0} \qquad (f)$$

式(e)表明,该系统不是比例阻尼系统。考虑到阻尼差异 ε 是小量,对式(e)中的阻尼矩阵进行振型阻尼处理,将式(e)近似为

$$\begin{bmatrix} 2m & 0 \\ 0 & 2m \end{bmatrix}\begin{bmatrix} \ddot{q}_1(t) \\ \ddot{q}_2(t) \end{bmatrix}+\begin{bmatrix} 2c+\varepsilon & 0 \\ 0 & 2c+\varepsilon \end{bmatrix}\begin{bmatrix} \dot{q}_1(t) \\ \dot{q}_2(t) \end{bmatrix}+\begin{bmatrix} 2k & 0 \\ 0 & 6k \end{bmatrix}\begin{bmatrix} q_1(t) \\ q_2(t) \end{bmatrix}=\boldsymbol{0} \qquad (g)$$

根据式(f)中的初始条件,可解出

$$q_1(t)=0, \quad q_2(t)=\exp(-\beta t)\left[\cos(\omega_{d2}t)+\frac{\beta}{\omega_{d2}}\sin(\omega_{d2}t)\right], \quad \beta\equiv\frac{2c+\varepsilon}{4m}, \quad \omega_{d2}\equiv\sqrt{\omega_2^2-\beta^2}$$

$$(h)$$

将式(h)代回式(d),得到系统的近似自由振动

$$\begin{bmatrix} u_1(t) \\ u_2(t) \end{bmatrix} = \exp(-\beta t) \left[\cos(\omega_{d2} t) + \frac{\beta}{\omega_{d2}} \sin(\omega_{d2} t) \right] \begin{bmatrix} 1 \\ -1 \end{bmatrix} \tag{i}$$

这表明:采用振型阻尼后的近似系统按第二阶模态作同步自由振动,两个集中质量同时达到最大值并同时穿越平衡位置,最后同步回到平衡位置。此时,中间弹簧的中点表现为节点。

3.4.3 受迫振动

由于比例阻尼系统在固有振型矩阵变换下完全解耦,本小节内容完全平行于 3.3 节对无阻尼系统受迫振动的分析。计入比例阻尼后,将固有模态和模态阻尼一并称为实模态。

1. 频响函数矩阵及其实模态展开

对系统施加正弦激励,随着时间延续,系统响应趋于与激励同频率的稳态正弦振动。为简便起见,现采用复函数将简谐激振力向量及稳态振动的位移向量表示为

$$\boldsymbol{f}(t) = \tilde{\boldsymbol{f}} \exp(\mathrm{i}\omega t), \quad \boldsymbol{u}(t) = \tilde{\boldsymbol{u}} \exp(\mathrm{i}\omega t) \tag{3.4.19}$$

其中,激振力幅值向量 $\tilde{\boldsymbol{f}} \equiv \begin{bmatrix} \tilde{f}_1 & \tilde{f}_2 & \cdots & \tilde{f}_n \end{bmatrix}^{\mathrm{T}}$ 和位移幅值向量 $\tilde{\boldsymbol{u}} \equiv \begin{bmatrix} \tilde{u}_1 & \tilde{u}_1 & \cdots & \tilde{u}_n \end{bmatrix}^{\mathrm{T}}$ 的元素可以是复数。若各元素 $\tilde{f}_j$ 的辐角不同,则表示各激振力的初相位不同。$\tilde{u}_i$ 与 $\tilde{f}_j$ 的相位差则反映位移超前于激振力的程度。将式(3.4.19)代入式(3.4.1)的第一式,得到

$$\boldsymbol{Z}(\omega)\tilde{\boldsymbol{u}} = \tilde{\boldsymbol{f}}, \quad \boldsymbol{Z}(\omega) \equiv \boldsymbol{K} - \omega^2 \boldsymbol{M} + \mathrm{i}\omega \boldsymbol{C} \tag{3.4.20}$$

式中,$\boldsymbol{Z}(\omega)$ 是阻尼系统的动刚度矩阵。与无阻尼系统动刚度矩阵的不同在于,它是复数矩阵且通常可逆,其逆矩阵为频响函数矩阵

$$\boldsymbol{H}(\omega) \equiv \boldsymbol{Z}^{-1}(\omega) = (\boldsymbol{K} - \omega^2 \boldsymbol{M} + \mathrm{i}\omega \boldsymbol{C})^{-1} \tag{3.4.21}$$

它的元素 $H_{ij}(\omega)$ 通常是复函数,其幅值 $|H_{ij}(\omega)|$ 的含义是在系统第 j 个自由度上施加单位幅值正弦激振力后,系统在第 i 个自由度上稳态振动的位移幅值;而辐角 $\arg[H_{ij}(\omega)]$ 的含义是该稳态振动位移与激振力之间的相位角。值得指出,上述内容尚未涉及系统是否具有比例阻尼。

对于比例阻尼系统,将固有振型矩阵 $\boldsymbol{\Phi}^{\mathrm{T}}$ 和 $\boldsymbol{\Phi}$ 分别左乘、右乘动刚度矩阵,得到

$$\boldsymbol{\Phi}^{\mathrm{T}} \boldsymbol{Z}(\omega) \boldsymbol{\Phi} = \boldsymbol{\Phi}^{\mathrm{T}} (\boldsymbol{K} - \omega^2 \boldsymbol{M} + \mathrm{i}\omega \boldsymbol{C}) \boldsymbol{\Phi} = \operatorname*{diag}_{1 \leqslant r \leqslant n} \left[K_r - \omega^2 M_r + \mathrm{i}\omega C_r \right] \tag{3.4.22}$$

由此可推导出频响函数矩阵的实模态展开式

$$\boldsymbol{H}(\omega) = \boldsymbol{\Phi} \operatorname*{diag}_{1 \leqslant r \leqslant n} \left[K_r - \omega^2 M_r + \mathrm{i}\omega C_r \right]^{-1} \boldsymbol{\Phi}^{\mathrm{T}} = \sum_{r=1}^{n} \frac{\boldsymbol{\varphi}_r \boldsymbol{\varphi}_r^{\mathrm{T}}}{K_r - \omega^2 M_r + \mathrm{i}\omega C_r} \tag{3.4.23}$$

通常,阻尼系统不再有无阻尼系统那样的反共振频率 ω_r^{ij} 使 $H_{ij}(\omega_r^{ij})=0$;但在两个共振频率之间,仍可能存在频率 ω_r^{ij} 使 $|H_{ij}(\omega)|$ 取极小值。习惯上,也将该现象称为反共振,它在系统的局部减振方面有重要意义。

例 3.4.2 对于例 3.4.1 中的二自由度阻尼系统,取 $m=1, k=1, c=\varepsilon=0.1$,计算原点频响函数 $H_{11}(\omega)$;引入振型阻尼后计算近似原点频响函数 $\hat{H}_{11}(\omega)$,并对两者进行比较。

解 根据例 3.4.1 所建立的系统动力学方程和系统参数,得到系统的动刚度矩阵

$$\boldsymbol{Z}(\omega) = \begin{bmatrix} 2k - m\omega^2 + \mathrm{i}(c+\varepsilon)\omega & -k \\ -k & 2k - m\omega^2 + \mathrm{i}c\omega \end{bmatrix} = \begin{bmatrix} 2 - \omega^2 + \mathrm{i}(0.2\omega) & -1 \\ -1 & 2 - \omega^2 + \mathrm{i}(0.1\omega) \end{bmatrix}$$

(a)

将式(a)代入式(3.4.21),得到系统的原点频响函数

$$H_{11}(\omega) = \frac{2 - \omega^2 + \mathrm{i}(0.1\omega)}{[2 - \omega^2 + \mathrm{i}(0.2\omega)][2 - \omega^2 + \mathrm{i}(0.1\omega)] - 1} \tag{b}$$

根据例 3.4.1 中振型阻尼处理后的式(g),从各矩阵的对角线元素得到系统的模态质量、模态刚度和模态阻尼,将它们代入式(3.4.23),得到近似的原点频响函数

$$\hat{H}_{11}(\omega) = \sum_{r=1}^{2} \frac{\varphi_{1r}\varphi_{1r}}{K_r - \omega^2 M_r + \mathrm{i}\omega C_r} = \frac{1}{2 - 2\omega^2 + (0.3\omega)\mathrm{i}} + \frac{1}{6 - 2\omega^2 + (0.3\omega)\mathrm{i}} \tag{c}$$

图 3.4.2 给出 $H_{11}(\omega)$ 和 $\hat{H}_{11}(\omega)$ 的对比。振型阻尼对该频响函数相位的影响较为显著;对该频响函数振幅影响非常小,故采用对数纵坐标展示其在反共振频段的微弱影响。

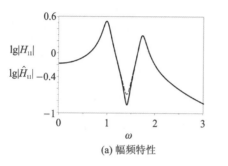
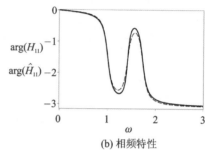

(a) 幅频特性 (b) 相频特性

实线:H_{11}; 虚线:$\hat{H}_{11}$

图 3.4.2 振型阻尼对系统原点频响函数的影响

2. 单位脉冲响应矩阵及其实模态展开

类似于在 3.3.2 节中的分析,利用固有振型矩阵对比例阻尼系统的解耦作用,可推导出系统单位脉冲响应矩阵的实模态展开式

$$\boldsymbol{h}(t) = \sum_{r=1}^{n} \frac{\boldsymbol{\varphi}_r \boldsymbol{\varphi}_r^{\mathrm{T}}}{M_r \omega_{\mathrm{dr}}} \exp(-\zeta_r \omega_r t) \sin(\omega_{\mathrm{dr}} t) \tag{3.4.24}$$

此外,通过对式(3.4.23)实施 Fourier 逆变换也可得到式(3.4.24),建议读者自行推导。

利用式(3.4.12)和式(3.4.16),还可由式(3.4.24)推导与式(3.3.26)形式相同的结果

$$\boldsymbol{h}(t) = \boldsymbol{V}(t)\boldsymbol{M}^{-1} \tag{3.4.25}$$

其中,$\boldsymbol{V}(t)$ 由式(3.4.16)定义,是比例阻尼系统由单位初速度引起的自由振动矩阵。

3. 任意激励下的响应

在任意初始条件和激励下,系统的响应表达式形如式(3.3.28),即

$$\boldsymbol{u}(t) = \boldsymbol{U}(t)\boldsymbol{u}_0 + \boldsymbol{V}(t)\dot{\boldsymbol{u}}_0 + \int_0^t \boldsymbol{h}(t - \tau)\boldsymbol{f}(\tau)\mathrm{d}\tau \tag{3.4.26}$$

其中,矩阵 $\boldsymbol{U}(t)$、$\boldsymbol{V}(t)$ 和 $\boldsymbol{h}(t)$ 分别由式(3.4.16)和式(3.4.24)给出。

总结本节内容,可见其分析流程仍是模态叠加法:通过模态坐标变换将多自由度比例阻尼系统解耦,利用单自由度系统的振动分析结果,由模态叠加获得多自由度系统的响应。

3.5 非比例阻尼系统的振动

对于非比例阻尼系统,需要引入复数形式的模态坐标变换来使系统振动解耦。本节先在物理空间和状态空间中讨论系统的模态振动和自由振动,再将结果推广到受迫振动,所采用研究思路仍是模态叠加法。

3.5.1 自由振动

1. 物理空间描述

在物理坐标下,n 自由度黏性阻尼系统的自由振动满足

$$\begin{cases} M\ddot{u}(t) + C\dot{u}(t) + Ku(t) = 0 \\ u(0) = u_0, \quad \dot{u}(0) = \dot{u}_0 \end{cases} \tag{3.5.1}$$

其中,M、K 和 C 均为对称矩阵。根据线性常微分方程理论,式(3.5.1)的解形如

$$u(t) = \varphi \exp(\lambda t) \tag{3.5.2}$$

此处,λ 和 φ 分别是待定的标量和向量。将式(3.5.2)代入式(3.5.1),得到二次特征值问题

$$(\lambda^2 M + \lambda C + K)\varphi = 0 \tag{3.5.3}$$

上式具有非零解的充分必要条件是

$$\det(\lambda^2 M + \lambda C + K) = 0 \tag{3.5.4}$$

这是关于 λ 的 $2n$ 次代数方程,可解出 $2n$ 个特征值 $\lambda_r, r=1,2,\cdots,2n$。相应地,可由式(3.5.3)得到 $2n$ 个 n 维特征向量 $\varphi_r, r=1,2,\cdots,2n$。根据线性代数,可推断该特征值问题的如下特点:

① 特征值可以是实数,也可以是复数。由于式(3.5.4)是实系数代数方程,故复特征值必成对共轭出现。与单自由度系统相类似,实特征值对应临界阻尼或过阻尼系统,共轭复特征值对应具有衰减振动特征的欠阻尼系统;后者是本节的讨论对象。

② 与共轭复特征值相对应,特征向量是共轭成对的复特征向量,它们各自只能确定到相差一个复常数因子的程度。在 n 维空间中,$2n$ 个特征向量必线性相关。以一对共轭复模态为例,其实部和虚部提供了相同信息。

本节用上划线代表共轭复数,记欠阻尼系统的第 r 对共轭特征值为

$$\lambda_r = -\beta_r + \mathrm{i}\omega_{\mathrm{dr}}, \quad \bar{\lambda}_r = -\beta_r - \mathrm{i}\omega_{\mathrm{dr}}, \quad \beta_r > 0, \quad \omega_{\mathrm{dr}} > 0 \tag{3.5.5}$$

相应的共轭复特征向量为 φ_r 和 $\bar{\varphi}_r$,系统可能发生如下运动

$$\begin{aligned} u_r(t) &= \varphi_r \exp(\lambda_r t) + \bar{\varphi}_r \exp(\bar{\lambda}_r t) \\ &= 2\exp(-\beta_r t)[\mathrm{Re}(\varphi_r)\cos(\omega_{\mathrm{dr}}t) - \mathrm{Im}(\varphi_r)\sin(\omega_{\mathrm{dr}}t)] \end{aligned} \tag{3.5.6}$$

这是以 ω_{dr} 为"阻尼振动频率"的衰减振动。仿照比例阻尼系统,称 $u_r(t)$ 为第 r 阶模态振动,称 λ_r 为第 r 阶复频率。

为考察模态振动中各自由度间的运动关系,可将式(3.5.6)改写为

$$u_r(t) = \exp(-\beta_r t)\begin{bmatrix} a_{1r}\cos(\omega_{\mathrm{dr}}t + \theta_{1r}) \\ \vdots \\ a_{nr}\cos(\omega_{\mathrm{dr}}t + \theta_{nr}) \end{bmatrix} \tag{3.5.7}$$

其中

$$a_{ir} \equiv 2\sqrt{\mathrm{Re}^2(\varphi_{ir}) + \mathrm{Im}^2(\varphi_{ir})}, \quad \theta_{ir} \equiv \arctan\left[\frac{\mathrm{Im}(\varphi_{ir})}{\mathrm{Re}(\varphi_{ir})}\right], \quad i = 1, 2, \cdots, n \quad (3.5.8)$$

式(3.5.7)表明:若 $\mathrm{Re}(\boldsymbol{\varphi}_r) \neq 0$ 或 $\mathrm{Im}(\boldsymbol{\varphi}_r) \neq 0$,则各自由度的振动相位不一致。因此,各自由度将在不同时刻到达最大值或穿过平衡位置;系统不同时刻的振动形态自然也不相似。这些都显著有别于比例阻尼系统的模态振动。产生上述相位差的原因在于,作用在各自由度上的阻尼力不像比例阻尼系统那样与当地的弹性力、惯性力成比例。

在数学形式上,复特征向量完备地描述了各自由度作模态振动时幅值间的比例关系和相对相位,确定了模态振动的形态,故称第 r 阶复特征向量 $\boldsymbol{\varphi}_r$ 为第 r 阶复振型。当阻尼矩阵满足式(3.4.7)中的条件时,系统仍具有复频率,但复特征向量退化为实向量,其振型称为实振型。仿照固有模态定义,将非比例阻尼系统的复频率和复振型合称为复模态,而比例阻尼系统的阻尼振动频率、模态阻尼比和实振型则为实模态。

2. 状态空间描述

由于式(3.5.1)在物理坐标和实模态坐标下无法解耦,现考虑另一种坐标描述,即状态空间描述。引入由系统位移和速度所组成的 $2n$ 维状态向量

$$\boldsymbol{w}(t) \equiv \begin{bmatrix} \boldsymbol{u}^{\mathrm{T}}(t) & \dot{\boldsymbol{u}}^{\mathrm{T}}(t) \end{bmatrix}^{\mathrm{T}} \quad (3.5.9)$$

将式(3.5.1)改写为由状态向量描述的一阶线性常微分方程组

$$\begin{cases} \boldsymbol{A}\dot{\boldsymbol{w}}(t) + \boldsymbol{B}\boldsymbol{w}(t) = \boldsymbol{0} & (3.5.10\mathrm{a}) \\ \boldsymbol{w}(0) = \boldsymbol{w}_0 & (3.5.10\mathrm{b}) \end{cases}$$

其中

$$\boldsymbol{A} \equiv \begin{bmatrix} \boldsymbol{C} & \boldsymbol{M} \\ \boldsymbol{M} & \boldsymbol{0} \end{bmatrix}, \quad \boldsymbol{B} \equiv \begin{bmatrix} \boldsymbol{K} & \boldsymbol{0} \\ \boldsymbol{0} & -\boldsymbol{M} \end{bmatrix}, \quad \boldsymbol{w}_0 \equiv \begin{bmatrix} \boldsymbol{u}_0 \\ \dot{\boldsymbol{u}}_0 \end{bmatrix} \quad (3.5.11)$$

设系统在状态空间中的运动为 $\boldsymbol{w}(t) = \boldsymbol{\psi}\exp(\lambda t)$,将其代入式(3.5.10a),得到相应的特征值问题

$$(\lambda \boldsymbol{A} + \boldsymbol{B})\boldsymbol{\psi} \equiv \left(\lambda \begin{bmatrix} \boldsymbol{C} & \boldsymbol{M} \\ \boldsymbol{M} & \boldsymbol{0} \end{bmatrix} + \begin{bmatrix} \boldsymbol{K} & \boldsymbol{0} \\ \boldsymbol{0} & -\boldsymbol{M} \end{bmatrix}\right) \begin{bmatrix} \tilde{\boldsymbol{\psi}} \\ \hat{\boldsymbol{\psi}} \end{bmatrix} = \boldsymbol{0} \quad (3.5.12)$$

将式(3.5.12)展开并与式(3.5.3)相比较,不难看出:这两个问题具有相同的特征值 $\lambda_r, r = 1, 2, \cdots, 2n$,而特征向量之间满足如下关系

$$\boldsymbol{\psi}_r \equiv \begin{bmatrix} \tilde{\boldsymbol{\psi}}_r \\ \hat{\boldsymbol{\psi}}_r \end{bmatrix} = \begin{bmatrix} \boldsymbol{\varphi}_r \\ \lambda_r \boldsymbol{\varphi}_r \end{bmatrix}, \quad r = 1, 2, \cdots, 2n \quad (3.5.13)$$

即式(3.5.12)中的特征值问题也具有共轭特征对。

由式(3.5.11)知,$\boldsymbol{A}$ 和 $\boldsymbol{B}$ 是实对称矩阵。类比 3.2 节中对固有振型的加权正交性证明可知,互异特征值的特征向量之间具有下述加权正交关系

$$\boldsymbol{\psi}_r^{\mathrm{T}}\boldsymbol{A}\boldsymbol{\psi}_s = a_r\delta_{rs}, \quad \boldsymbol{\psi}_r^{\mathrm{T}}\boldsymbol{B}\boldsymbol{\psi}_s = b_r\delta_{rs} \quad (3.5.14)$$

其中,a_r 和 b_r 是常数,δ_{rs} 是 Kronecker 符号。正定矩阵 $\boldsymbol{M}$ 使得矩阵 $\boldsymbol{A}$ 满秩,从而有 $a_r \neq 0, r = 1, 2, \cdots, 2n$。将 λ_r 和 $\boldsymbol{\psi}_r$ 代入式(3.5.12)并左乘 $\boldsymbol{\psi}_r^{\mathrm{T}}$,利用式(3.5.14)可得到

$$\lambda_r a_r + b_r = 0 \quad \Rightarrow \quad \lambda_r = -b_r/a_r \quad (3.5.15)$$

将式(3.5.11)和式(3.5.13)代入式(3.5.14),可得到物理空间中的加权正交关系

$$\boldsymbol{\varphi}_r^{\mathrm{T}}\left[(\lambda_r+\lambda_s)\boldsymbol{M}+\boldsymbol{C}\right]\boldsymbol{\varphi}_s=a_r\delta_{rs},\quad \boldsymbol{\varphi}_r^{\mathrm{T}}(\boldsymbol{K}-\lambda_r\lambda_s\boldsymbol{M})\boldsymbol{\varphi}_s=b_r\delta_{rs} \qquad (3.5.16)$$

上述振型加权正交关系意味着，$2n$ 个复特征向量 $\boldsymbol{\psi}_r,r=1,2,\cdots,2n$ 是线性无关的。因此，可用其作为 $2n$ 维状态空间的基向量，引入模态坐标变换

$$\boldsymbol{w}(t)=\sum_{r=1}^{2n}\boldsymbol{\psi}_rq_r(t) \qquad (3.5.17)$$

将上式代入式(3.5.10a)并左乘 $\boldsymbol{\psi}_r^{\mathrm{T}}$，根据式(3.5.14)得到 $2n$ 个解耦的一阶常微分方程

$$a_r\dot{q}_r(t)+b_rq_r(t)=0,\quad r=1,2,\cdots,2n \qquad (3.5.18a)$$

再将式(3.5.17)代入式(3.5.10b)并左乘 $\boldsymbol{\psi}_r^{\mathrm{T}}\boldsymbol{A}$，则有

$$q_r(0)=\frac{\boldsymbol{\psi}_r^{\mathrm{T}}\boldsymbol{A}\boldsymbol{w}_0}{a_r},\quad r=1,2,\cdots,2n \qquad (3.5.18b)$$

求解式(3.5.18)所描述的一阶常微分方程组初值问题，得到

$$q_r(t)=\frac{\boldsymbol{\psi}_r^{\mathrm{T}}\boldsymbol{A}\boldsymbol{w}_0}{a_r}\exp(\lambda_rt),\quad r=1,2,\cdots,2n \qquad (3.5.19)$$

将式(3.5.19)代回式(3.5.17)，获得系统在状态空间的自由振动

$$\boldsymbol{w}(t)=\sum_{r=1}^{2n}\frac{\boldsymbol{\psi}_r\boldsymbol{\psi}_r^{\mathrm{T}}\boldsymbol{A}\boldsymbol{w}_0}{a_r}\exp(\lambda_rt) \qquad (3.5.20)$$

将式(3.5.11)和式(3.5.13)代入上式，得到由系统物理坐标描述的自由振动

$$\boldsymbol{u}(t)=\sum_{r=1}^{2n}\frac{\boldsymbol{\varphi}_r\boldsymbol{\varphi}_r^{\mathrm{T}}}{a_r}\left[\boldsymbol{M}(\dot{\boldsymbol{u}}_0+\lambda_r\boldsymbol{u}_0)+\boldsymbol{C}\boldsymbol{u}_0\right]\exp(\lambda_rt) \qquad (3.5.21)$$

其中，参数 a_r 反映了第 r 阶模态贡献的大小，可称之为第 r 阶模态参与因子。由上式可见，系统的单位初位移响应和单位初速度响应矩阵应可定义为

$$\boldsymbol{U}(t)\equiv\sum_{r=1}^{2n}\frac{\boldsymbol{\varphi}_r\boldsymbol{\varphi}_r^{\mathrm{T}}}{a_r}(\lambda_r\boldsymbol{M}+\boldsymbol{C})\exp(\lambda_rt),\quad \boldsymbol{V}(t)\equiv\sum_{r=1}^{2n}\frac{\boldsymbol{\varphi}_r\boldsymbol{\varphi}_r^{\mathrm{T}}}{a_r}\boldsymbol{M}\exp(\lambda_rt) \qquad (3.5.22)$$

例 3.5.1 *　针对例 3.4.1，取 $m=1,k=1,c=\varepsilon=0.1$，用复模态方法分析系统自由振动。

解　将例 3.4.1 中的式(a)式(b)代入式(3.5.11)，得到

$$\boldsymbol{A}=\begin{bmatrix}0.2&0&1&0\\0&0.1&0&1\\1&0&0&0\\0&1&0&0\end{bmatrix},\quad \boldsymbol{B}=\begin{bmatrix}2&-1&0&0\\-1&2&0&0\\0&0&-1&0\\0&0&0&-1\end{bmatrix},\quad \boldsymbol{w}_0=\begin{bmatrix}1\\-1\\0\\0\end{bmatrix} \qquad (a)$$

采用附录 A3 的 MATLAB 程序求解式(3.5.12)对应的特征值问题，得到两对共轭特征值和特征向量

$$\begin{cases}\lambda_1=\bar{\lambda}_3=-0.0751+0.9978\mathrm{i}\\\lambda_2=\bar{\lambda}_4=-0.0749+1.7293\mathrm{i}\end{cases} \qquad (b)$$

$$\boldsymbol{\psi}_1=\bar{\boldsymbol{\psi}}_3=\begin{bmatrix}-0.5199+0.4792\mathrm{i}\\-0.4935+0.5026\mathrm{i}\\0.5172+0.4828\mathrm{i}\\0.5386+0.4547\mathrm{i}\end{bmatrix},\quad \boldsymbol{\psi}_2=\bar{\boldsymbol{\psi}}_4=\begin{bmatrix}-0.2201+0.3524\mathrm{i}\\0.1896-0.3715\mathrm{i}\\-0.5929-0.4071\mathrm{i}\\0.6282+0.3557\mathrm{i}\end{bmatrix} \qquad (c)$$

将上述结果代入式(3.5.20)，得到该系统的自由振动

$$\begin{bmatrix}u_1\\u_2\end{bmatrix}=\mathrm{Re}\left\{\begin{bmatrix}-0.0009-0.0377\mathrm{i}\\0.0009-0.0376\mathrm{i}\end{bmatrix}\exp\left[(-0.0751+0.9978\mathrm{i})t\right]\right\}+$$

$$\mathrm{Re}\left\{ \begin{bmatrix} 0.5009 + 0.0001\mathrm{i} \\ -0.5009 + 0.0434\mathrm{i} \end{bmatrix} \exp\left[(-0.0749 + 1.7293\mathrm{i})t\right] \right\} \tag{d}$$

回忆例 3.4.1,经振型阻尼处理后的系统按第二阶模态作同步振动,两个集中质量同时通过平衡位置。但根据式(d)结果绘制的图 3.5.1 表明,随着时间延续,两个集中质量经过系统平衡点的时刻逐渐呈现差异。换言之,非比例阻尼使系统自由振动不同步,该系统的中间弹簧中点也不再是节点。这是复模态自由振动与实模态自由振动的本质差异。

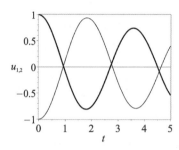

粗实线:u_1; 细实线:u_2

图 3.5.1 非比例阻尼系统的自由振动

3.5.2 受迫振动

现讨论多自由度黏性阻尼系统在任意激励作用下的响应问题,即

$$\begin{cases} M\ddot{u}(t) + C\dot{u}(t) + Ku(t) = f(t) \\ u(0) = u_0, \quad \dot{u}(0) = \dot{u}_0 \end{cases} \tag{3.5.23}$$

1. 单位脉冲响应矩阵及其复模态展开

考虑初始静止系统,其第 j 个自由度在 $t = 0^-$ 时刻受到单位脉冲 $\delta(t)$,则系统初始条件为

$$u(0^+) = u_0 = \mathbf{0}, \quad \dot{u}(0^+) = \dot{u}_0 = M^{-1}e_j \tag{3.5.24}$$

其中

$$e_j \equiv \begin{bmatrix} 0 & \cdots & 0 & \underset{j}{1} & 0 & \cdots & 0 \end{bmatrix}^{\mathrm{T}} \tag{3.5.25}$$

根据式(3.5.21),系统的自由振动为

$$u(t) = \sum_{r=1}^{2n} \frac{\boldsymbol{\varphi}_r \boldsymbol{\varphi}_r^{\mathrm{T}}}{a_r} M\dot{u}(0)\exp(\lambda_r t) = \sum_{r=1}^{2n} \frac{\boldsymbol{\varphi}_r \boldsymbol{\varphi}_r^{\mathrm{T}}}{a_r} e_j \exp(\lambda_r t) \tag{3.5.26}$$

这是单位脉冲响应矩阵的第 j 列,由此得到单位脉冲响应矩阵的复模态展开式

$$h(t) = \sum_{r=1}^{2n} \frac{\boldsymbol{\varphi}_r \boldsymbol{\varphi}_r^{\mathrm{T}}}{a_r} \exp(\lambda_r t) \tag{3.5.27}$$

对照式(3.5.22)中第二式,上述推导过程再次表明

$$h(t) = V(t)M^{-1} \tag{3.5.28}$$

2. 频响函数矩阵及其复模态展开

线性黏性阻尼系统与比例阻尼系统具有相同形式的频响函数矩阵,即

$$H(\omega) \equiv (K - \omega^2 M + \mathrm{i}\omega C)^{-1} \tag{3.5.29}$$

对式(3.5.27)作 Fourier 变换,得到频响函数矩阵的复模态展开式

$$H(\omega) = \sum_{r=1}^{2n} \frac{\boldsymbol{\varphi}_r \boldsymbol{\varphi}_r^{\mathrm{T}}}{a_r(\mathrm{i}\omega - \lambda_r)} \tag{3.5.30}$$

在实践中,常通过系统的实测输入和输出数据拟合式(3.5.30),进而识别系统的模态参数。

3. 任意激励下的响应

与式(3.4.26)类似,系统在任意初始条件和激励下的响应为

$$\boldsymbol{u}(t) = \boldsymbol{U}(t)\boldsymbol{u}_0 + \boldsymbol{V}(t)\dot{\boldsymbol{u}}_0 + \int_0^t \boldsymbol{h}(t-\tau)\boldsymbol{f}(\tau)\mathrm{d}\tau \tag{3.5.31}$$

其中,矩阵 $\boldsymbol{U}(t)$、$\boldsymbol{V}(t)$ 和 $\boldsymbol{h}(t)$ 的表达式分别是式(3.5.22)和式(3.5.27)。

≫ 3.6　局部减振设计

3.3.1 节中介绍的无阻尼系统反共振现象,使工程师有可能在系统的某个局部完全消除稳态简谐振动。鉴于机械和结构系统总存在阻尼,本节讨论阻尼系统的反共振问题,重点讨论如何消除指定频段内的系统稳态简谐振动。

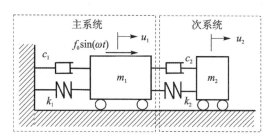

图 3.6.1　由主系统和次系统构成的组合系统

为便于理解,考察图 3.6.1 所示受简谐激励的单自由度系统,并将其称为**主系统**。为了对主系统实施局部减振,对其附加一个不受外激励的单自由度系统,并称为**次系统**。正如 2.1.1 节所指出,此处的集中质量-弹簧-阻尼系统可理解为众多实际系统的抽象。

如果不附加次系统,根据 2.4 节的研究,当激励频率为 $\omega = \sqrt{k_1/m_1}$ 时,作为主系统的单自由度阻尼系统发生共振。因此,对主系统附加子系统的主要目的是消除主系统共振。

对主系统附加次系统后,主系统和次系统构成图 3.6.1 中的组合系统,其动力学方程为

$$\begin{bmatrix} m_1 & 0 \\ 0 & m_2 \end{bmatrix} \begin{bmatrix} \ddot{u}_1 \\ \ddot{u}_2 \end{bmatrix} + \begin{bmatrix} c_1 + c_2 & -c_2 \\ -c_2 & c_2 \end{bmatrix} \begin{bmatrix} \dot{u}_1 \\ \dot{u}_2 \end{bmatrix} + \begin{bmatrix} k_1 + k_2 & -k_2 \\ -k_2 & k_2 \end{bmatrix} \begin{bmatrix} u_1 \\ u_2 \end{bmatrix} = \begin{bmatrix} f_0 \sin(\omega t) \\ 0 \end{bmatrix} \tag{3.6.1}$$

由于组合系统通常不具有比例阻尼,采用频域法进行分析较为方便。根据式(3.6.1),写出组合系统的动刚度矩阵

$$\boldsymbol{Z}(\omega) = \begin{bmatrix} k_1 + k_2 + \mathrm{i}(c_1 + c_2)\omega - m_1\omega^2 & -k_2 - \mathrm{i}c_2\omega \\ -k_2 - \mathrm{i}c_2\omega & k_2 + \mathrm{i}c_2\omega - m_2\omega^2 \end{bmatrix} \tag{3.6.2}$$

因此,组合系统具有如下原点频响函数和跨点频响函数

$$H_{11}(\omega) = \frac{k_2 + \mathrm{i}c_2\omega - m_2\omega^2}{\det \boldsymbol{Z}(\omega)}, \quad H_{21}(\omega) = \frac{k_2 + \mathrm{i}c_2\omega}{\det \boldsymbol{Z}(\omega)} \tag{3.6.3}$$

其中

$$\det \mathbf{Z}(\omega) = (k_2 + ic_2\omega - m_2\omega^2)[k_1 + k_2 + i(c_1 + c_2)\omega - m_1\omega^2] - (k_2 + ic_2\omega)^2$$

$$(3.6.4)$$

以下分别讨论无阻尼次系统和阻尼次系统的设计问题。

3.6.1 无阻尼的次系统设计

由式(3.6.3)中第一式可见,组合系统原点频响函数的反共振条件是

$$k_2 + ic_2\omega - m_2\omega^2 = 0 \qquad (3.6.5)$$

对于 $\omega > 0$,上述复数方程等价于如下两个条件

$$k_2 - m_2\omega^2 = 0, \quad c_2 = 0 \qquad (3.6.6)$$

换言之,如果次系统是单自由度无阻尼系统,则当 $\omega = \sqrt{k_2/m_2}$ 时,组合系统的原点频响函数具有反共振,即 $H_{11}(\omega) = 0$。为了消除主系统在 $\omega = \sqrt{k_1/m_1}$ 处的共振,选择次系统的参数为

$$\frac{k_2}{m_2} = \frac{k_1}{m_1} \qquad (3.6.7)$$

根据3.3.1节对反共振现象的讨论,若式(3.6.7)成立,则主系统的稳态振动为零,无阻尼次系统作频率为 $\omega = \sqrt{k_2/m_2}$ 的简谐振动。根据式(3.6.3),得到次系统稳态简谐振动 $u_2(t)$ 的幅值

$$U_2(\omega) = H_{21}(\omega)f_0 = \frac{k_2 f_0}{\det \mathbf{Z}(\omega)} = \frac{f_0}{k_2} \qquad (3.6.8)$$

因此,次系统的稳态振动为

$$u_2(t) = \frac{f_0}{k_2}\sin(\omega t) \qquad (3.6.9)$$

由此可得到次系统对主系统的作用力,即弹性力

$$f_R(u_2) = -k_2 u_2(t) = -f_0 \sin(\omega t) \qquad (3.6.10)$$

显然,它抵消了外激励 $f_0\sin(\omega t)$,使主系统静止不动。此时,外激励的作用点静止,故外激励不做功,也不向系统输入能量,无阻尼次系统作自由振动。

本书将上述单自由度无阻尼次系统称为**动力消振器**;在经典文献中,则称其为**动力吸振器**。不少学者认为,它的减振机理是吸收来自外激励的能量。这种观点与上述分析相悖,对该问题的具体分析可参见《振动力学——研究性教程》[1]。

在设计动力消振器的参数时,考虑到动力消振器是附加在主系统上的次系统,通常希望其附加质量要小,即要求质量比 $\mu \equiv m_2/m_1 \ll 1$。例如,在飞行器结构设计中,通常要求 $\mu < 0.01$。根据式(3.6.7),这导致动力消振器的刚度系数为

$$k_2 = \frac{m_2}{m_1}k_1 = \mu k_1 \ll k_1 \qquad (3.6.11)$$

由式(3.6.9)可见,此时动力消振器的振动幅值可能会过大。

为了使动力消振器具有足够的刚度系数,可将工程结构的某些次要部分设计为动力消振器的惯性元件,进而提高质量比 μ。例如,在高层建筑的风激振动抑制中,可将楼顶的储水箱

---

① 胡海岩. 振动力学——研究性教程[M]. 北京:科学出版社,2020,103-106.

作为消振器的惯性元件。

例 3.6.1　考察例 3.1.6 所介绍的 101 大厦顶部消振问题,该大厦安装消振器前的第一阶固有频率为 $f_1 \approx 0.15$ Hz,消振器质量为 $m_B \approx 6.6 \times 10^5$ kg[1][2]。现针对大厦的第一阶共振,设计无阻尼消振器的摆长。若等效风载荷幅值为 $f_A \approx 2 \times 10^5$ N,计算消振器的摆动幅值。

解　根据例 3.1.6 中的式(f),在大厦上附加无阻尼消振器后,其简化后的组合系统微振动满足动力学方程

$$\begin{bmatrix} m_A + m_B & m_B l \\ m_B l & m_B l^2 \end{bmatrix} \begin{bmatrix} \ddot{u}_A \\ \ddot{\theta} \end{bmatrix} + \begin{bmatrix} c & 0 \\ 0 & 0 \end{bmatrix} \begin{bmatrix} \dot{u}_A \\ \dot{\theta} \end{bmatrix} + \begin{bmatrix} k & 0 \\ 0 & m_B g l \end{bmatrix} \begin{bmatrix} u_A \\ \theta \end{bmatrix} = \begin{bmatrix} f_A \\ 0 \end{bmatrix} \tag{a}$$

由式(a)可得到系统动刚度矩阵

$$\mathbf{Z}(\omega) = \begin{bmatrix} k + \mathrm{i}c\omega - (m_A + m_B)\omega^2 & -m_B l \omega^2 \\ -m_B l \omega^2 & m_B g l - m_B l^2 \omega^2 \end{bmatrix} \tag{b}$$

大厦顶部的原点频响函数和跨点频响函数为

$$H_{11}(\omega) = \frac{m_B g l - m_B l^2 \omega^2}{\det \mathbf{Z}(\omega)}, \quad H_{21}(\omega) = \frac{m_B l \omega^2}{\det \mathbf{Z}(\omega)} \tag{c}$$

针对大厦第一阶共振频率,令上式中 $H_{11}(\omega)$ 的分子为零,得到组合系统的反共振频率为

$$\omega_1^{11} = \sqrt{\frac{g}{l}} = 2\pi f_1 \tag{d}$$

取重力加速度 $g = 9.8$ m/s^2,求出摆长为

$$l = \frac{g}{(2\pi f_1)^2} \approx 11.03 \text{ m} \tag{e}$$

由于 $|H_{21}(\omega_1^{11})| = 1/m_B g$,根据等效风载荷幅值,得到消振器的简谐摆动幅值为

$$|U_B(\omega_1^{11})| \approx |H_{21}(\omega_1^{11})| f_A l = \frac{f_A l}{m_B g} \approx 0.34 \text{ m} \tag{f}$$

值得指出,例 3.6.1 是对 101 大厦顶部消振的简单概念设计。在该大厦所用的实际消振器中,精心配置了油液阻尼器。在土木工程领域,通常将配置阻尼的消振器称为调谐质量阻尼器(TMD,Tuned - Mass Damper)。在 3.6.2 节,将讨论阻尼消振器的设计问题。

3.6.2　含阻尼的次系统设计

在主系统上附加无阻尼消振器,可有效消除主系统在激励频率 $\omega = \sqrt{k_1/m_1}$ 时的共振,但也带来新问题。图 3.6.1 中的组合系统具有两个自由度,其原点频响函数 $H_{11}(\omega)$ 有两个共振峰,分别位于反共振频率 $\omega_1^{11} = \sqrt{k_1/m_1}$ 的两侧。对于无阻尼消振器,这两个共振峰是危险的。

为了抑制上述共振峰,通常在消振器中引入适当的黏性阻尼。然而,阻尼太小不能抑制这两个共振峰;太大则消振器与主系统之间无相对运动,不起消振作用。因此,需要为消振器选择最佳阻尼。以下先讨论消振器阻尼对组合系统的影响,再讨论如何选择最佳阻尼。

① 卢春玲,刘宇杰,陈锦煜.等.基于分离涡方法的台北 101 大厦流固耦合风致响应分析.振动与冲击,2021,40(3):95-102.
② 谢绍松,张敬昌,钟俊宏.台北 101 大楼的耐震及抗风设计.建筑施工,2005,27(10):7-9.

1. 消振器阻尼的影响

对具有危险共振峰的主系统,其阻尼必然非常弱。现不妨针对无阻尼主系统,考察次系统阻尼对主系统原点频响函数幅值的影响。由式(3.6.3)可得

$$
\begin{cases}
|H_{11}(\omega)| = \dfrac{\sqrt{(k_2 - m_2\omega^2)^2 + (c_2\omega)^2}}{|\det \mathbf{Z}(\omega)|} \\
|\det \mathbf{Z}(\omega)| = \sqrt{\left[(k_1 - m_1\omega^2)(k_2 - m_2\omega^2) - m_2 k_2\omega^2\right]^2 + \left[c_2\omega(k_1 - m_1\omega^2 - m_2\omega^2)\right]^2}
\end{cases}
$$

$$(3.6.12)$$

为了寻找$|H_{11}(\omega)|$的规律,引入两个频率参数和四个无量纲参数

$$
\bar{\omega}_1 \equiv \sqrt{\frac{k_1}{m_1}}, \quad \bar{\omega}_2 \equiv \sqrt{\frac{k_2}{m_2}}, \quad \mu \equiv \frac{m_2}{m_1}, \quad \alpha \equiv \frac{\bar{\omega}_2}{\bar{\omega}_1}, \quad \lambda \equiv \frac{\omega}{\bar{\omega}_1}, \quad \zeta \equiv \frac{c_2}{2m_2\bar{\omega}_1}
$$

$$(3.6.13)$$

将式(3.6.12)改写为

$$
|H_{11}(\lambda)| = \frac{1}{k_1}\sqrt{\frac{(\lambda^2 - \alpha^2)^2 + (2\zeta\lambda)^2}{\left[\mu\alpha^2\lambda^2 - (\lambda^2 - 1)(\lambda^2 - \alpha^2)\right]^2 + (2\zeta\lambda)^2\left[(1+\mu)\lambda^2 - 1\right]^2}}
$$

$$(3.6.14)$$

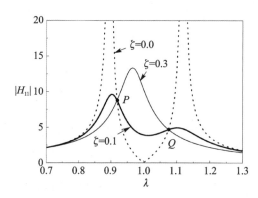

图 3.6.2　组合系统的原点频响函数幅值变化

现取$k_1 = 1.0$、$\alpha = 1.0$ 和 $\mu = 0.05$,选择三种典型阻尼比 ζ,用图 3.6.2 给出$|H_{11}(\lambda)|$的幅频关系曲线。由图 3.6.2 可见:

① 对于 $\zeta = 0$,无阻尼系统在 $\lambda \approx 0.895$ 和 $\lambda \approx 1.12$ 时发生振幅无限的共振;当 $\lambda = 1$ 时,$H_{11}(\lambda)$出现反共振。

② 对于 $\zeta = 0.1$,$|H_{11}(\lambda)|$有两个振幅有限的共振峰,其共振频率略偏离组合系统的两个固有频率;当 $\lambda = 1$ 时,$|H_{11}(\lambda)|$不再为零,但仍呈现低谷。习惯上称该低谷现象为反共振,谷底所对应的频率为反共振频率。此时,$|H_{11}(\lambda)| > 0$ 的原因是,次系统的阻尼力使主系统和次系统之间的作用力总是与外激振力有相位差,无法相互抵消。

③ 随着系统阻尼比增加,上述两个共振频率逐渐靠近;到 $\zeta = 0.3$ 时,两共振峰已合并。当 $\zeta = +\infty$ 时,两个集中质量刚性联结成单自由度无阻尼系统,共振峰会趋于无穷。

④ 对于任意的 $\zeta \geqslant 0$,$|H_{11}(\lambda)|$总经过图中的 P 和 Q 两点。

2. 最佳阻尼参数

根据对图 3.6.2 的上述讨论,消振器的最佳阻尼应使 $|H_{11}(\lambda)|$ 的两个峰位于点 P 和点 Q,并通过合理设计其他参数,使点 P 和点 Q 具有相同高度。现按此思路推导设计公式。

首先,确定点 P 和点 Q 的坐标。根据式(3.6.14),写出 $\zeta=0$ 和 $\zeta=+\infty$ 时的 $|H_{11}(\lambda)|$,它们均经过点 P 和点 Q,故满足

$$\frac{\lambda^2-\alpha^2}{\mu\alpha^2\lambda^2-(\lambda^2-1)(\lambda^2-\alpha^2)}=\frac{1}{(1+\mu)\lambda^2-1} \tag{3.6.15}$$

对上式进行整理,得到关于 λ^2 的二次代数方程

$$\lambda^4-\frac{2[1+(1+\mu)\alpha^2]}{2+\mu}\lambda^2+\frac{2\alpha^2}{2+\mu}=0 \tag{3.6.16}$$

由式(3.6.16)解出点 P 和点 Q 的横坐标 λ_P 和 λ_Q,将它们代回式(3.6.14)得到对应的纵坐标。由于这两个纵坐标高度相同,故有

$$-\frac{1}{(1+\mu)\lambda_P^2-1}=\frac{1}{(1+\mu)\lambda_Q^2-1}\quad\Rightarrow\quad \lambda_P^2+\lambda_Q^2=\frac{2}{1+\mu} \tag{3.6.17}$$

根据式(3.6.16)的根与系数关系,由式(3.6.17)得到

$$\frac{2[1+(1+\mu)\alpha^2]}{2+\mu}=\frac{2}{1+\mu}\quad\Rightarrow\quad \alpha=\frac{1}{1+\mu}<1 \tag{3.6.18}$$

这表明:对于给定的质量比 $\mu>0$,根据点 P 与点 Q 的等高要求,消振器的固有频率 $\bar\omega_2$ 应低于主系统的固有频率 $\bar\omega_1$。将式(3.6.18)代回式(3.6.16),解出

$$\lambda_{P,Q}^2=\frac{1}{1+\mu}\left(1\mp\sqrt{\frac{\mu}{2+\mu}}\right) \tag{3.6.19}$$

将上述 α 和 $\lambda_{P,Q}^2$ 的表达式代回式(3.6.14),得到点 P 和点 Q 的频响函数幅值

$$|H_{11}(\lambda_{P,Q})|=\frac{1}{k_1}\sqrt{1+\frac{2}{\mu}} \tag{3.6.20}$$

其次,为了使 $|H_{11}(\lambda)|$ 在 λ_P 和 λ_Q 处获得极值,令 $|H_{11}(\lambda)|$ 关于 λ 的导数在这两点为零。经过复杂的代数推导,得到 $|H_{11}(\lambda)|$ 在 λ_P 和 λ_Q 处分别取极值的两个阻尼条件。它们要求的阻尼比不同,设计中可取两者的平均值

$$\zeta=\sqrt{\frac{3\mu}{8(1+\mu)^3}} \tag{3.6.21}$$

至此,可将阻尼动力消振器的设计步骤归纳为:一是选择工程上许可的消振器质量 m_2,得到质量比 $\mu=m_2/m_1$;二是根据式(3.6.18)得到频率比 α,确定消振器的刚度系数 $k_2=\mu\alpha^2k_1$;三是根据式(3.6.21)得到阻尼比 ζ,计算阻尼系数 $c=2\zeta m_2\sqrt{k_1/m_1}$;四是对消振器的最大振幅进行校核。

最后指出,上述推导适用于由单个阻尼系数 c 描述的黏性阻尼器。在工程中,通常阻尼器含有多个设计参数,并无优化设计的解析公式可用。例如,图 3.6.3 是一种对主系统的两个共

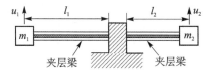

图 3.6.3　双共振峰动力消振器结构

振峰进行局部减振的动力消振器。它采用金属和高分子材料组成的夹层梁作为弹性元件和阻尼元件,通过不同的端部质量和不同长度的夹层梁来获得两个不同的固有频率,进而消除主系统的两个共振峰。对于该动力消振器,梁的结构参数、高分子材料的参数等都是设计变量。随着数值优化方法走向成熟,在消振器设计中可直接对这些设计参数进行数值优化,获得所期望的主系统频响函数幅值。

▶▶▶ 思考题

3-1 回顾本章内容,思考多自由度系统振动理论的统一性,列出心目中最重要的五个公式,并说明理由。

3-2 思考应如何定义固有振型的单位,并在此基础上讨论模态坐标、模态质量、模态刚度、模态阻尼、模态力的单位。

3-3 对于多自由度无阻尼系统,思考其固有振型节点现象与系统中简谐受迫振动反共振现象的区别和关联是什么?

3-4 对于多自由度比例阻尼系统,思考其固有振动和模态振动的区别。

3-5 对于具有刚体自由度的非比例阻尼系统,思考对复模态理论做怎样的补充,可使其描述包含刚体运动的自由振动?

3-6 近年来,动力消振概念被引入由许多周期胞元组成的超材料(meta-material)研究,查阅文献并思考相关研究对结构减振技术的推动作用。

▶▶▶ 习 题

3-1 图 3-1 所示双复摆在 (u_1, u_2) 平面内微摆动,其中两个刚体的质量分别为 m_1 和 m_2,绕质心 C_1 和 C_2 的转动惯量分别为 J_1 和 J_2。建立该系统的动力学方程。

3-2 如图 3-2 所示,用于风洞测试的飞机翼段模型由刚度系数为 k_1 的拉压弹簧和刚度系数为 k_2 的扭转弹簧所支承,其质心 C 到支承点的距离为 e,绕质心的转动惯量为 J_C。针对该模型的特点建立坐标系,并建立模型的动力学方程。

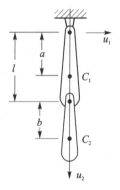

图 3-1 习题 3-1 用图

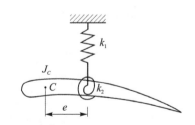

图 3-2 习题 3-2 用图

3-3 建立图 3-3 所示扭转振动系统的动力学方程,求解其固有频率和固有振型。

3-4　建立图 3-4 所示系统的动力学方程,对于 $k_i=k,i=1,\cdots,6;m_1=m_3=m,m_2=2m$,在 MATLAB 平台上求解系统的固有频率和固有振型。

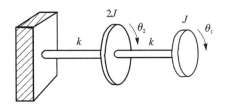

图 3-3　习题 3-3 用图

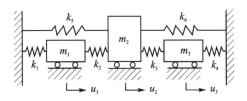

图 3-4　习题 3-4 用图

3-5　在图 3-5 所示的飞机简化模型中,将机身简化为集中质量 M,将单个发动机简化为集中质量 m,忽略机翼和尾翼的质量,将单侧机翼简化为抗弯刚度为 EI、有效长度为 l 的梁。建立飞机沿铅垂方向振动的动力学方程,求解飞机的固有频率和固有振型;选定一组系统参数,在 MATLAB 平台上验证上述结果。

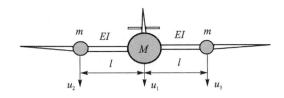

图 3-5　习题 3-5 用图

3-6　图 3-6 中的均质刚杆质量为 m,建立其动力学方程,求解固有频率和固有振型;选择一组参数,在 MATLAB 上验证解析结果。

3-7　在图 3-7 中,三台相同设备安装在同一基础上,它们的质量、弹性支撑的刚度系数如图所示。在 MATLAB 平台上计算系统的固有频率和振型;对于重频固有振动,确定关于质量矩阵加权正交的固有振型。

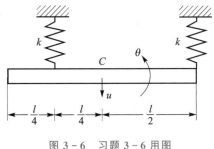

图 3-6　习题 3-6 用图

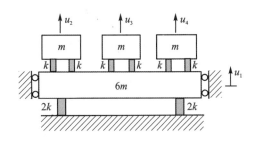

图 3-7　习题 3-7 用图

3-8　图 3-8 是悬浮在高空的热气球实验系统,其中热气球质量为 m_1,实验舱质量为 m_2,12 根绳索的拉伸刚度均为 k,并都处于拉紧状态,建立系统动力学方程并求解固有频率。

3-9　在图 3-9 所示的皮带轮系统中,驱动轮直径为 $d_1=0.2$ m,转动惯量为 $J_1=0.03$ kg·m^2,被动轮直径为 $d_2=0.8$ m,转动惯量为 $J_2=1.8$ kg·m^2,皮带可简化成两根拉压刚度系数为 k 的弹簧。若驱动轮与动力系统暂时分离,要求两轮在转动中的相对扭转振动固有频率不低于 10 Hz，设计皮带的最小刚度系数 $k_{\min}$；与习题 2-5 的结果对比，讨论两种设计结果不同的原因。

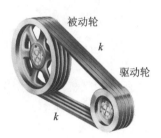

图 3-8　习题 3-8 用图　　　　　图 3-9　习题 3-9 用图

3-10　在图 3-10 所示储能系统中，驱动轮质量 $m_1 = 20$ kg，宽 $d_1 = 0.1$ m，飞轮质量 $m_2 = 100$ kg，宽 $d_2 = 0.15$ m，安装在长为 $l = 1$ m 的轴上。将该轴简化为不计质量的两端铰支梁，在 $l_1 = 0.25$ m 时，设计飞轮安装位置 l_2，使系统的第一阶弯曲固有振动频率有最大值。

3-11　在图 3-11 所示系统中，忽略刚杆质量，求系统的固有频率和固有振型。如果将杆向下水平移动 $0.1l$ 后突然释放，求该系统的自由振动。

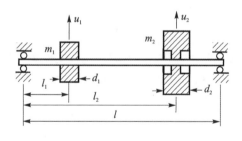

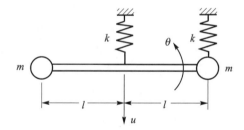

图 3-10　习题 3-10 用图　　　　　图 3-11　习题 3-11 用图

3-12　图 3-12 所示悬臂梁的长度为 $2l = 0.14$ m，矩形截面的宽度为 $b = 0.036$ m，高度为 $h = 2.5 \times 10^{-3}$ m，材料弹性模量为 $E = 2.1 \times 10^{2}$ GPa。在梁上装有两个集中质量 $m_1 = 0.5$ kg 和 $m_2 = 0.25$ kg，梁的质量可忽略。在 MATLAB 平台上，计算系统的固有频率；当简谐激振力 $f_0 \sin(\omega t)$ 作用于 m_1 时，给出两个集中质量分别产生反共振的条件。

3-13　图 3-13 是双层建筑结构的简化模型，其楼板的质量分别为 $m_1 = m$ 和 $m_2 = 2m$，剪力墙的质量可忽略，剪力墙的水平刚度系数分别为 $k_1 = k$ 和 $k_2 = 2k$。

（1）计算该结构作水平方向振动的固有频率和固有振型；

（2）若由于地震，结构基础发生水平振动 $w_0 \sin(\omega t)$，求解该结构的稳态振动。

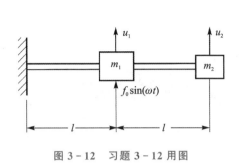

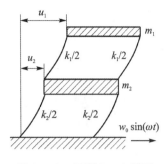

图 3-12　习题 3-12 用图　　　　　　图 3-13　习题 3-13 用图

3-14　图 3-14 所示系统的左端基础作简谐振动 $w(t)=w_0\sin(\omega t)$，求系统的稳态振动位移并讨论其反共振现象。

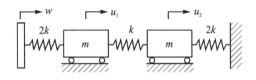

图 3-14　习题 3-14 用图

3-15　对于习题 3-12 中的系统，建立其频响函数矩阵，通过 Fourier 变换获得单位脉冲响应矩阵，并在 MATLAB 平台上验证解析结果。

3-16　图 3-15 所示阻尼系统受阶跃力 f_0 作用，系统参数满足 $c<\sqrt{2mk}$，求系统在零初始条件下的响应；选择一组系统参数，在 MATLAB 平台上验证解析结果的正确性。

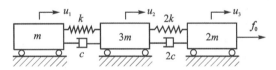

图 3-15　习题 3-16 用图

3-17　在习题 3-16 中，如果系统右侧阻尼器的阻尼系数为 c，证明该系统是非比例阻尼系统；在 MATLAB 平台上，分别用振型阻尼方法和复模态方法计算系统的响应。

3-18　如果线性振动系统具有如下形式的黏性阻尼矩阵

$$\boldsymbol{C}=\boldsymbol{M}\sum_{r=0}^{n}\eta_r(\boldsymbol{M}^{-1}\boldsymbol{K})^r$$

证明该系统具有实振型。

第4章　无限自由度系统的振动

任何机械和结构系统都具有空间连续分布的惯性、弹性和阻尼,故属于连续系统。确定连续系统中无限个质点的运动形态需要无限个广义坐标,故连续系统又称为无限自由度系统。前两章讨论的单自由度系统和多自由度系统,是连续系统的简化模型。

连续系统包括由各种材料制成的弦、杆、轴、梁、膜、板、环、壳,乃至各类复杂结构和机械。本章的研究对象限于由均匀的、各向同性线弹性材料制成的杆、轴、梁和板,简称为均质弹性体。为了分析方便,本章前几节讨论无阻尼弹性体的振动,到 4.6 节再讨论阻尼对均质弹性体振动的影响。

描述均质弹性体微振动问题的数学模型是线性偏微分方程。对于其中的少量方程,可通过解析方法获得精确解;对于大部分方程,则只能求近似解析解或数值解。本章讨论一些可获得精确解的简单问题,第 5 章介绍复杂问题的近似解和数值解。

▶▶▶ 4.1　杆和轴的振动

杆和轴是工程中最基本的构件或部件。例如,飞机操纵杆、直升机尾传动轴可分别简化为杆和轴。本节介绍直杆(简称为杆)的纵向振动和圆轴(简称为轴)的扭转振动,因为它们的动力学方程形式相同,可用同样的方法分析。分析步骤是:首先,建立描述杆或轴振动问题的偏微分方程;其次,通过分离变量将偏微分方程转化为时间变量和空间变量解耦的两个常微分方程,由边界条件确定固有振动;然后,利用固有振型的正交性,将原偏微分方程解耦并分别求解;最后,用模态叠加法得到杆或轴的自由振动和受迫振动。

4.1.1　杆的纵向振动

研究杆的纵向振动时,可假设杆的横截面在振动中始终保持为平面且和原横截面平行,横截面上的点只沿轴线方向运动,而杆纵向振动引起的横向变形可忽略不计。

如图 4.1.1 所示,考察长度为 l 的杆,取杆的轴线为 x 轴。记杆在坐标 x 处的横截面积为 $A(x)$、材料密度为 $\rho(x)$,弹性模量为 $E(x)$。用 $u(x,t)$ 表示坐标 x 处的截面在时刻 t 的纵向位移,$f(x,t)$ 是单位长度上均匀分布的轴向外力。

如图 4.1.1 所示,在杆上取长度为 $\mathrm{d}x$ 的微段为分离体作受力分析。为了简洁,以下略去函数的自变量 x 和 t。根据材料力学,该微段左端面的纵向应变和轴向力分别为

$$\varepsilon = \frac{\partial u}{\partial x}, \quad N = E\varepsilon A = EA\,\frac{\partial u}{\partial x} \tag{4.1.1}$$

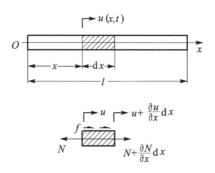

图 4.1.1　杆及其微段受力分析

根据 Newton 第二定律,得到该微段的动力学方程

$$\rho A \, \mathrm{d}x \frac{\partial^2 u}{\partial t^2} = \left(N + \frac{\partial N}{\partial x}\mathrm{d}x\right) - N + f\,\mathrm{d}x \tag{4.1.2}$$

将式(4.1.1)代入上式化简,得到

$$\rho A \frac{\partial^2 u}{\partial t^2} = \frac{\partial}{\partial x}\left(EA \frac{\partial u}{\partial x}\right) + f \tag{4.1.3}$$

这就是描述杆纵向受迫振动的偏微分方程。

对于均质等截面杆,其拉压刚度 EA 为常数,式(4.1.3)简化为常系数非齐次偏微分方程

$$\frac{\partial^2 u}{\partial t^2} = c_{\mathrm{L}}^2 \frac{\partial^2 u}{\partial x^2} + \frac{1}{\rho A}f, \quad c_{\mathrm{L}} \equiv \sqrt{\frac{E}{\rho}} \tag{4.1.4}$$

其中,c_{L} 是杆内的弹性纵波沿杆纵向的传播速度。取 $f=0$,则得到均质等截面杆作纵向自由振动的常系数齐次偏微分方程

$$\frac{\partial^2 u}{\partial t^2} = c_{\mathrm{L}}^2 \frac{\partial^2 u}{\partial x^2} \tag{4.1.5}$$

为了求解上述偏微分方程,可根据物理直观先假设时间变量和空间变量分离的解,再论证解的正确性。参考多自由度系统的固有振动,可想象杆作固有振动时,其各横截面均作同频率的简谐振动,即杆的固有振动形如

$$u(x,t) = U(x)\sin(\omega t + \theta) \tag{4.1.6}$$

其中,$U(x)$ 描述杆的振动形态,称为**固有振型函数**。将式(4.1.6)代入式(4.1.5),得到

$$-U(x)\omega^2 \sin(\omega t + \theta) = c_{\mathrm{L}}^2 \frac{\mathrm{d}^2 U(x)}{\mathrm{d}x^2}\sin(\omega t + \theta) \tag{4.1.7}$$

由于上式对任意时刻 t 均成立,必有

$$\frac{\mathrm{d}^2 U(x)}{\mathrm{d}x^2} + \kappa^2 U(x) = 0, \quad \kappa \equiv \frac{\omega}{c_{\mathrm{L}}} \tag{4.1.8}$$

其中,κ 是固有振型沿着杆长度方向变化的**波数**。

式(4.1.8)是关于空间坐标 x 的二阶常微分方程,其通解为

$$U(x) = a_1 \cos(\kappa x) + a_2 \sin(\kappa x) \tag{4.1.9}$$

显然,只要积分常数 a_1 和 a_2 满足固有振型函数 $U(x)$ 的边界条件,则式(4.1.6)就是合理的。

在一般情况下,可设杆的振动位移为空间函数和时间函数的乘积,即

$$u(x,t) = U(x)q(t) \tag{4.1.10}$$

将上式代入式(4.1.5),得到

$$\frac{\ddot{q}(t)}{q(t)} = c_{\mathrm{L}}^2 \frac{U''(x)}{U(x)} \tag{4.1.11}$$

其中,撇号表示对 x 求导数。上式左端是 t 的函数,右端是 x 的函数,故这两端必同时为某个常数。可以证明,该常数非正数[①]。将其记为 $-\omega^2 \leqslant 0$,则上式等价于两个常微分方程

$$\begin{cases} U''(x) + \kappa^2 U(x) = 0 \\ \ddot{q}(t) + \omega^2 q(t) = 0 \end{cases} \tag{4.1.12}$$

此处的第一个常微分方程就是式(4.1.8),其通解为式(4.1.9);第二个常微分方程的通解为

$$q(t) = b_1 \cos(\omega t) + b_2 \sin(\omega t) \tag{4.1.13}$$

其中,ω 为杆的纵向振动固有频率。

将式(4.1.9)和式(4.1.13)代回式(4.1.10),则杆的固有振动为

$$u(x,t) = [a_1 \cos(\kappa x) + a_2 \sin(\kappa x)][b_1 \cos(\omega t) + b_2 \sin(\omega t)] \tag{4.1.14}$$

其中,固有频率 ω、常数 a_1 和 a_2 由杆的边界条件确定,常数 b_1 和 b_2 由杆的初始条件确定。

杆的边界条件是杆两端对变形和轴向力的约束条件,通常称为**几何边界条件**和**动力边界条件**。对于固定或自由边界条件,称其为**简单边界条件**。表 4.1.1 列举了杆的几种典型边界条件。其中,m 是质量值,k 是弹簧刚度系数,下标 x 和 t 代表对相应自变量求偏导数。

表 4.1.1 杆的几种典型边界条件

类 别	左 端	右 端
固支-固支	$u(0,t)=0$	$u(l,t)=0$
自由-自由	$u_x(0,t)=0$	$u_x(l,t)=0$
惯性边界	$EAu_x(0,t)=mu_{tt}(0,t)$	$EAu_x(l,t)=-mu_{tt}(l,t)$
弹性边界	$EAu_x(0,t)=ku(0,t)$	$EAu_x(l,t)=-ku(l,t)$

例 4.1.1 针对两端固支的均质等截面杆,求其纵向振动固有频率和固有振型。

解 表 4.1.1 中的两端固支条件对任意时间均成立,由此得到固有振型函数的边界条件

$$U(0) = 0, \quad U(l) = 0 \tag{a}$$

将式(4.1.9)代入上式,得到

$$a_1 = 0, \quad a_2 \sin(\kappa l) = 0 \tag{b}$$

若杆作固有振动,则 $a_2 \neq 0$,故上式有非零解的条件是

$$\sin(\kappa l) = 0 \tag{c}$$

这是杆作纵向固有振动的特征方程,它具有无限多个特征值

$$\kappa_r l = r\pi, \quad r = 1,2,3,\cdots \tag{d}$$

根据式(4.1.8)中第二式,杆的纵向固有振动具有无限多个固有频率

$$\omega_r = c_{\mathrm{L}}\kappa_r = \frac{r\pi}{l}\sqrt{\frac{E}{\rho}}, \quad r = 1,2,3,\cdots \tag{e}$$

相应的固有振型函数是

① 梁昆森. 数学物理方法[M]. 北京:人民教育出版社.1978,201-202.

$$U_r(x) = \sin(\kappa_r x) = \sin\left(\frac{r\pi x}{l}\right), \quad r = 1, 2, 3, \cdots \tag{f}$$

由于固有振型函数表示杆的各截面振幅相对比值,故在上式中取常数 $a_2 = 1$。

例 4.1.2　对于左端 $x = 0$ 固定,右端 $x = l$ 自由的均质等截面杆,求解其固有振动。

解　杆的边界条件为 $u(0,t) = 0$ 和 $u_x(l,t) = 0$,故对应的固有振型函数边界条件为

$$U(0) = 0, \quad U'(l) = 0 \tag{a}$$

将式(4.1.9)在 $x = 0$ 的值及其导数在 $x = l$ 的值代入式(a),得到

$$a_1 = 0, \quad a_2 \kappa \cos(\kappa l) = 0 \tag{b}$$

按照例 4.1.1 的求解方法,得到杆的无限多个固有频率

$$\omega_r = c_L \kappa_r = \frac{r\pi}{2l}\sqrt{\frac{E}{\rho}}, \quad r = 1, 3, 5, \cdots \tag{c}$$

其对应的固有振型函数为

$$U_r(x) = \sin(\kappa_r x) = \sin\left(\frac{r\pi x}{2l}\right), \quad r = 1, 3, 5, \cdots \tag{d}$$

采用上述例题的方法,还可得到自由-自由杆的固有振动。图 4.1.2 给出杆在三种边界条件下的前 3 阶固有振型。类似于对多自由度系统的固有振型分析,将图中固有振型曲线与轴线的交点称为节点。固有振动的幅值在节点处恒为零,而第 r 阶固有振型有 $r-1$ 个节点。

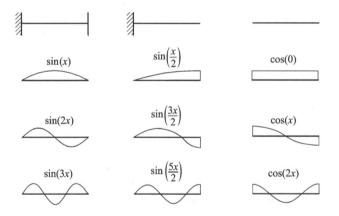

图 4.1.2　杆在简单边界条件下的前三阶固有振型 $(0 \leqslant x \leqslant l, \quad l = \pi)$

例 4.1.3*　均质等截面杆的 $x = 0$ 端固定、$x = l$ 端具有集中质量 m,求杆的固有频率。

解　参考表 4.1.1 中的右端惯性边界条件,可得到固有振型函数的边界条件

$$U(0) = 0, \quad m\omega^2 U(l) = EAU'(l) \tag{a}$$

将式(4.1.9)及其导数在杆端点的值代入上式,得到

$$a_1 = 0, \quad m\omega^2 \sin(\kappa l) = EA\kappa \cos(\kappa l) \tag{b}$$

式(b)中的第二式是特征方程。

为了求解这一超越代数方程,引入质量比和无量纲波数

$$\alpha \equiv \frac{\rho A l}{m}, \quad \beta \equiv \kappa l \tag{c}$$

将式(b)中的特征方程改写为

$$\tan\beta = \alpha/\beta \tag{d}$$

给定质量比 $\alpha=1$，用附录 A4 中的 MATLAB 程序绘制曲线 $\gamma=\tan\beta$ 和 $\gamma=1/\beta$。如图 4.1.3 所示，在(β,γ)平面上，两曲线交点的横坐标即为方程(d)的解 β_r，固有频率为 $\omega_r=c_L\kappa_r=\beta_r c_L/l$。如果图解法的精度不足，可根据其结果给出解所在区间，用 MATLAB 程序的求根命令得到高精度的解 β_r。图 4.1.3 显示了式(d)的前三个根，由此得出 $\omega_1\approx0.860c_L/l$、$\omega_2\approx3.426c_L/l$ 和 $\omega_3\approx6.437c_L/l$。现对该固有振动问题作进一步分析。

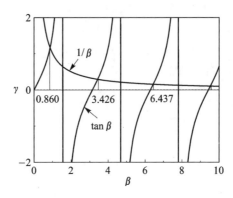

图 4.1.3　用图解法确定含端部质量的杆固有频率 $(\alpha=1)$

① 如果杆的质量相对于集中质量很小，即 $\alpha\ll1$，则式(d)的最小根 β 自然也是小量，即 $\beta\tan\beta\approx\beta^2=\alpha$。由此解出杆的第 1 阶固有频率

$$\omega_1=c_L\frac{\beta_1}{l}=\frac{c_L}{l}\sqrt{\frac{\rho Al}{m}}=\sqrt{\frac{EA}{ml}}=\sqrt{\frac{k}{m}} \tag{e}$$

其中，$k=EA/l$ 是杆的静拉压刚度。这一结果与将杆简化为无质量弹簧得到的单自由度系统固有频率一致。

② 若杆质量小于集中质量，但比值 $\alpha<1$ 并不太小，可将函数 $\tan\beta$ 的 Taylor 级数截断为 $\tan\beta\approx\beta+\beta^3/3$，将式(d)写作

$$\beta^2\left(1+\frac{\beta^2}{3}\right)=\alpha \tag{f}$$

解出 β_1^2 并将其 Taylor 级数截断至二次项，得到

$$\beta_1^2=\frac{3}{2}\left(\sqrt{1+\frac{4\alpha}{3}}-1\right)\approx\alpha-\frac{\alpha^2}{3}\approx\frac{\alpha}{1+\alpha/3} \tag{g}$$

由此得到杆的第 1 阶固有频率

$$\omega_1=c_L\frac{\beta_1}{l}=\sqrt{\frac{EA/l}{m+\rho Al/3}}=\sqrt{\frac{k}{m+\rho Al/3}} \tag{h}$$

该结果相当于将杆质量的 $1/3$ 加到集中质量上后得到的单自由度系统固有频率。当 $\alpha\approx1$ 时，上述近似误差不到 1%，具有足够高的精度。

4.1.2　固有振型的正交性

读者自然会思考：无限自由度系统的固有振动是否像多自由度系统的固有振动那样彼此不交换能量？换言之，系统的固有振型函数具有正交性？答案是肯定的。

为了简便，先讨论均质等截面杆在简单边界条件下的固有振型函数正交性。杆的第 r 阶

固有频率 ω_r 对应的波数 κ_r 和固有振型函数 $U_r(x)$ 满足式(4.1.12)的第一式,即

$$U''_r(x) + \kappa_r^2 U_r(x) = 0 \tag{4.1.15}$$

将其乘以 $U_s(x)$,并沿杆长对 x 积分,通过分部积分得到

$$\kappa_r^2 \int_0^l U_r(x)U_s(x)\,\mathrm{d}x = -\int_0^l U''_r(x)U_s(x)\,\mathrm{d}x$$

$$= -U'_r(x)U_s(x)\Big|_0^l + \int_0^l U'_r(x)U'_s(x)\,\mathrm{d}x \tag{4.1.16}$$

对于简单边界条件,上式可简化为

$$\kappa_r^2 \int_0^l U_r(x)U_s(x)\,\mathrm{d}x = \int_0^l U'_r(x)U'_s(x)\,\mathrm{d}x \tag{4.1.17}$$

同理,得到

$$\kappa_s^2 \int_0^l U_s(x)U_r(x)\,\mathrm{d}x = \int_0^l U'_s(x)U'_r(x)\,\mathrm{d}x \tag{4.1.18}$$

上述两式相减得

$$(\kappa_r^2 - \kappa_s^2)\int_0^l U_r(x)U_s(x)\,\mathrm{d}x = 0 \tag{4.1.19}$$

当 $r \neq s$ 时,杆的固有频率互异,故 $\kappa_r^2 - \kappa_s^2 \neq 0$,由式(4.1.19)得到

$$\int_0^l U_r(x)U_s(x)\,\mathrm{d}x = 0, \quad r \neq s \tag{4.1.20}$$

将式(4.1.20)代回式(4.1.17),得到

$$\int_0^l U'_r(x)U'_s(x)\,\mathrm{d}x = 0, \quad r \neq s \tag{4.1.21}$$

上述两式就是杆的固有振型函数正交关系,它的物理意义是,各固有振动的能量互不耦合。当 $r=s$ 时,可以定义杆的第 r 阶模态质量和模态刚度

$$M_r \equiv \int_0^l \rho A U_r^2(x)\,\mathrm{d}x, \quad K_r \equiv \int_0^l EA\,[U'_r(x)]^2\,\mathrm{d}x, \quad n=1,2,3,\cdots \tag{4.1.22}$$

它们的大小取决于对固有振型函数的归一化形式,但其比值总满足

$$\omega_r^2 = \frac{K_r}{M_r}, \quad r=1,2,3,\cdots \tag{4.1.23}$$

不难验证,对具有简单边界条件的非均质变截面杆,其固有振型函数的加权正交关系为

$$\begin{cases} \int_0^l \rho(x)A(x)U_r(x)U_s(x)\,\mathrm{d}x = M_r\delta_{rs} \\ \int_0^l E(x)A(x)U'_r(x)U'_s(x)\,\mathrm{d}x = K_r\delta_{rs} \end{cases} \tag{4.1.24}$$

其中,Kronecher 符号 δ_{rs} 的定义见式(3.2.32)。更一般地,若杆在 $x=0$ 端有集中质量 m_0 和刚度系数为 k_0 的弹簧,在 $x=l$ 端有集中质量 m_l 和刚度系数为 k_l 的弹簧,根据不同阶次固有振动的能量互不耦合,可写出固有振型函数的正交关系

$$\begin{cases} \int_0^l \rho(x)A(x)U_r(x)U_s(x)\,\mathrm{d}x + m_0 U_r(0)U_s(0) + m_l U_r(l)U_s(l) = M_r\delta_{rs} \\ \int_0^l E(x)A(x)U'_r(x)U'_s(x)\,\mathrm{d}x + k_0 U_r(0)U_s(0) + k_l U_r(l)U_s(l) = K_r\delta_{rs} \end{cases} \tag{4.1.25}$$

根据上述固有振型函数的正交性,可将杆的任意振动解耦为单自由度系统的振动,进而用模态叠加法求解杆的任意振动。

例 4.1.4 考察左端 $x=0$ 固定,右端 $x=l$ 自由的均质等截面杆,在其自由端作用着轴向静力 f_0。现突然撤消静力 f_0,求杆的自由振动。

解 根据例 4.1.2,固支-自由杆具有如下固有频率和固有振型函数

$$\omega_r = \frac{r\pi}{2l}\sqrt{\frac{E}{\rho}}, \quad U_r(x) = \sin\left(\frac{r\pi x}{2l}\right), \quad r=1,3,5,\cdots \tag{a}$$

根据模态叠加法,将杆卸除静力 f_0 后的自由振动表示为所有固有振动的线性组合

$$u(x,t) = \sum_{r=1,3,5,\cdots}^{+\infty} U_r(x)\left[b_{1r}\cos(\omega_r t) + b_{2r}\sin(\omega_r t)\right] \tag{b}$$

其中,$b_{1r}, b_{2r}, r=1,3,5,\cdots$ 是待定积分常数。

根据材料力学,杆在静力 f_0 作用下的初始位移和初始速度为

$$u(x,0) = \frac{f_0 x}{EA}, \quad u_t(x,0) = 0 \tag{c}$$

将式(b)代入式(c),得到

$$\sum_{r=1,3,5,\cdots}^{+\infty} b_{1r}U_r(x) = \frac{f_0 x}{EA}, \quad \sum_{r=1,3,5,\cdots}^{+\infty} b_{2r}\omega_r U_r(x) = 0 \tag{d}$$

将上式两端均乘以固有振型函数 $U_r(x)$ 并沿杆长对 x 积分,根据振型函数的正交性得到

$$b_{1r}\int_0^l U_r^2(x)x = \int_0^l \frac{f_0 x}{EA}U_r(x)\,\mathrm{d}x, \quad b_{2r}\omega_r\int_0^l U_r^2(x)\,\mathrm{d}x = 0, \quad r=1,3,5,\cdots \tag{e}$$

将式(a)中的固有振型函数代入式(e),计算得到

$$\begin{cases} b_{1r} = \dfrac{8f_0 l}{r^2\pi^2 EA}(-1)^{(r-1)/2}, \quad r=1,3,5\cdots; \quad b_{1r}=0, \quad r=2,4,6,\cdots \\ b_{2r}=0, \quad r=1,2,3,\cdots \end{cases} \tag{f}$$

最后,记 $s \equiv (r+1)/2$,将式(f)和式(a)代入式(b),得到杆的纵向振动表达式

$$u(x,t) = \frac{8f_0 l}{\pi^2 EA}\sum_{s=1}^{+\infty} \frac{(-1)^{s-1}}{(2s-1)^2}\sin\left[\frac{(2s-1)\pi x}{2l}\right]\cos\left[\frac{(2s-1)\pi c_L t}{2l}\right] \tag{g}$$

虽然上式包含无穷多个固有振动,但因子 $1/(2s-1)^2$ 随着 s 增加而迅速衰减,故高阶模态的贡献很小。这种情况具有普遍性,所以通常只关注无限自由度系统的低阶模态贡献。

4.1.3 轴的扭转振动

研究圆轴的扭转振动时,可采用材料力学对圆轴的纯扭转假设,即圆轴的横截面在扭转振动中保持平面。

如图 4.1.4 所示,取轴的轴线作为 x 轴,设轴的长度为 l,截面极惯性矩为 $I_p(x)$,材料的剪切模量为 $G(x)$,密度为 $\rho(x)$;用 $\theta(x,t)$ 表示坐标为 x 的截面在时刻 t 的角位移,$M_e(x,t)$ 是单位长度轴上分布的外力偶矩。在轴线 x 处取长度为 $\mathrm{d}x$ 的轴微段作为分离体,根据材料力学,作用在轴微段左侧的扭矩为

$$M_t = GI_p\frac{\partial\theta}{\partial x} \tag{4.1.26}$$

根据动量矩定理,轴微段绕轴线的转动角加速度满足

$$\rho I_p\mathrm{d}x\frac{\partial^2\theta}{\partial t^2} = \left(M_t + \frac{\partial M_t}{\partial x}\mathrm{d}x\right) - M_t + M_e\mathrm{d}x = \left(\frac{\partial M_t}{\partial x} + M_e\right)\mathrm{d}x \tag{4.1.27}$$

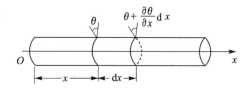

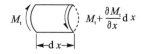

图 4.1.4　轴的微段受力分析

其中，$\rho I_p \mathrm{d}x$ 是轴微段绕轴线的转动惯量。

将式(4.1.26)代入上式，得到描述轴扭转振动的偏微分方程

$$\rho I_p \frac{\partial^2 \theta}{\partial t^2} = \frac{\partial}{\partial x}\left(GI_p \frac{\partial \theta}{\partial x}\right) + M_e \tag{4.1.28}$$

对于均质等截面轴，其扭转刚度 GI_p 为常数，式(4.1.28)可简化为常系数非齐次偏微分方程

$$\frac{\partial^2 \theta}{\partial t^2} = c_T^2 \frac{\partial^2 \theta}{\partial x^2} + \frac{1}{\rho I_p} M_e, \quad c_T \equiv \sqrt{\frac{G}{\rho}} \tag{4.1.29}$$

其中，c_T 是轴内剪切弹性波沿轴纵向的传播速度。在上式中取 $M_e = 0$，则得到描述轴扭转自由振动的常系数齐次偏微分方程

$$\frac{\partial^2 \theta}{\partial t^2} = c_T^2 \frac{\partial^2 \theta}{\partial x^2} \tag{4.1.30}$$

显然，轴的扭转振动与杆的纵向振动具有相同形式的偏微分方程，故它们的解具有同样形式。例如，轴的扭转固有振动可表示为

$$\begin{cases} \theta(x,t) = \Theta(x)q(t) \\ \Theta(x) = a_1 \cos\left(\dfrac{\omega x}{c_T}\right) + a_2 \sin\left(\dfrac{\omega x}{c_T}\right), \quad q(t) = b_1 \cos(\omega t) + b_2 \sin(\omega t) \end{cases} \tag{4.1.31}$$

例 4.1.5　图 4.1.5 中的圆轴左端固定、右端受扭转弹簧约束，轴的参数如图所示，求解其固有频率及固有振型函数。

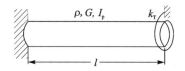

图 4.1.5　左端固定、右端受弹性约束的轴

解　该圆轴的边界条件是

$$\theta(0,t) = 0, \quad GI_p\theta_x(l,t) = -k_T\theta(l,t) \tag{a}$$

由此得到固有振型函数 $\Theta(x)$ 应满足的边界条件

$$\Theta(0) = 0, \quad GI_p\Theta'(l) = -k_T\Theta(l) \tag{b}$$

将式(4.1.31)中的固有振型函数 $\Theta(x)$ 代入式(b)，得到

$$a_1 = 0, \quad GI_p \frac{\omega}{c_T} \cos\left(\frac{\omega l}{c_T}\right) = -k_T \sin\left(\frac{\omega l}{c_T}\right), \quad c_T \equiv \sqrt{\frac{G}{\rho}} \tag{c}$$

上述第二式就是描述轴固有振动的特征方程,它可改写为

$$\left(\frac{\omega l}{c_T}\right)^{-1} \tan\left(\frac{\omega l}{c_T}\right) = \alpha, \quad \alpha \equiv -\frac{GI_p}{k_T l} \tag{d}$$

给定参数 α,可用图解法或 MATLAB 软件确定各阶固有频率 ω_r,相应的固有振型函数为

$$\Theta_r(x) = \sin\left(\frac{\omega_r x}{c_T}\right) \tag{e}$$

建议读者讨论如下极端情况:一是 $k_T \rightarrow +\infty$,即轴的右端变为固定端;二是 $k_T = 0$,即轴的右端变为自由端;然后检验它们与例 4.1.1 和例 4.1.2 中杆的纵向固有振动相似性。

▶▶▶ 4.2 梁振动的基本问题

在工程中,通常将以弯曲作为主要变形的细长构件称为梁。在一定条件下,飞机的机翼、直升机的桨叶、导弹等均可以简化为梁模型。在图 4.2.1 中,大到土木工程中的悬索桥,小到精密仪器中的原子力显微镜,其构件振动均以弯曲为主,可简化为梁振动问题。

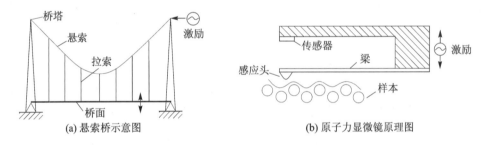

(a) 悬索桥示意图　　　　　　　　　　(b) 原子力显微镜原理图

图 4.2.1　悬索桥和原子力显微镜中的构件弯曲振动

如果梁的所有截面关于某个平面对称,且动载荷可简化到该平面内,则梁的振动以面内弯曲振动为主。梁的弯曲振动频率通常远低于它作为杆的纵向振动频率或作为轴的扭转振动频率,更容易被激发。因此,梁的弯曲振动问题在工程中比比皆是。

瑞士科学家 Bernoulli 和 Euler 首先建立细长梁的弯曲振动理论,该理论的梁模型忽略剪切变形以及梁微段绕质心转动惯量的影响,可称为Euler-Bernoulli 梁。计及这两种因素的梁模型则常称为Timoshenko 梁,以纪念这位美籍乌克兰力学家的贡献。本节讨论 Euler-Bernoulli 梁(简称梁)的弯曲振动,在4.3.2 节简要介绍 Timoshenko 梁的弯曲固有振动。

4.2.1 梁的弯曲振动

1. 梁振动的动力学方程

设有长度为 l 的梁,取梁的左端为原点,其轴线作为 x 轴,建立图 4.2.2 所示的坐标系。记梁在坐标为 x 处的横截面积为 $A(x)$,材料弹性模量为 $E(x)$,密度为 $\rho(x)$,截面关于中性轴的惯性矩为 $I(x)$。用 $w(x,t)$ 表示坐标为 x 的截面中性轴在时刻 t 的横向位移,$f(x,t)$ 和 $m(x,t)$ 分别表示单位长度梁上分布的横向外力和外力矩。

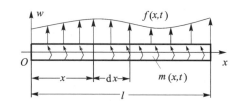

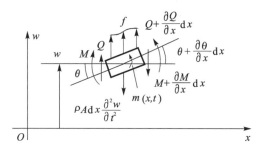

图 4.2.2　Euler-Bernoulli 梁及其微段受力分析

在梁上取长度为 $\mathrm{d}x$ 的微段为分离体,图 4.2.2 给出其受力情况。其中,$Q(x,t)$ 和 $M(x,t)$ 分别是作用在梁微段左截面上的剪力和弯矩,$f(x,t)\mathrm{d}x$、$m(x,t)\mathrm{d}x$ 和 $-\rho(x)A(x)\mathrm{d}x$ $[\partial^2 w(x,t)/\partial t^2]$ 分别是作用在梁微段上的横向外力、外力矩和惯性力。

根据 d'Alembert 原理,梁微段的横向振动满足

$$0 = f\,\mathrm{d}x + Q - \left(Q + \frac{\partial Q}{\partial x}\mathrm{d}x\right) - \rho A\,\mathrm{d}x\,\frac{\partial^2 w}{\partial t^2} = \left(f - \frac{\partial Q}{\partial x} - \rho A\,\frac{\partial^2 w}{\partial t^2}\right)\mathrm{d}x \quad (4.2.1)$$

忽略梁微段绕质心的转动惯量,对梁微段的右端面中心点取力矩并略去高阶小量,得到

$$M + Q\,\mathrm{d}x = M + \frac{\partial M}{\partial x}\mathrm{d}x + m\,\mathrm{d}x \quad (4.2.2)$$

上式可简化为

$$Q = \frac{\partial M}{\partial x} + m \quad (4.2.3)$$

将式(4.2.3)代入式(4.2.1)并约去 $\mathrm{d}x \neq 0$,得到

$$\rho A\,\frac{\partial^2 w}{\partial t^2} = f - \left(\frac{\partial^2 M}{\partial x^2} + \frac{\partial m}{\partial x}\right) \quad (4.2.4)$$

根据材料力学,$M = EI\partial^2 w/\partial x^2$,将其代入上式,得到描述梁弯曲振动的偏微分方程

$$\rho A\,\frac{\partial^2 w}{\partial t^2} + \frac{\partial^2}{\partial x^2}\left(EI\,\frac{\partial^2 w}{\partial x^2}\right) = f - \frac{\partial m}{\partial x} \quad (4.2.5)$$

对于均质等截面梁,ρA 和 EI 为常数,式(4.2.5)可简化为常系数非齐次偏微分方程

$$\rho A\,\frac{\partial^2 w}{\partial t^2} + EI\,\frac{\partial^4 w}{\partial x^4} = f - \frac{\partial m}{\partial x} \quad (4.2.6)$$

在上式中取 $f(x,t)=0$ 和 $m(x,t)=0$,则得到描述均质等截面梁弯曲自由振动的动力学方程

$$\rho A\,\frac{\partial^2 w}{\partial t^2} + EI\,\frac{\partial^4 w}{\partial x^4} = 0 \quad (4.2.7)$$

式(4.2.7)是常系数齐次偏微分方程,可以用分离变量法求解。

2. 固有振动分析

现用分离变量法求解式(4.2.7),设其具有如下形式的弯曲固有振动解

$$w(x,t) = W(x)q(t) \tag{4.2.8}$$

其中,$W(x)$是待定固有振型函数,$q(t)$是待定时间函数。将上式代入式(4.2.7),得到

$$\rho A W(x)\ddot{q}(t) + EI W^{(4)}(x)q(t) = 0 \tag{4.2.9}$$

其中,$W^{(4)}(x)$表示将$W(x)$对x求4阶导数。将上式改写为

$$\frac{EI}{\rho A} \frac{W^{(4)}(x)}{W(x)} = -\frac{\ddot{q}(t)}{q(t)} \tag{4.2.10}$$

式(4.2.10)的左端为x的函数,右端为t的函数,故两端必等于某个常数。可以证明,该常数非负,将记其为$\omega^2 \geqslant 0$。因此,式(4.2.10)可分离为两个独立的常微分方程

$$\begin{cases} W^{(4)}(x) - \kappa^4 W(x) = 0 & (4.2.11a) \\ \ddot{q}(t) + \omega^2 q(t) = 0 & (4.2.11b) \end{cases}$$

其中,κ是固有振型函数$W(x)$沿着梁长度方向的**波数**,定义为

$$\kappa \equiv \sqrt[4]{\frac{\rho A}{EI}\omega^2} \tag{4.2.12}$$

由式(4.2.11)可解出

$$\begin{cases} W(x) = a_1\cos(\kappa x) + a_2\sin(\kappa x) + a_3\cosh(\kappa x) + a_4\sinh(\kappa x) & (4.2.13a) \\ q(t) = b_1\cos(\omega t) + b_2\sin(\omega t) & (4.2.13b) \end{cases}$$

式(4.2.13a)描述梁弯曲振动幅值沿着梁的分布,并含有待定波数κ,亦即含有固有频率ω。梁弯曲振动幅值在梁的两端应满足给定的边界条件,由此可确定ω和$a_i, i = 1,2,3,4$(或其比值)。式(4.2.13b)则描述梁振动随时间的简谐变化,常数b_1和b_2由梁的初始条件确定。

在梁的边界条件中,含有四个力学量,即挠度、转角、弯矩和剪力。类似于杆的边界条件,将限制挠度、转角的边界条件称为几何边界条件,而限制弯矩、剪力的边界条件称为动力边界条件。表4.2.1给出几种典型边界条件,其中m为质量,k为拉伸弹簧刚度系数,k_T为扭转弹簧刚度系数。值得注意,对于表中最后两行的非齐次边界条件,根据梁微段左右截面的弯矩和剪力正负号约定,左边界和右边界处的力平衡关系中正负号相反。

表 4.2.1 梁的几种典型边界条件

边界类别	挠度:w	转角:w_x	弯矩:$M = EI w_{xx}$	剪力:$Q = EI w_{xxx}$
固 支	$w = 0$	$w_x = 0$		
铰 支	$w = 0$		$w_{xx} = 0$	
自 由			$EI w_{xx} = 0$	$EI w_{xxx} = 0$
惯性左/右边界			$EI w_{xx} = 0$	$EI w_{xxx} = \mp m w_{tt}$
弹性左/右边界			$EI w_{xx} = \pm k_T w_x$	$EI w_{xxx} = \mp k w$

例 4.2.1 对于两端铰支梁,求解其固有振动频率和振型函数。

解 根据表4.2.1,可得到两端铰支梁的固有振型函数边界条件

$$W(0) = 0, \quad W''(0) = 0 \tag{a}$$

$$W(l) = 0, \quad W''(l) = 0 \tag{b}$$

将式(a)代入式(4.2.13a)及其二阶导数,得到

$$a_1 + a_3 = 0, \quad \kappa^2(-a_1 + a_3) = 0 \tag{c}$$

因两端铰支梁无刚体运动,故 $\kappa \neq 0$,由此解出

$$a_1 = a_3 = 0 \tag{d}$$

将式(b)及式(d)代入式(4.2.13a)及其二阶导数,得

$$a_2 \sin(\kappa l) + a_4 \sinh(\kappa l) = 0, \quad -a_2 \sin(\kappa l) + a_4 \sinh(\kappa l) = 0 \tag{e}$$

式(e)可视为关于 a_2 和 a_4 的线性代数方程组,其有非零解的充分必要条件是

$$\det \begin{bmatrix} \sin(\kappa l) & \sinh(\kappa l) \\ -\sin(\kappa l) & \sinh(\kappa l) \end{bmatrix} = 2\sin(\kappa l)\sinh(\kappa l) = 0 \tag{f}$$

由于 $\kappa \neq 0$,故 $\sinh(\kappa l) \neq 0$,由此得到描述梁固有振动的特征方程

$$\sin(\kappa l) = 0 \tag{g}$$

式(g)具有无限多个特征值

$$\kappa_r = \frac{r\pi}{l}, \quad r = 1, 2, 3, \cdots \tag{h}$$

将式(h)代入式(4.2.12),得到两端铰支梁的无限多个固有振动频率

$$\omega_r = \kappa_r^2 \sqrt{\frac{EI}{\rho A}} = \left(\frac{r\pi}{l}\right)^2 \sqrt{\frac{EI}{\rho A}}, \quad r = 1, 2, 3, \cdots \tag{i}$$

对应的固有振型函数是

$$W_r(x) = \sin\left(\frac{r\pi x}{l}\right), \quad r = 1, 2, 3, \cdots \tag{j}$$

例 4.2.2 *　求解悬臂梁的固有振动频率和振型函数。

解　根据表 4.2.1,可得到悬臂梁的固有振型函数边界条件

$$W(0) = 0, \quad W'(0) = 0, \quad W''(l) = 0, \quad W'''(l) = 0 \tag{a}$$

由于悬臂梁无刚体运动,可排除 $\kappa = 0$。将式(4.2.13a)及其导数代入式(a)的前两式,得到

$$\begin{cases} a_1 + a_3 = 0 \\ \kappa(a_2 + a_4) = 0 \end{cases} \Rightarrow \begin{cases} a_3 = -a_1 \\ a_4 = -a_2 \end{cases} \tag{b}$$

将式(4.2.13a)及其导数代入式(a)的后两式,利用式(b),得到

$$\begin{cases} [\cos(\kappa l) + \cosh(\kappa l)]a_1 + [\sin(\kappa l) + \sinh(\kappa l)]a_2 = 0 \\ [\sin(\kappa l) - \sinh(\kappa l)]a_1 - [\cos(\kappa l) + \cosh(\kappa l)]a_2 = 0 \end{cases} \tag{c}$$

根据式(c)有非零解的充分必要条件,得到描述悬臂梁固有振动的特征方程

$$\det \begin{bmatrix} \cos(\kappa l) + \cosh(\kappa l) & \sin(\kappa l) + \sinh(\kappa l) \\ \sin(\kappa l) - \sinh(\kappa l) & -\cosh(\kappa l) - \cos(\kappa l) \end{bmatrix} = -2[\cos(\kappa l)\cosh(\kappa l) + 1] = 0 \tag{d}$$

用附录 A4 中的 MATLAB 程序绘图获得特征根的估计值,再由式(d)得到较精确的数值解

$$\kappa_1 l = 1.8751, \quad \kappa_2 l = 4.6941, \quad \kappa_3 l = 7.8548, \quad \kappa_r l \approx \frac{(2r-1)\pi}{2}, \quad r \geq 4 \tag{e}$$

将式(e)代入式(4.2.12),得到悬臂梁的固有频率

$$\omega_1 = 3.516\sqrt{\frac{EI}{\rho A l^4}}, \quad \omega_2 = 22.035\sqrt{\frac{EI}{\rho A l^4}}, \quad \omega_3 = 61.697\sqrt{\frac{EI}{\rho A l^4}}, \quad \cdots \tag{f}$$

在式(c)的第一式中取 $a_1 = 1$,解出

$$a_2 = -\frac{\cos(\kappa_r l) + \cosh(\kappa_r l)}{\sin(\kappa_r l) + \sinh(\kappa_r l)} \tag{g}$$

将上述 $a_1, a_2, a_3 = -a_1$ 和 $a_4 = -a_2$ 代回式(4.2.13a),得到悬臂梁的固有振型函数

$$W_r(x) = \cos(\kappa_r x) - \cosh(\kappa_r x) - \frac{\cos(\kappa_r l) + \cosh(\kappa_r l)}{\sin(\kappa_r l) + \sinh(\kappa_r l)}[\sin(\kappa_r x) - \sinh(\kappa_r x)],$$
$$r = 1, 2, 3, \cdots \tag{h}$$

在 MATLAB 平台上完成上述过程,可得到图 4.2.3 所示的前三阶固有振型。

按照上述两个例题的步骤,可依次求解以下两种常见梁的固有振动。

① 两端固支梁:特征方程及其特征值为

$$\begin{cases} \cos(\kappa l)\cosh(\kappa l) = 1 \\ \kappa_1 l = 4.7300, \quad \kappa_2 l = 7.8532, \quad \kappa_3 l = 10.9956, \quad \kappa_r l \approx \frac{(2r+1)\pi}{2}, \quad r \geqslant 4 \end{cases}$$
$$\tag{4.2.14}$$

对应的固有频率为

$$\omega_r = (\kappa_r l)^2 \sqrt{\frac{EI}{\rho A l^4}}, \quad r = 1, 2, 3, \cdots \tag{4.2.15}$$

固有振型函数为

$$W_r(x) = \cos(\kappa_r x) - \cosh(\kappa_r x) - \frac{\cos(\kappa_r l) - \cosh(\kappa_r l)}{\sin(\kappa_r l) - \sinh(\kappa_r l)}[\sin(\kappa_r x) - \sinh(\kappa_r x)],$$
$$r = 1, 2, 3, \cdots \tag{4.2.16}$$

② 两端自由梁:这种不受约束的梁具有刚体运动自由度,具有两个零固有频率。有趣的是,描述梁弹性振动的特征方程和特征值与式(4.2.14)完全相同,即两端自由梁与两端固支梁具有相同固有频率。然而,两端自由梁的固有振型函数为

$$W_r(x) = \cos(\kappa_r x) + \cosh(\kappa_r x) - \frac{\cos(\kappa_r l) - \cosh(\kappa_r l)}{\sin(\kappa_r l) - \sinh(\kappa_r l)}[\sin(\kappa_n x) + \sinh(\kappa_r x)],$$
$$r = 1, 2, 3, \cdots \tag{4.2.17}$$

图 4.2.3 给出上述四种梁、铰支-自由梁和固支-铰支梁的前 3 阶固有振型。如果包括对应零固有频率的刚体运动形态,则梁在简单边界条件下的第 r 阶固有振型均有 $r-1$ 个节点。可以证明,这是杆、轴、梁等一维均质弹性体的固有振型基本性质。

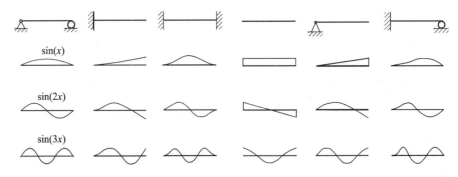

图 4.2.3 梁在简单边界条件下的前三阶固有振型$(0 \leqslant x \leqslant l, \quad l = \pi)$

4.2.2　固有振型的正交性

考察具有简单边界条件的均质等截面梁，其固有频率 ω_r 对应的波数 κ_r 和固有振型函数 $W_r(x)$ 满足式（4.2.11a），即

$$\kappa_r^4 W_r(x) = W_r^{(4)}(x) \tag{4.2.18}$$

将上式两端同乘以 $W_s(x)$ 并沿梁的长度对 x 积分，通过两次分部积分，得到

$$\kappa_r^4 \int_0^l W_s(x) W_r(x) \mathrm{d}x = \int_0^l W_s(x) W_r^{(4)}(x) \mathrm{d}x$$

$$= W_s(x) W_r'''(x) \Big|_0^l - W_s'(x) W_r''(x) \Big|_0^l + \int_0^l W_s''(x) W_r''(x) \mathrm{d}x \tag{4.2.19}$$

对于简单边界（固定、铰支、自由）条件，上式右端的前两项总为零，故有

$$\int_0^l W_r''(x) W_s''(x) \mathrm{d}x = \kappa_r^4 \int_0^l W_r(x) W_s(x) \mathrm{d}x \tag{4.2.20}$$

因为 r 和 s 是任取的，交换次序有

$$\int_0^l W_r''(x) W_s''(x) \mathrm{d}x = \kappa_s^4 \int_0^l W_r(x) W_s(x) \mathrm{d}x \tag{4.2.21}$$

上述两式相减，得到

$$(\kappa_r^4 - \kappa_s^4) \int_0^l W_r(x) W_s(x) \mathrm{d}x = 0 \tag{4.2.22}$$

除了自由-自由梁的两个零固有频率，$r \neq s$ 时总有 $\kappa_r \neq \kappa_s$，从而有

$$\int_0^l W_r(x) W_s(x) \mathrm{d}x = 0, \quad r \neq s \tag{4.2.23}$$

根据 $\kappa_r \neq 0$ 或 $\kappa_s \neq 0$，将上式代回式（4.2.20）或式（4.2.21），得到

$$\int_0^l W_r''(x) W_s''(x) \mathrm{d}x = 0, \quad r \neq s \tag{4.2.24}$$

上述两式就是均质等截面梁的固有振型函数正交性。

类似于对杆的固有振型函数正交性研究，可将梁的固有振型函数正交性表示为

$$\begin{cases} \rho A \int_0^l W_r(x) W_s(x) \mathrm{d}x = M_r \delta_{rs} \\ EI \int_0^l W_r''(x) W_s''(x) \mathrm{d}x = K_r \delta_{rs} \end{cases} \tag{4.2.25}$$

其中，δ_{rs} 为 Kronecker 符号，M_r 为模态质量，K_r 为模态刚度，其大小取决于固有振型函数 $W_r(x)$ 归一化系数的大小，但总满足

$$K_r = \omega_r^2 M_r, \quad r = 1, 2, 3, \cdots \tag{4.2.26}$$

上述固有振型函数的正交性意味着梁的不同阶次固有振动解耦，这给振动分析提供了方便。

例 4.2.3　对两端铰支梁，研究其在以下两种初始扰动下的自由振动。

①
$$w(x,0) = \sin\left(\frac{\pi x}{l}\right), \quad w_t(x,0) \equiv \frac{\partial w(x,t)}{\partial t}\bigg|_{t=0} = 0 \tag{a}$$

② 初始静止梁在 $x = a$ 处受到脉冲力，使得 $x \in (a - \varepsilon/2, a + \varepsilon/2)$ 微段产生初速度 v_0。

解　根据例 4.2.1，两端铰支梁的固有频率及固有振型函数为

$$\omega_r = \left(\frac{r\pi}{l}\right)^2 \sqrt{\frac{EI}{\rho A}}, \quad W_r(x) = \sin\left(\frac{r\pi x}{l}\right), \quad r = 1,2,3,\cdots \tag{b}$$

由此可将梁的自由振动表示为固有振动的线性组合

$$w(x,t) = \sum_{r=1}^{+\infty} W_r(x)\left[b_{1r}\cos(\omega_r t) + b_{2r}\sin(\omega_r t)\right] \tag{c}$$

① 将式(b)中的固有振型代入式(c),再代入初始条件(a),得到

$$\sum_{r=1}^{+\infty} b_{1r}\sin\left(\frac{r\pi x}{l}\right) = \sin\left(\frac{\pi x}{l}\right), \quad \sum_{r=1}^{+\infty}\omega_r b_{2r}\sin\left(\frac{r\pi x}{l}\right) = 0 \tag{d}$$

由于固有振型函数线性无关,上式两端同次谐波的系数应相同,由此得到

$$b_{11} = 1, \quad b_{1r} = 0, \quad r = 2,3,4,\cdots; \quad b_{2r} = 0, \quad r = 1,2,3,\cdots \tag{e}$$

因此,梁的弯曲自由振动仅含第一阶固有振动,即

$$w(x,t) = \sin\left(\frac{\pi x}{l}\right)\cos(\omega_1 t) \tag{f}$$

② 根据式(b)和式(c),将初始条件表示为

$$w(x,0) = \sum_{r=1}^{+\infty} b_{1r}\sin\left(\frac{r\pi x}{l}\right) = 0, \quad w_t(x,0) = \sum_{r=1}^{+\infty}\omega_r b_{2r}\sin\left(\frac{r\pi x}{l}\right) \tag{g}$$

由式(g)的第一式得到

$$b_{1r} = 0, \quad r = 1,2,3,\cdots \tag{h}$$

将式(g)的第二式两端同乘固有振型函数 $\sin(s\pi x/l)$ 并沿着梁的长度对 x 积分,根据固有振型函数的正交性可得

$$b_{2s} = \frac{2}{\omega_s l}\int_0^l w_t(x,0)\sin\left(\frac{s\pi x}{l}\right)\mathrm{d}x = \frac{2}{\omega_s l}\int_{a-\frac{\varepsilon}{2}}^{a+\frac{\varepsilon}{2}} v_0\sin\left(\frac{s\pi x}{l}\right)\mathrm{d}x$$

$$\approx \frac{2\varepsilon v_0}{\omega_s l}\sin\left(\frac{s\pi a}{l}\right), \quad s = 1,2,3,\cdots \tag{i}$$

将式(h)和式(i)代入式(c),得到梁的弯曲自由振动

$$w(x,t) = \frac{2\varepsilon v_0}{l}\sum_{r=1}^{+\infty}\frac{1}{\omega_r}\sin\left(\frac{r\pi a}{l}\right)\sin\left(\frac{r\pi x}{l}\right)\sin(\omega_r t) \tag{j}$$

由式(j)可见,梁的自由振动中含有各阶固有振动。若脉冲力作用于 $a = l/2$ 处,则梁的自由振动为

$$w(x,t) = \frac{2\varepsilon v_0}{l}\sum_{r=1,3,5,\cdots}^{+\infty}\frac{(-1)^{(r-1)/2}}{\omega_r}\sin\left(\frac{r\pi x}{l}\right)\sin(\omega_r t) \tag{k}$$

由于该对称梁的初始条件具有对称性,故梁的自由振动中只含具有对称振型的固有振动。

4.2.3　用模态叠加法计算振动

根据梁的固有振型函数正交性,可用类似于多自由度系统的模态分析方法,使描述梁运动的偏微分方程简化为用模态坐标表示的常微分方程组。为此,引入模态坐标变换

$$w(x,t) = \sum_{r=1}^{+\infty} W_r(x)q_r(t) \tag{4.2.27}$$

将其代入式(4.2.6),得到

$$\rho A \sum_{r=1}^{+\infty} W_r(x)\ddot{q}_r(t) + EI \sum_{r=1}^{+\infty} W_r^{(4)} q_r(t) = f - \frac{\partial m}{\partial x} \qquad (4.2.28)$$

相应的初始条件为

$$\begin{cases} w(x,0) = \sum_{r=1}^{+\infty} W_r(x) q_r(0) \\ w_t(x,0) \equiv \dfrac{\partial w(x,t)}{\partial t}\bigg|_{t=0} = \sum_{r=1}^{+\infty} W_r(x)\dot{q}_r(0) \end{cases} \qquad (4.2.29)$$

将式(4.2.28)和式(4.2.29)两端同乘 $W_s(x)$ 并沿梁长度对 x 积分,利用固有振型正交性得到

$$M_r \ddot{q}_r(t) + K_r q_r(t) = f_r(t), \quad r = 1,2,3,\cdots \qquad (4.2.30a)$$

$$\begin{cases} q_r(0) = \dfrac{1}{M_r} \int_0^l \rho A w(x,0) W_r(x)\,\mathrm{d}x \\ \dot{q}_r(0) = \dfrac{1}{M_r} \int_0^l \rho A w_t(x,0) W_r(x)\,\mathrm{d}x, \quad r = 1,2,3,\cdots \end{cases} \qquad (4.2.30b)$$

其中,M_r 和 K_r 分别为第 r 阶模态质量和模态刚度,而 $f_r(t)$ 为第 r 阶模态力,即

$$f_r(t) = \int_0^l \left[f(x,t) - \frac{\partial m(x,t)}{\partial x} \right] W_r(x)\,\mathrm{d}x, \quad r = 1,2,3,\cdots \qquad (4.2.31)$$

对式(4.2.31)中被积函数的第二项实施分部积分,还可将模态力表示为等价形式

$$f_r(t) = \int_0^l \left[f(x,t) W_r(x) + m(x,t) W_r'(x) \right] \mathrm{d}x, \quad r = 1,2,3,\cdots \qquad (4.2.32)$$

当梁上作用集中弯矩 $m(x,t) = \tilde{m}(t)\delta(x-x_0)$,$x_0 \in [0,l]$ 时,采用式(4.2.32)更为直观和方便。

式(4.2.30)是各模态坐标的受迫振动问题,梁的振动是各模态坐标振动的线性组合。根据 2.9.1 节的结果得到式(4.2.30)的解,将其代回式(4.2.27),得到

$$w(x,t) = \sum_{r=1}^{+\infty} W_r(x) \left\{ q_r(0)\cos(\omega_r t) + \frac{\dot{q}_r(0)}{\omega_r}\sin(\omega_r t) + \frac{1}{M_r \omega_r}\int_0^t \sin[\omega_r(t-\tau)] f_r(\tau)\mathrm{d}\tau \right\}$$

$$(4.2.33)$$

例 4.2.4　阶跃力 f_0 突然作用于两端铰支梁的中央,求梁的振动。

解　根据例 4.2.1,两端铰支梁的固有频率和固有振型函数为

$$\omega_r = \left(\frac{r\pi}{l}\right)^2 \sqrt{\frac{EI}{\rho A}}, \quad W_r(x) = \sin\left(\frac{r\pi x}{l}\right), \quad r = 1,2,3,\cdots \qquad (a)$$

由此得到梁的模态质量、模态刚度和模态力为

$$M_r = \int_0^l \rho A \sin^2\left(\frac{r\pi x}{l}\right)\mathrm{d}x = \frac{1}{2}\rho A l, \quad K_r = M_r \omega_r^2 = \frac{r^4\pi^4 EI}{2l^3}, \quad r = 1,2,3,\cdots \qquad (b)$$

$$f_r(t) = f_0 \sin\left(\frac{r\pi}{2}\right) = \begin{cases} (-1)^{(r-1)/2} f_0, & r = 1,3,5,\cdots \\ 0, & r = 2,4,6,\cdots \end{cases} \qquad (c)$$

注意到梁在初始时刻静止,根据式(4.2.30)和例 2.9.1,得到各模态坐标的响应

$$q_r(t) = \frac{f_r(t)}{K_r}[1 - \cos(\omega_r t)], \quad r = 1,3,5,\cdots \qquad (d)$$

将式(b)、式(c)和式(d)代入式(4.2.27),得到梁的受迫振动

$$w(x,t)=\frac{2f_0l^3}{\pi^4 EI}\sum_{r=1,3,5,\cdots}^{+\infty}\frac{(-1)^{(r-1)/2}}{r^4}\sin\left(\frac{r\pi x}{l}\right)\left[1-\cos(\omega_r t)\right] \tag{e}$$

由于外激励作用在对称梁的中点,故梁的受迫振动中仅含具有对称振型的固有振动。

例 4.2.5 考察初始静止的两端铰支梁,在 $x=x_0$ 处受简谐力 $f(t)=f_0\sin(\omega t)$ 作用,计算梁的稳态振动。

解 利用上例的结果,梁的固有振型和模态质量为

$$W_r(x)=\sin\left(\frac{r\pi x}{l}\right),\quad M_r=\frac{1}{2}\rho Al,\quad r=1,2,3,\cdots \tag{a}$$

采用 Dirac 函数,将激振力表示为 $f(x,t)=f_0\sin(\omega t)\delta(x-x_0)$,其对应的模态力为

$$f_r(t)=\int_0^l f_0\sin(\omega t)\delta(x-x_0)W_r(x)\mathrm{d}x=f_0\sin\left(\frac{r\pi x_0}{l}\right)\sin(\omega t) \tag{b}$$

在零初始条件下,梁的模态振动是式(4.2.33)的求和号中最后一项,即

$$q_r(t)=\frac{1}{M_r\omega_r}\int_0^t\sin\left[\omega_r(t-\tau)\right]f_r(\tau)\mathrm{d}\tau=\frac{f_0}{M_r\omega_r}\sin\left(\frac{r\pi x_0}{l}\right)\int_0^t\sin\left[\omega_r(t-\tau)\right]\sin(\omega\tau)\mathrm{d}\tau$$

$$=\frac{2f_0}{\rho AL}\cdot\frac{1}{\omega_r^2-\omega^2}\sin\left(\frac{r\pi x_0}{l}\right)\left[\sin(\omega t)-\frac{\omega}{\omega_r}\sin(\omega_r t)\right] \tag{c}$$

于是,梁的稳态振动为

$$w(x,t)=\frac{2f_0}{\rho Al}\sum_{r=1}^{+\infty}\frac{1}{\omega_r^2-\omega^2}\sin\left(\frac{r\pi x_0}{l}\right)\sin\left(\frac{r\pi x}{l}\right)\left[\sin(\omega t)-\frac{\omega}{\omega_r}\sin(\omega_r t)\right] \tag{d}$$

由式(d)可见,当激励频率 ω 接近于梁的某阶固有频率 ω_r 时,将引起该阶模态的共振。

4.3 梁振动的特殊问题

上节讨论了均质等截面梁弯曲振动的若干基本问题,本节讨论梁弯曲振动中的几个特殊问题,包括轴向力、剪切变形、微段绕质心转动惯量等因素对梁的固有振动影响。

4.3.1 轴向力作用下梁的固有振动

在工程中,不少细长结构在发生弯曲变形的同时还承受轴向力的作用。例如,直升机桨叶、风力发电机桨叶、燃气轮机叶片等细长结构,在定轴转动时受到沿展长方向的离心力作用。本小节讨论 Euler - Bernoulli 梁在纵向轴力作用下的弯曲固有振动。

如图 4.3.1 所示,梁微段 $\mathrm{d}x$ 沿横向受力包括:剪力 $Q(x)$ 和 $-Q(x+\mathrm{d}x)$,轴向力 $-S(x)$ 和 $S(x+\mathrm{d}x)$ 在 w 轴上的投影,惯性力 $-\rho A\mathrm{d}x(\partial^2 w/\partial t^2)$。根据 d'Alembert 原理,该微段的横向振动满足

$$0=Q-\left(Q+\frac{\partial Q}{\partial x}\mathrm{d}x\right)-S\theta+\left(S+\frac{\partial S}{\partial x}\mathrm{d}x\right)\left(\theta+\frac{\partial\theta}{\partial x}\mathrm{d}x\right)-\rho A\mathrm{d}x\frac{\partial^2 w}{\partial t^2}$$

$$\approx-\frac{\partial Q}{\partial x}\mathrm{d}x+\frac{\partial}{\partial x}(S\theta)\mathrm{d}x-\rho A\mathrm{d}x\frac{\partial^2 w}{\partial t^2} \tag{4.3.1}$$

将用挠度表示的转角和剪力代入上式,得到描述轴力作用下梁弯曲自由振动的偏微分方程

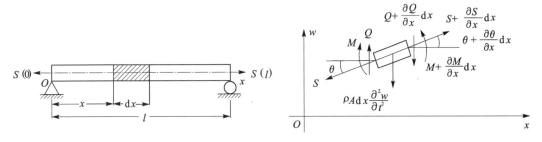

图 4.3.1　具有轴力作用的梁及其微段受力分析

$$\rho A \frac{\partial^2 w}{\partial t^2} - \frac{\partial}{\partial x}\left(S \frac{\partial w}{\partial x}\right) + \frac{\partial^2}{\partial x^2}\left(EI \frac{\partial^2 w}{\partial x^2}\right) = 0 \tag{4.3.2}$$

对于受定常轴向力的均质等截面梁，$S(x)$ 和 $E(x)I(x)$ 为常数，上式可简化为常系数齐次偏微分方程

$$\rho A \frac{\partial^2 w}{\partial t^2} - S \frac{\partial^2 w}{\partial x^2} + EI \frac{\partial^4 w}{\partial x^4} = 0 \tag{4.3.3}$$

若梁的弯曲刚度 $EI = 0$，则上式退化为描述张力 S 作用下弦自由振动的偏微分方程。这表明，具有轴向力的梁横向振动可视为无轴向力梁与张力弦横向振动的叠加。

延续 4.2 节的分析思路，设式(4.3.3)的固有振动解为

$$w(x,t) = W(x)\sin(\omega t + \theta) \tag{4.3.4}$$

将上式代入式(4.3.3)，得到

$$EIW^{(4)}(x) - SW''(x) - \rho A\omega^2 W(x) = 0 \tag{4.3.5}$$

为了行文方便，引入两个参数

$$\alpha \equiv \sqrt{\frac{S}{EI}}, \quad \beta \equiv \sqrt[4]{\frac{\rho A\omega^2}{EI}} \tag{4.3.6}$$

将其代入式(4.3.5)，得到描述振动形态 $W(x)$ 的常微分方程

$$W^{(4)}(x) - \alpha^2 W''(x) - \beta^4 W(x) = 0 \tag{4.3.7}$$

式(4.3.7)中的常微分方程具有如下通解

$$W(x) = a_1\cos(\check{\kappa}x) + a_2\sin(\check{\kappa}x) + a_3\cosh(\hat{\kappa}x) + a_4\sinh(\hat{\kappa}x) \tag{4.3.8}$$

其中，$\check{\kappa}$ 和 $\hat{\kappa}$ 是振动形态 $W(x)$ 的两个波数，定义为

$$\check{\kappa} \equiv \sqrt{-\frac{\alpha^2}{2} + \sqrt{\frac{\alpha^4}{4} + \beta^4}}, \quad \hat{\kappa} \equiv \sqrt{\frac{\alpha^2}{2} + \sqrt{\frac{\alpha^4}{4} + \beta^4}} \tag{4.3.9}$$

而常数 $a_i, i = 1,2,3,4$ 由梁的边界条件确定。

对于两端铰支梁，其边界条件可由振动形态 $W(x)$ 表示为

$$W(0) = 0, \quad W''(0) = 0, \quad W(l) = 0, \quad W''(l) = 0 \tag{4.3.10}$$

将式(4.3.8)及其导数代入式(4.3.10)，得到

$$\begin{cases} a_1 = a_3 = 0 \\ a_2\sin(\check{\kappa}l) + a_4\sinh(\hat{\kappa}l) = 0 \\ -a_2\check{\kappa}^2\sin(\check{\kappa}l) + a_4\hat{\kappa}^2\sinh(\hat{\kappa}l) = 0 \end{cases} \tag{4.3.11}$$

根据式(4.3.11)有非零解的充分必要条件，得到如下特征方程

$$\det\begin{bmatrix} \sin(\check{\kappa}l) & \sinh(\hat{\kappa}l) \\ -\check{\kappa}^2\sin(\check{\kappa}l) & \hat{\kappa}^2\sinh(\hat{\kappa}l) \end{bmatrix} = (\check{\kappa}^2 + \hat{\kappa}^2)\sin(\check{\kappa}l)\sinh(\hat{\kappa}l) = 0 \quad (4.3.12)$$

由式(4.3.9)可见 $\hat{\kappa}>0$，故特征方程可简化为

$$\sin(\check{\kappa}l) = 0 \quad (4.3.13)$$

由上式解出特征根 $\check{\kappa}_r = r\pi/l$，将其代回(4.3.9)的第一式，得到第 r 阶固有频率

$$\omega_r = \left(\frac{r\pi}{l}\right)^2 \sqrt{\frac{EI}{\rho A}} \sqrt{1 + \frac{S}{EI}\left(\frac{l}{r\pi}\right)^2}, \quad r = 1,2,3,\cdots \quad (4.3.14)$$

将 $\sin(\check{\kappa}l)=0$ 和 $\hat{\kappa}>0$ 代入式(4.3.11)，得到 $a_2 \neq 0$ 和 $a_4=0$。将该结果代入式(4.3.8)，得到对应的固有振型 $W_r(x)$。显然，轴力不改变两端铰支梁的固有振型。

当 $S=0$ 时，式(4.3.14)退化为无轴力作用的两端铰支梁固有频率。从上式可见，轴力 S 对梁的振动固有频率有显著影响。对于轴向拉力 $S>0$，梁的固有频率升高。对于轴向压力 $S<0$，则梁的固有频率下降。当轴向压力达到 Euler 临界压力时，即

$$S = \frac{\pi^2}{l^2}EI \quad (4.3.15)$$

梁的第一阶固有频率下降为零，此时受压梁成为失稳的压杆。

值得指出，对于式(4.3.2)所描述的变轴力作用下的变截面梁，其振动问题比上述情况复杂得多，难以获得精确解。在5.6节，将讨论直升机桨叶在定轴转动中的弯曲振动，桨叶所受的离心力沿展长变化，只能求取固有振动的近似解或数值解。至于燃气轮机叶片，其外形呈现三维弯扭，各截面主惯性轴不在一个平面内，会发生双向弯曲耦合振动或弯扭耦合振动。对于这类复杂结构的动力学设计，通常用定常轴向力的梁模型估算固有频率，进行初步设计；然后，再用有限元方法进行精细的计算校核。

4.3.2　Timoshenko 梁的固有振动

在4.2节曾指出，Euler-Bernoulli 梁适用于描述细长梁的低阶固有振动。以两端铰支梁为例，其固有振型是沿梁长度变化的正弦波。随着固有振动阶次提高，梁被固有振型节点所在平面分成若干短粗小段，导致 Euler-Bernoulli 梁模型失效。因此，有必要研究梁的剪切变形、梁微段绕质心转动惯量对振动的影响。

Timoshenko 梁模型可计入上述两种因素，其对变形的基本假设是：梁截面在弯曲变形后仍保持平面，但未必垂直于中性轴。如图4.3.2所示，在坐标 x 处取长度为 dx 的梁微段，细实线四边形是不计剪切变形的梁微段振动，粗实线四边形是计入剪切变形的梁微段振动。

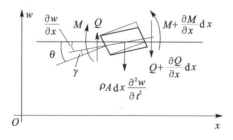

图4.3.2　Timoshenko 梁的微段变形与受力分析

由于剪切变形,梁的横截面法线不再与梁的中性轴重合,故横截面的法线转角 θ 包括梁的中性轴转角 $\partial w/\partial x$ 和剪切角 γ,即

$$\theta = \frac{\partial w}{\partial x} + \gamma \tag{4.3.16}$$

其中,剪切角可表示为

$$\gamma = \frac{Q}{\beta AG} \tag{4.3.17}$$

此处的参数 β 称为**剪应力系数**,它来自假设梁横截面上剪应力均匀分布并与弹性力学精确结果的应变能等价。对于矩形截面,$\beta=5/6$;对于圆形截面,$\beta=0.9$。

沿用 4.2 节的符号,根据材料力学和上述两式,作用在上述微段上的弯矩和剪力分别为

$$M = EI\,\frac{\partial \theta}{\partial x}, \quad Q = \beta GA\gamma = \beta GA\left(\theta - \frac{\partial w}{\partial x}\right) \tag{4.3.18}$$

再根据 Newton 第二定律和动量矩定理,上述微段的质心运动和绕质心转动满足

$$\begin{cases} \rho A\,\mathrm{d}x\,\dfrac{\partial^2 w}{\partial t^2} = -\dfrac{\partial Q}{\partial x}\mathrm{d}x \\[2mm] \rho I\,\mathrm{d}x\,\dfrac{\partial^2 \theta}{\partial t^2} = \dfrac{\partial M}{\partial x}\mathrm{d}x - Q\,\mathrm{d}x - \dfrac{1}{2}\dfrac{\partial Q}{\partial x}\mathrm{d}x^2 \end{cases} \tag{4.3.19}$$

其中,ρI 是单位长度梁关于截面质心的转动惯量。将式(4.3.18)代入式(4.3.19),约去其中的 $\mathrm{d}x$ 并取 $\mathrm{d}x \to 0$,整理得到描述 Timoshenko 梁自由振动的偏微分方程组

$$\begin{cases} \rho A\,\dfrac{\partial^2 w}{\partial t^2} + \dfrac{\partial}{\partial x}\left[\beta AG\left(\theta - \dfrac{\partial w}{\partial x}\right)\right] = 0 \\[3mm] \rho I\,\dfrac{\partial^2 \theta}{\partial t^2} - \dfrac{\partial}{\partial x}\left(EI\,\dfrac{\partial \theta}{\partial x}\right) + \beta AG\left(\theta - \dfrac{\partial w}{\partial x}\right) = 0 \end{cases} \tag{4.3.20}$$

对于均质等截面梁,ρI、EI 和 βAG 均为常数。通过对式(4.3.20)求偏导数,可消去转角 θ,得到仅由 $w(x,t)$ 的高阶偏导数表示的自由振动微分方程

$$\rho A\,\frac{\partial^2 w}{\partial t^2} + EI\,\frac{\partial^4 w}{\partial x^4} - \rho I\left(1 + \frac{E}{\beta G}\right)\frac{\partial^4 w}{\partial x^2 \partial t^2} + \frac{\rho^2 I}{\beta G}\,\frac{\partial^4 w}{\partial t^4} = 0 \tag{4.3.21}$$

上述过程可参见《振动力学——研究性教程》[1]。

现以两端铰支 Timoshenko 梁为例,考察剪切变形与梁微段绕质心转动惯量对梁振动固有频率的影响。根据边界条件,设梁的第 r 阶固有振动为

$$w_r(x,t) = \sin\left(\frac{r\pi x}{l}\right)\sin(\omega_r t + \theta) \tag{4.3.22}$$

将其代入式(4.3.21),得到非零解应满足的特征方程

$$\frac{\rho^2 I}{\beta G}\omega_r^4 - \left[\rho A + \rho I\left(1 + \frac{E}{\beta G}\right)\left(\frac{r\pi}{l}\right)^2\right]\omega_r^2 + EI\left(\frac{r\pi}{l}\right)^4 = 0 \tag{4.3.23}$$

可以证明,上式中第一项的系数比第二项小许多,若略去第一项,则得到

$$\left[\rho A + \rho I\left(\frac{r\pi}{l}\right)^2 + \frac{\rho EI}{\beta G}\left(\frac{r\pi}{l}\right)^2\right]\omega_r^2 - EI\left(\frac{r\pi}{l}\right)^4 = 0 \tag{4.3.24}$$

---

① 胡海岩. 振动力学——研究性教程[M]. 北京:科学出版社,2020,298-299.

其中,方括号内的第二、三项分别反映了转动惯量和剪切变形的影响。对于保留式(4.3.23)中第一项的严格讨论,可参见《振动力学——研究性教程》[①]。现对式(4.3.24)讨论如下:

① 如果同时忽略剪切变形和转动惯量影响,则式(4.3.24)退化为 Euler-Bernoulli 梁的结果

$$\omega_r = \left(\frac{r\pi}{l}\right)^2 \sqrt{\frac{EI}{\rho A}} \equiv \omega_{r0} \tag{4.3.25}$$

② 如果忽略剪切变形的影响,只计及转动惯量的影响,则有

$$\omega_r = \omega_{r0} \left[1 + \frac{I}{A}\left(\frac{r\pi}{l}\right)^2\right]^{-1/2} \tag{4.3.26}$$

③ 如果忽略转动惯量的影响,只计及剪切变形的影响,则有

$$\omega_r = \omega_{r0} \left[1 + \frac{EI}{\beta GA}\left(\frac{r\pi}{l}\right)^2\right]^{-1/2} \tag{4.3.27}$$

④ 如果同时考虑转动惯量和剪切变形的影响,则有

$$\omega_r = \omega_{r0} \left[1 + \left(\frac{r\pi}{l}\right)^2 \frac{I}{A}\left(1 + \frac{E}{\beta G}\right)\right]^{-1/2} \tag{4.3.28}$$

以矩形截面的钢制梁为例,根据 $\beta = 5/6$ 和 Poisson 比 $\nu = 0.28$,得到

$$\frac{E}{\beta G} = \frac{2(1+\nu)}{\beta} \approx 3 \tag{4.3.29}$$

这表明,剪切变形的影响比梁微段绕质心转动惯量的影响要大。由式(4.3.28)可见,与 Timoshenko 梁相比,Euler-Bernoulli 梁的固有频率要高。对于两端铰支梁,其第 r 阶固有振型的相邻两节点间的距离为 l/r。为使两节点间的梁段仍足够细长,通常要求该距离为梁截面高度 h 的 10 倍,此时转动惯量与剪切变形的总修正量约为 1.6%,Euler-Bernoulli 梁模型仍有足够精度。因此,工程界常将 $l/r > 10h$ 作为 Euler-Bernoulli 梁描述振动问题的有效条件。

4.4 含阻尼的杆和梁振动

真实系统的振动总要受到阻尼影响。本节以杆和梁为例,介绍计入黏性阻尼的连续系统振动分析,分别讨论自由振动和简谐激振力下的受迫振动。

4.4.1 含黏性阻尼杆的自由振动

当弹性体在流体(即空气或液体)中作低速运动时,会受到黏性阻尼力,它与弹性体和流体间的相对速度成正比,方向相反。

以均质等截面杆为例,具有黏性阻尼的杆在初始扰动下的自由振动满足

$$\begin{cases} \rho A \dfrac{\partial^2 u}{\partial t^2} + c \dfrac{\partial u}{\partial t} - EA \dfrac{\partial^2 u}{\partial x^2} = 0 \\ u(x,0)=u_0(x), \quad u_t(x,0)=v_0(x) \end{cases} \tag{4.4.1}$$

其中,c 表示单位长度杆的黏性阻尼系数。

---

① 胡海岩. 振动力学——研究性教程[M]. 北京:科学出版社,2020,304-310.

采用无阻尼杆的固有振型函数 $U_r(x)$，引入模态坐标变换

$$u(x,t) = \sum_{r=1}^{+\infty} U_r(x)q_r(t) \tag{4.4.2}$$

类比 4.2.3 节的分析，可将式(4.4.1)解耦为由模态坐标描述的单自由度系统振动问题

$$\begin{cases} M_r\ddot{q}_r(t) + C_r\dot{q}_r(t) + K_r q_r(t) = 0 \\ q_r(0) = q_{0r}, \quad \dot{q}_r(0) = \dot{q}_{0r}, \quad r=1,2,3,\cdots \end{cases} \tag{4.4.3}$$

其中，模态质量、模态刚度、模态坐标下的初始条件均与无阻尼系统相同，C_r 为模态阻尼系数，定义为

$$C_r \equiv c\int_0^l U_r^2(x)\mathrm{d}x, \quad r=1,2,3,\cdots \tag{4.4.4}$$

显然，具有黏性阻尼的杆属于比例阻尼系统。

根据式(2.3.16)，式(4.4.3)的解为

$$q_r(t) = \exp(-\zeta_r\omega_r t)\left[q_{0r}\cos(\omega_{\mathrm{d}r}t) + \frac{\dot{q}_{0r} + \zeta_r\omega_r q_{0r}}{\omega_{\mathrm{d}r}}\sin(\omega_{\mathrm{d}r}t)\right], \quad r=1,2,3,\cdots \tag{4.4.5}$$

其中

$$\zeta_r \equiv \frac{C_r}{2M_r\omega_r}, \quad \omega_{\mathrm{d}r} \equiv \omega_r\sqrt{1-\zeta_r^2}, \quad r=1,2,3,\cdots \tag{4.4.6}$$

将式(4.4.5)代回式(4.4.2)，即得到黏性阻尼杆的自由振动。

4.4.2 含材料阻尼梁的受迫振动

根据 2.7.2 节的介绍，材料阻尼属于迟滞阻尼，其模型是频域模型。在时域中描述材料阻尼，可采用 2.7.2 节的方法建立等效黏性阻尼模型，也可根据材料试验数据直接建立黏性阻尼模型。例如，金属杆的简谐拉压试验表明，在一定频率范围内，杆内拉压应力可近似为

$$\sigma(x,t) = E\varepsilon(x,t) + \gamma E\frac{\partial\varepsilon(x,t)}{\partial t} \tag{4.4.7}$$

其中，右端第二项代表等价的黏性阻尼，γE 为阻尼系数，其单位为 N·s/m^2。

现分析由这类金属制成的等截面 Euler-Bernoulli 梁在简谐激励下的稳态振动。对应式(4.4.7)，梁的弯矩与挠度关系为

$$M = EI\left(\frac{\partial^2 w}{\partial x^2} + \gamma\frac{\partial^3 w}{\partial x^2\partial t}\right) \tag{4.4.8}$$

由此得到分布简谐力作用下梁受迫振动的偏微分方程

$$\rho A\frac{\partial^2 w}{\partial t^2} + EI\frac{\partial^4 w}{\partial x^4} + \gamma EI\frac{\partial^5 w}{\partial t\partial x^4} = f(x)\sin(\omega t) \tag{4.4.9}$$

基于无阻尼梁关于模态质量归一化的固有振型函数，引入模态坐标变换

$$w(x,t) = \sum_{r=1}^{+\infty}\overline{W}_r(x)q_r(t) \tag{4.4.10}$$

类比 4.3 节的分析，得到解耦的模态坐标微分方程组

$$\begin{cases} \ddot{q}_r(t) + \gamma\omega_r^2\dot{q}_r(t) + \omega_r^2 q_r(t) = f_r\sin(\omega t) \\ f_r \equiv \int_0^l \overline{W}_r(x)f(x)\mathrm{d}x, \quad r=1,2,3,\cdots \end{cases} \tag{4.4.11}$$

式(4.4.11)的稳态解是

$$\begin{cases} q_r(t) = \dfrac{f_r}{\sqrt{(\omega_r^2 - \omega^2)^2 + (\gamma\omega_r^2\omega)^2}}\sin(\omega t + \psi_r) \\[3mm] \psi_r = \tan^{-1}\left(\dfrac{\gamma\omega_r^2\omega}{\omega^2 - \omega_r^2}\right), \quad r = 1,2,3,\cdots \end{cases} \tag{4.4.12}$$

将上式代回式(4.4.10),即得到含材料阻尼梁的稳态振动。

值得指出的是,式(4.4.11)中的系数 $\gamma\omega_r^2$ 代表模态阻尼,它随着固有频率阶次增加而递增。因此,式(4.4.7)所描述的黏性阻尼有别于迟滞阻尼,主要适用于式(4.4.10)中仅含少数几个模态的情况。

4.5 矩形薄板的振动

若平面弹性体的厚度远小于平面尺寸,则称其为**薄板**或**板**,它也是机械与结构的重要构件。现考察长度为 a,宽度为 b,厚度为 h 的矩形板,其材料密度为 ρ,弹性模量为 E,Poisson 比为 ν。将板内与两个表面等距离的平面称为**中面**,选择其中面的一个角点为原点,建立图 4.5.1 所示的直角坐标系,其 (x,y) 平面与变形前的中面重合,z 轴垂直于该平面。

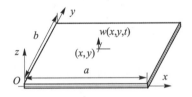

图 4.5.1 矩形薄板及其坐标系

对板的弯曲振动分析基于德国物理学家Kirchhoff 的假设:

① 板的振动挠度远小于厚度,变形前后的中面均为中性面,不产生应变。

② 板发生弯曲变形时,板厚度变化忽略不计;该假设等价于忽略法向应变,即 $\varepsilon_z = 0$。

③ 板变形前与中面垂直的直线在板弯曲变形后仍为直线,且垂直于弯曲后的中面;该假设等价于忽略横向剪切变形,即 $\gamma_{yz} = \gamma_{xz} = 0$。

④ 板的惯性主要来自板的微元平动,由弯曲变形而产生的微元转动惯量可忽略。

根据上述假设,板的中面上各点只作沿 z 轴方向的微幅振动 $w(x,y,t)$。在板上取微单元体进行受力分析[①],可建立描述矩形薄板自由振动的常系数齐次偏微分方程

$$\rho h \frac{\partial^2 w(x,y,t)}{\partial t^2} + D\,\nabla^4 w(x,y,t) = 0 \tag{4.5.1}$$

其中,D 是板的抗弯刚度,∇^4 是直角坐标系中的二重 Laplace 算子,它们分别定义为

$$D \equiv \frac{Eh^3}{12(1-\nu)}, \quad \nabla^4 \equiv \nabla^2\nabla^2 = \left(\frac{\partial^2}{\partial x^2} + \frac{\partial^2}{\partial y^2}\right)\left(\frac{\partial^2}{\partial x^2} + \frac{\partial^2}{\partial y^2}\right) \tag{4.5.2}$$

---

① 刘延柱,陈立群,陈文良.振动力学[M].3 版.北京:高等教育出版社,2019,229-231.

沿用对一维弹性体固有振动的研究思路,用分离变量法求解式(4.5.1),设

$$w(x,y,t) = W(x,y)\sin(\omega t + \theta) \tag{4.5.3}$$

其中,$W(x,y)$ 是板的振动形态函数。将式(4.5.3)代入式(4.5.1),得到

$$\nabla^4 W(x,y) - \kappa^4 W(x,y) = 0, \quad \kappa^4 \equiv \frac{\rho h}{D}\omega^2 \tag{4.5.4}$$

若有二元函数 $W(x,y)$ 满足式(4.5.4)和板的边界条件,则它就是振动形态函数。

现讨论四边铰支板的固有振动,其边界条件是

$$\begin{cases} w(x,y,t)\Big|_{x=0,a} = 0, \quad M_x(x,y,t)\Big|_{x=0,a} \equiv -D\left(\dfrac{\partial^2 w(x,y,t)}{\partial x^2} + \nu\dfrac{\partial^2 w(x,y,t)}{\partial y^2}\right)\Big|_{x=0,a} = 0 \\[4mm] w(x,y,t)\Big|_{y=0,b} = 0, \quad M_y(x,y,t)\Big|_{y=0,b} \equiv -D\left(\dfrac{\partial^2 w(x,y,t)}{\partial y^2} + \nu\dfrac{\partial^2 w(x,y,t)}{\partial x^2}\right)\Big|_{y=0,b} = 0 \end{cases} \tag{4.5.5}$$

以边界 $x=0$ 为例,显然有

$$w(x,y,t)\Big|_{x=0} = 0 \quad\Rightarrow\quad \frac{\partial^2 w(x,y,t)}{\partial y^2}\Big|_{x=0} = 0 \tag{4.5.6}$$

因此,式(4.5.5)等价于

$$\begin{cases} w(x,y,t)\Big|_{x=0,a} = 0, \quad \dfrac{\partial^2 w(x,y,t)}{\partial x^2}\Big|_{x=0,a} = 0 \\[4mm] w(x,y,t)\Big|_{y=0,b} = 0, \quad \dfrac{\partial^2 w(x,y,t)}{\partial y^2}\Big|_{y=0,b} = 0 \end{cases} \tag{4.5.7}$$

取满足上述边界条件的试探解

$$W_{rs}(x,y) = \sin\left(\frac{r\pi x}{a}\right)\sin\left(\frac{s\pi y}{b}\right) \tag{4.5.8}$$

将其代入式(4.5.4),得到描述板作固有振动的特征方程

$$\kappa_{rs}^4 = \pi^4\left(\frac{r^2}{a^2} + \frac{s^2}{b^2}\right)^2, \quad r,s = 1,2,3,\cdots \tag{4.5.9}$$

将上式代入式(4.5.4)中第二式,得到板的弯曲振动固有频率

$$\omega_{rs} = \pi^2\sqrt{\frac{D}{\rho h}}\left(\frac{r^2}{a^2} + \frac{s^2}{b^2}\right), \quad r,s = 1,2,3,\cdots \tag{4.5.10}$$

对应的固有振型函数就是式(4.5.8)。

与杆、轴和梁等一维弹性体相比,板的固有振动有如下不同之处。

① 板的固有频率 ω_{rs} 包含两个指标,其大小排序很复杂。对于 $a>b$,将式(4.5.10)改写为

$$\omega_{rs} = \frac{\pi^2}{b^2}\sqrt{\frac{D}{\rho h}}\left(\frac{b^2}{a^2}r^2 + s^2\right), \quad r,s = 1,2,3,\cdots \tag{4.5.11}$$

此时,指标 r 对固有频率 ω_{rs} 的贡献权重小于指标 s;当板的固有振动沿 x 方向出现多个波峰时,才对应 y 方向的一个波峰。

② 板的固有频率非常密集,会出现许多重频,其对应的固有振型不唯一。例如,对于正方形板,$a/b=1$,式(4.5.10)给出无限多对重频:$\omega_{12}=\omega_{21}$,$\omega_{13}=\omega_{31}$,$\omega_{23}=\omega_{32}$,$\cdots$。以 $\omega_{21}=\omega_{12}$ 为例,由式(4.5.8)得到对应的固有振型函数

$$W_{21}(x,y) = \sin\left(\frac{2\pi x}{a}\right)\sin\left(\frac{\pi y}{b}\right), \quad W_{12}(x,y) = \sin\left(\frac{\pi x}{a}\right)\sin\left(\frac{2\pi y}{b}\right) \quad (4.5.12)$$

不难看出,$W_{21}(a/2,y)=0$ 和 $W_{12}(x,b/2)=0$;即 $x=a/2$ 是固有振型 $W_{21}(x,y)$ 的节线,而 $y=b/2$ 是固有振型 $W_{12}(x,y)$ 的节线。

根据 3.2.4 节对重频固有振型的讨论,$\omega_{21}=\omega_{12}$ 的任意固有振型可表示为

$$W(x,y) = c_1\sin\left(\frac{2\pi x}{a}\right)\sin\left(\frac{\pi y}{b}\right) + c_2\sin\left(\frac{\pi x}{a}\right)\sin\left(\frac{2\pi y}{b}\right) \quad (4.5.13)$$

其中,c_1 和 c_2 是任意常数。图 4.5.2 给出式(4.5.13)在 6 种情况下的节线分布。其中,灰色和白色区域代表不同的振动方向,两种区域的交界线就是节线。该图展示了固有振型 $W(x,y)$ 的节线如何从 $W_{21}(x,y)$ 演变为 $W_{12}(x,y)$。

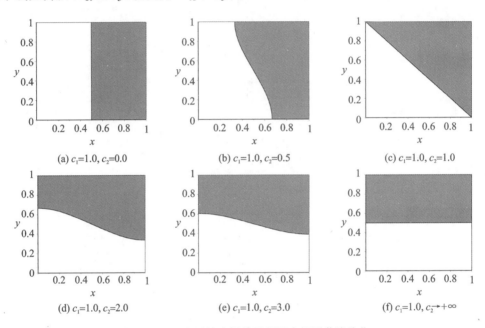

图 4.5.2 正方形铰支板的重频固有振型节线演化

最后指出,这种由于结构对称性导致的重频固有振动对于结构扰动非常敏感。例如,在正方形板的振动实验中,加工误差、传感器的附加质量等因素都会使重固有频率分裂为两个具有微小差异的固有频率,而相应的固有振型会发生很大变化。这种情况在矩形板中也存在,具体结果可参见《振动力学——研究性教程》[①]。因此,在结构的动力学设计中,有时要避免不必要的对称性,以免产品的振动特性对扰动过于敏感。

>>> **思考题**

4-1 对于均质等截面的细长圆轴,考察其在自由-自由边界条件下的振动问题,比较纵向固有振动、扭转固有振动、弯曲固有振动的差异。

① 胡海岩.振动力学——研究性教程[M].北京:科学出版社,2020,182-188.

4-2　对于细长结构的弯曲振动,列出可将其简化为 Euler-Bernoulli 梁模型的前提条件。

4-3　对于两端铰支的均质等截面梁,如果拟通过附加一个集中质量来降低其前三阶固有频率,思考将集中质量附加在梁的什么部位最佳?

4-4　回顾 4.2.1 节讨论的均质等截面固支–固支梁和自由–自由梁,思考为何它们会具有相同的固有频率。

4-5　考察两端固支的均质等截面梁,其长度为 l,在 $l/2$ 处施加简谐激振力 $f_0\sin(\omega t)$,解释为何在实验中无法获得梁的偶数阶共振现象。

4-6　Euler-Bernoulli 梁模型无法描述高阶固有振动,这是否意味着模态叠加法会失效?

习　题

4-1　对于图 4-1 所示的均质不等截面杆,建立其纵向振动的动力学方程,并给出在截面积突变处的位移协调条件和力平衡条件。

4-2　对于图 4-2 所示的均质等截面杆,建立其纵向固有振动的特征方程及固有振型正交性条件;选择一组参数,在 MATLAB 平台上通过数值积分,验证固有振型的正交性。

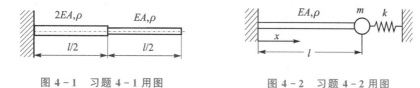

图 4-1　习题 4-1 用图　　　　　　　　图 4-2　习题 4-2 用图

4-3　考察图 4-3 所示均质等截面圆轴,其长度为 l,直径为 d,材料密度为 ρ,剪切弹性模量为 G;在轴的两端安装着刚性圆盘,它们绕轴中心线的转动惯量分别为 J_1 和 J_2。建立圆轴作扭转固有振动的特征方程。

4-4　图 4-4 所示的绳系卫星系统包含二个质量为 m 的卫星和一根长为 $2l$、线密度为 ρA 的细绳,在平面内绕点 O 作角速度为 ω_0 的匀速转动。由于 $\rho Al \ll m$,细绳的张力可简化为离心力 $S = ml\omega_0^2$。在图示定轴转动坐标系 Oxy 中,用 $w(x,t)$ 描述细绳偏离 Ox 轴的横向振动,建立描述系绳微振动的偏微分方程,并求解系绳的固有振动。

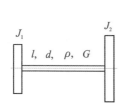

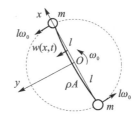

图 4-3　习题 4-3 用图　　　　　　　　图 4-4　习题 4-4 用图

4-5　考察左端固定、右端自由的均质等截面杆,其长度为 l,横截面积为 A,材料密度为 ρ,弹性模量为 E。若轴向力 f_0 突然作用于杆自由端,用模态叠加法求杆的振动;选择一组参数,在 MATLAB 平台上通过绘图,考察用低阶模态叠加逼近无穷级数的情况。

4 - 6　考察图 4 - 5 所示两端铰支的均质等截面 Euler-Bernoulli 梁,其单位长度的质量为 ρA,抗弯刚度为 EI。在 $x=a$ 处分别安装一个弹簧或一个集中质量,建立梁作弯曲固有振动的特征方程。

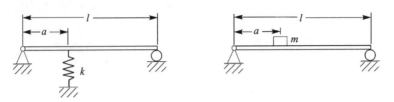

图 4 - 5　习题 4 - 6 用图

4 - 7　现有均质等截面悬臂 Euler-Bernoulli 梁,其长度为 l,单位长度的质量为 ρA,抗弯刚度为 EI。由于其前三阶弯曲固有频率偏低,拟在梁与刚性基础之间安装一个与梁垂直的弹簧,将这三阶固有频率均提高 10% 以上,设计弹簧安装位置和弹簧刚度系数 k。

4 - 8　考察左端铰支、右端弹簧支撑的 Euler-Bernoulli 梁,其长度为 $l=1$ m,正方形截面边长为 $b=0.01$ m,材料密度为 $\rho=2\,700$ kg/m³,弹性模量为 $E=70$ GPa,弹簧刚度系数为 $k=72\,782$ N/m,在梁中点作用了静力 $f=20$ N。如果该力突然撤销,在 MATLAB 平台上计算由梁的前 10 阶固有模态描述的自由振动,并讨论减少模态数量的影响。

4 - 9　飞机操纵杆两端铰支,长 0.78 m,是内外直径分别为 0.025 m 和 0.028 m 的空心铝管,其材料密度为 $\rho=2.84\times10^{3}$ kg/m³,弹性模量为 $E=7.2\times10^{10}$ N/m²。在 MATLAB 平台上,计算操纵杆在下述情况下的前二阶弯曲固有振动频率:

① 无轴向力;

② 受轴向压力 7.4 kN。

4 - 10　考察四边铰支矩形薄板,其短边的长度为 b,长边的长度为 $a=\sqrt{8/3}\,b$,厚度为 h,材料密度为 ρ,弹性模量为 E,Poisson 比为 ν。验证该薄板具有重固有频率 $\omega_{12}=\omega_{31}$,在 MATLAB 平台上绘制对应的重频固有振型,参考图 4.5.2 讨论两个重频固有振型的线性组合。

第5章 振动计算及综合案例

本书第2章至第4章介绍了线性振动的基本理论和方法,但仅掌握这些理论和方法尚难以直接处理工程问题。以工程中最常见的梁为例,第4章只讨论了均质等截面梁在较为简单边界条件下的面内振动问题。对于工程中的机械和结构系统,通常需要通过近似方法和数值方法来建立其简化的动力学模型,并研究振动分析、振动设计和振动控制。

本章介绍振动计算的近似方法和数值方法,帮助读者对复杂系统建立离散化动力学模型,采用计算机处理振动问题,并提供两个振动计算的综合案例。

5.1 能量原理

研究振动问题的近似方法大多基于能量原理。复杂振动系统通常包含多个子系统或构件,由于能量是标量,诸子系统或构件的能量之和就是整个系统的能量。这给振动系统的建模和分析带来巨大的方便。因此,本节先介绍典型弹性构件的能量表达式,再介绍基于系统能量来研究动力学问题的 Hamilton 原理。

5.1.1 振动系统的能量

在 3.1 节,已给出 n 自由度线性系统的动能和弹性势能,即

$$T = \frac{1}{2}\dot{u}^{\mathrm{T}}M\dot{u}, \quad V = \frac{1}{2}u^{\mathrm{T}}Ku \tag{5.1.1}$$

其中,M 是 n 阶正定质量矩阵,K 是 n 阶半正定刚度矩阵。

对于第4章所介绍的无限自由度系统,可根据动能定义、材料力学和弹性力学,推导出典型构件的动能 T 和弹性势能 V,此处列出结果。

① 直杆的纵向振动能量

$$T = \frac{1}{2}\int_0^l \rho A \left(\frac{\partial u}{\partial t}\right)^2 \mathrm{d}x, \quad V = \frac{1}{2}\int_0^l EA \left(\frac{\partial u}{\partial x}\right)^2 \mathrm{d}x \tag{5.1.2}$$

② 圆轴的扭转振动能量

$$T = \frac{1}{2}\int_0^l \rho I_{\mathrm{p}} \left(\frac{\partial \theta}{\partial t}\right)^2 \mathrm{d}x, \quad V = \frac{1}{2}\int_0^l GI_{\mathrm{p}} \left(\frac{\partial \theta}{\partial x}\right)^2 \mathrm{d}x \tag{5.1.3}$$

③ 张力弦的横向振动能量

$$T = \frac{1}{2}\int_0^l \rho A \left(\frac{\partial w}{\partial t}\right)^2 \mathrm{d}x, \quad V = \frac{1}{2}\int_0^l S \left(\frac{\partial w}{\partial x}\right)^2 \mathrm{d}x \tag{5.1.4}$$

④ Euler-Bernoulli 梁的弯曲振动能量

$$T = \frac{1}{2}\int_0^l \rho A \left(\frac{\partial w}{\partial t}\right)^2 \mathrm{d}x, \quad V = \frac{1}{2}\int_0^l EI \left(\frac{\partial^2 w}{\partial x^2}\right)^2 \mathrm{d}x \tag{5.1.5}$$

⑤ 轴力作用下 Euler-Bernoulli 梁的弯曲振动能量

$$T = \frac{1}{2}\int_0^l \rho A \left(\frac{\partial w}{\partial t}\right)^2 \mathrm{d}x, \quad V = \frac{1}{2}\int_0^l \left[EI \left(\frac{\partial^2 w}{\partial x^2}\right)^2 + S\left(\frac{\partial w}{\partial x}\right)^2\right]\mathrm{d}x \tag{5.1.6}$$

⑥ Timoshenko 梁的弯曲振动能量

$$\begin{cases} T = \dfrac{1}{2}\int_0^l \left[\rho A \left(\dfrac{\partial w}{\partial t}\right)^2 + \rho I \left(\dfrac{\partial \theta}{\partial t}\right)^2\right]\mathrm{d}x \\[3mm] V = \dfrac{1}{2}\int_0^l \left[EI \left(\dfrac{\partial \theta}{\partial x}\right)^2 + \beta AG \left(\theta - \dfrac{\partial w}{\partial x}\right)^2\right]\mathrm{d}x \end{cases} \tag{5.1.7}$$

⑦ 矩形薄板的弯曲振动能量

$$\begin{cases} T = \dfrac{1}{2}\iint\limits_{\Omega} \rho h \left(\dfrac{\partial w}{\partial t}\right)^2 \mathrm{d}x\,\mathrm{d}y \\[3mm] V = \dfrac{1}{2}\iint\limits_{\Omega} D\left[\left(\dfrac{\partial^2 w}{\partial x^2} + \dfrac{\partial^2 w}{\partial y^2}\right)^2 + 2(1-\mu)\left(\dfrac{\partial^2 w}{\partial x\partial y}\,\dfrac{\partial^2 w}{\partial x\partial y} - \dfrac{\partial^2 w}{\partial x^2}\,\dfrac{\partial^2 w}{\partial y^2}\right)\right]\mathrm{d}x\,\mathrm{d}y \end{cases}$$
$$\tag{5.1.8}$$

在上述表达式中,材料参数、截面参数等均可视为空间坐标的函数,进而描述非均质、不等截面构件的能量。

5.1.2 Hamilton 原理

基于系统的能量表达式,可以通过变分方法来建立系统的动力学方程或直接确定系统的运动。现考察含完整约束的保守系统,将满足系统约束的任意运动称为可能运动,将两个可能运动在同一时刻的差称为虚位移,或称为位移的等时变分。系统真实运动位于可能运动之中,但还需满足动力学方程。

由英国物理学家 Hamilton 建立的变分原理指出:若将动能与势能之差 $T-V$ 视为可能运动的函数,则在任意时间区间$[t_1,t_2]$中,系统真实运动使如下泛函取驻值

$$\gamma \equiv \int_{t_1}^{t_2}(T-V)\mathrm{d}t \tag{5.1.9}$$

对具有完整约束的保守系统,上述泛函的驻值条件可表示为

$$\delta\gamma = \delta\int_{t_1}^{t_2}(T-V)\mathrm{d}t = \int_{t_1}^{t_2}\delta(T-V)\mathrm{d}t = 0 \tag{5.1.10}$$

其中,δ代表对可能运动作等时变分。上述原理称为Hamilton 变分原理。

对于非保守系统,可将式(5.1.10)拓展为广义 Hamilton 原理,即

$$\int_{t_1}^{t_2}(\delta T - \delta V + \delta W)\mathrm{d}t = 0 \tag{5.1.11}$$

其中,δW 是非保守力在虚位移上所作的虚功。

在分析力学中已证明,对于完整约束系统,上述广义 Hamilton 变分原理与 3.1.3 节介绍的 Lagrange 方程等价。由它可推导出描述系统动力学的微分方程及其边界条件,进而求解;也可给出满足上述泛函驻值的系统动力学近似解,可降低光滑性要求,称为弱解。前者需要满足微分方程对解的光滑性要求,称为强解;后者则是积分意义下的近似解,可降低光滑性要求,称为弱解。

例 5.1.1　针对多自由度无阻尼系统,用 Hamilton 原理推导其动力学方程。

解　式(5.1.1)已给出这类系统的动能和势能,将其代入式(5.1.10)并作分部积分,得到

$$0 = \int_{t_1}^{t_2} \delta\left(\frac{1}{2}\dot{\boldsymbol{u}}^{\mathrm{T}}\boldsymbol{M}\dot{\boldsymbol{u}} - \frac{1}{2}\boldsymbol{u}^{\mathrm{T}}\boldsymbol{K}\boldsymbol{u}\right)\mathrm{d}t = \int_{t_1}^{t_2}(\boldsymbol{M}\dot{\boldsymbol{u}}\,\delta\dot{\boldsymbol{u}} - \boldsymbol{K}\boldsymbol{u}\,\delta\boldsymbol{u})\,\mathrm{d}t = \int_{t_1}^{t_2}\boldsymbol{M}\dot{\boldsymbol{u}}\,\mathrm{d}(\delta\boldsymbol{u}) - \int_{t_1}^{t_2}\boldsymbol{K}\boldsymbol{u}\,\delta\boldsymbol{u}\,\mathrm{d}t$$

$$= \boldsymbol{M}\dot{\boldsymbol{u}}(\delta\boldsymbol{u})\Big|_{t_1}^{t_2} - \int_{t_1}^{t_2}(\boldsymbol{M}\ddot{\boldsymbol{u}} + \boldsymbol{K}\boldsymbol{u})\delta\boldsymbol{u}\,\mathrm{d}t \tag{a}$$

在任意给定的时间端点 t_1 和 t_2,系统真实运动与可能运动必须相同,从而有

$$\delta\boldsymbol{u}(t_1) = \boldsymbol{0}, \quad \delta\boldsymbol{u}(t_2) = \boldsymbol{0} \tag{b}$$

由于式(a)右端积分中的位移等时变分 $\delta\boldsymbol{u}$ 是任意的,该积分为零等价于

$$\boldsymbol{M}\ddot{\boldsymbol{u}}(t) + \boldsymbol{K}\boldsymbol{u}(t) = \boldsymbol{0} \tag{c}$$

这正是多自由度无阻尼系统的动力学方程。

例 5.1.1 表明,建立多自由度无阻尼系统的动力学方程并近似求解,可等价于直接寻找满足式(5.1.10)的近似解。具体求解思路是:将待求振动近似解 $\hat{\boldsymbol{u}}(t)$ 表示为某些已知向量 $\boldsymbol{\psi}_r$, $r=1,2,\cdots,m$ 的线性组合($m \ll n$),即

$$\hat{\boldsymbol{u}}(t) = \sum_{r=1}^{m}\boldsymbol{\psi}_r q_r(t) \tag{5.1.12}$$

计算 $\hat{\boldsymbol{u}}(t)$ 对应的系统动能和势能,将其代入式(5.1.10)中的驻值条件,即可得到确定待求函数 $q_r(t)$, $r=1,2,\cdots,m$ 的方程组,而求解这组方程要比求解原问题容易。在 5.2 节和 5.3 节,将介绍基于这种思路的近似方法和数值方法。

值得指出,如果将上述思路用于式(5.1.11),则可计算阻尼系统的自由振动和受迫振动近似解。

5.2　固有振动的计算

5.2.1　Rayleigh 法

考察 n 自由度无阻尼系统,其动力学方程为

$$\boldsymbol{M}\ddot{\boldsymbol{u}}(t) + \boldsymbol{K}\boldsymbol{u}(t) = \boldsymbol{0} \tag{5.2.1}$$

将待求的系统简谐振动表示为

$$\hat{\boldsymbol{u}}(t) = \boldsymbol{\psi}\sin(\omega t + \theta) \tag{5.2.2}$$

其中,$\boldsymbol{\psi}$ 是 n 维向量。该简谐振动对应的系统最大势能和最大动能分别为

$$V_{\max} = \frac{1}{2}\boldsymbol{\psi}^{\mathrm{T}}\boldsymbol{K}\boldsymbol{\psi} \tag{5.2.3a}$$

$$T_{\max} = \frac{1}{2}\omega^2\boldsymbol{\psi}^{\mathrm{T}}\boldsymbol{M}\boldsymbol{\psi} = \omega^2 T_{\mathrm{Ref}}, \quad T_{\mathrm{Ref}} \equiv \frac{1}{2}\boldsymbol{\psi}^{\mathrm{T}}\boldsymbol{M}\boldsymbol{\psi} \tag{5.2.3b}$$

其中,T_{Ref} 称为参考动能。对于无阻尼系统,其最大动能与最大势能相等,由式(5.2.3)得到

$$\omega^2 = \frac{V_{\max}}{T_{\mathrm{ref}}} = \frac{\boldsymbol{\psi}^{\mathrm{T}}\boldsymbol{K}\boldsymbol{\psi}}{\boldsymbol{\psi}^{\mathrm{T}}\boldsymbol{M}\boldsymbol{\psi}} \tag{5.2.4}$$

英国物理学家 Rayleigh 最早指出,无阻尼系统的简谐振动频率与振动形态必须满足上述

关系。因此,定义如下 Rayleigh 商,即以向量 $\boldsymbol{\psi}$ 为自变量的实函数

$$R(\boldsymbol{\psi}) \equiv \frac{V_{\max}}{T_{\text{ref}}} = \frac{\boldsymbol{\psi}^{\text{T}} \boldsymbol{K} \boldsymbol{\psi}}{\boldsymbol{\psi}^{\text{T}} \boldsymbol{M} \boldsymbol{\psi}} \tag{5.2.5}$$

显然,当 $\boldsymbol{\psi} = \boldsymbol{\varphi}_r$ 时,该函数的值就是第 r 阶固有频率的平方,即

$$R(\boldsymbol{\varphi}_r) = \frac{\boldsymbol{\varphi}_r^{\text{T}} \boldsymbol{K} \boldsymbol{\varphi}_r}{\boldsymbol{\varphi}_r^{\text{T}} \boldsymbol{M} \boldsymbol{\varphi}_r} = \omega_r^2, \quad r = 1, 2, \cdots, n \tag{5.2.6}$$

由于 $\boldsymbol{\psi}$ 可以是任意 n 维向量,故一般情况下的 Rayleigh 商并不是系统固有频率。以下讨论 Rayleigh 商的性质。

现采用关于模态质量归一的固有振型作为基向量,将向量 $\boldsymbol{\psi}$ 表示为

$$\boldsymbol{\psi} = \sum_{r=1}^{n} \bar{\boldsymbol{\varphi}}_r q_r \equiv \bar{\boldsymbol{\Phi}} \boldsymbol{q} \tag{5.2.7}$$

根据固有振型矩阵 $\bar{\boldsymbol{\Phi}}$ 关于质量矩阵和刚度矩阵的加权正交性,得到

$$R(\boldsymbol{\psi}) = \frac{(\bar{\boldsymbol{\Phi}} \boldsymbol{q})^{\text{T}} \boldsymbol{K} (\bar{\boldsymbol{\Phi}} \boldsymbol{q})}{(\bar{\boldsymbol{\Phi}} \boldsymbol{q})^{\text{T}} \boldsymbol{M} (\bar{\boldsymbol{\Phi}} \boldsymbol{q})} = \frac{\boldsymbol{q}^{\text{T}} \boldsymbol{\Omega}^2 \boldsymbol{q}}{\boldsymbol{q}^{\text{T}} \boldsymbol{I}_n \boldsymbol{q}} = \Big(\sum_{r=1}^{n} \omega_r^2 q_r^2 \Big) \Big(\sum_{r=1}^{n} q_r^2 \Big)^{-1} \tag{5.2.8}$$

由上式还可得到 Rayleigh 商的上下界性质,即

$$\omega_1^2 = \Big(\omega_1^2 \sum_{r=1}^{n} q_r^2 \Big) \Big(\sum_{r=1}^{n} q_r^2 \Big)^{-1} \leqslant R(\boldsymbol{\psi}) \leqslant \Big(\omega_n^2 \sum_{r=1}^{n} q_r^2 \Big) \Big(\sum_{r=1}^{n} q_r^2 \Big)^{-1} = \omega_n^2 \tag{5.2.9}$$

由式(5.2.8)可见,如果 $|q_r| \ll |q_s|$, $r \neq s$,则有

$$R(\boldsymbol{\psi}) \approx \omega_s^2, \quad s = 1, 2, \cdots, n \tag{5.2.10}$$

这表明,若能凭某些先验知识猜测一个接近 $\boldsymbol{\varphi}_s$ 的向量 $\boldsymbol{\psi}$,则 Rayleigh 商可提供 ω_s^2 的近似值。通常,将这样的向量称为**假设振型**。显然,用向量 $\boldsymbol{\psi}$ 来估计固有频率 ω_s,与通常先求特征值、再求特征向量的顺序相反。

计算实践表明:采用均布静载荷或接近惯性力分布静载荷下的系统变形作为向量 $\boldsymbol{\psi}$,是系统第一阶固有振型 $\boldsymbol{\varphi}_1$ 的一个较好近似,从而可由 $R(\boldsymbol{\psi})$ 估计出 ω_1^2。由于第一阶固有频率在振动研究中的重要性,这种估计很有价值。回顾例 2.1.2,曾用两端铰支梁在集中力作用下的静变形来作为 $\boldsymbol{\psi}$,获得简化的单自由度系统,其理论依据就是 Rayleigh 商。

最后,从式(5.2.8)还可得到

$$\frac{\partial R(\boldsymbol{\psi})}{\partial q_r} = 2 q_r [\omega_r^2 - R(\boldsymbol{\psi})] \Big(\sum_{r=1}^{n} q_r^2 \Big)^{-1} = 0, \quad r = 1, 2, \cdots, n \tag{5.2.11}$$

由式(5.2.6)可见,诸 $R(\boldsymbol{\varphi}_r)$ 恰好满足该条件。因此,系统的各固有频率平方就是 Rayleigh 商的驻值。这与 Hamilton 变分原理对真实运动的预期完全一致。

例 5.2.1 * 对于图 5.2.1 所示三自由度系统,用 Rayleigh 商计算其第一阶固有频率。

解 该系统的质量矩阵和刚度矩阵为

$$\boldsymbol{M} = m \begin{bmatrix} 1 & 0 & 0 \\ 0 & 1 & 0 \\ 0 & 0 & 1 \end{bmatrix}, \quad \boldsymbol{K} = k \begin{bmatrix} 2 & -1 & 0 \\ -1 & 2 & -1 \\ 0 & -1 & 1 \end{bmatrix} \tag{a}$$

因诸弹簧的刚度系数相同,故在系统自由端作用静载荷时,自左至右的集中质量静位移按线性规律递增,可取假设振型向量为

$$\boldsymbol{\psi} = \begin{bmatrix} 1 & 2 & 3 \end{bmatrix}^{\text{T}} \tag{b}$$

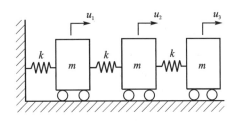

图 5.2.1 三自由度链式系统

将式(a)和式(b)代入式(5.2.5),得到

$$\hat{\omega}_1^2 = R(\boldsymbol{\psi}) = \frac{3k}{14m} \quad \Rightarrow \quad \hat{\omega}_1 = 0.4629\sqrt{\frac{k}{m}} \tag{c}$$

采用附录 A5 中的 MATLAB 程序计算式(a)对应的广义特征值问题并作对比,Rayleigh 法的结果仅高出 4%。自然,这样的估计也适用于其他链式系统的第一阶固有频率。

值得指出,由于 Rayleigh 商定义为系统最大势能与参考动能之比,故它还用于估算无限自由度系统的固有频率。此时,只需在计算能量时用满足边界条件的假设振型函数替代假设振型向量。

例 5.2.2 考察均质等截面悬臂梁,其长度为 l,单位长度质量为 ρA,抗弯刚度为 EI,在自由端附加集中质量 m。用 Rayleigh 法估算其第一阶固有频率。

解 根据材料力学,在悬臂梁自由端作用重力 mg,将此时梁的静挠度曲线作为假设振型函数,即

$$\psi(x) = \frac{mg}{6EI}(3lx^2 - x^3) \tag{a}$$

该函数满足悬臂梁在固支端的横向位移和转角条件

$$\psi(0) = 0, \quad \psi'(0) = 0 \tag{b}$$

由式(5.1.5),系统的最大势能和参考动能分别为

$$\begin{cases} V_{\max} = \dfrac{1}{2}\displaystyle\int_0^l EI[\psi''(x)]^2\,\mathrm{d}x = \dfrac{m^2g^2l^3}{6EI} \\[3mm] T_{\mathrm{ref}} = \dfrac{1}{2}\displaystyle\int_0^l \rho A[\psi(x)]^2\,\mathrm{d}x + \dfrac{1}{2}m[\psi(l)]^2 = \dfrac{m^2g^2l^6}{6E^2I^2}\left(\dfrac{11}{140}\rho Al + \dfrac{1}{3}m\right) \end{cases} \tag{c}$$

将式(c)代入式(5.2.5),得到

$$\hat{\omega}_1^2 = R(\psi) = \frac{3EI}{[(33/140)\rho Al + m]l^3} \tag{d}$$

由此可见,悬臂梁在自由端的等效质量为 $m_e = 33\rho Al/140$。如果附加质量恰好等于悬臂梁的质量,则用 Rayleigh 法估算的第一阶固有频率为

$$\hat{\omega}_1 = 1.5581\sqrt{\frac{EI}{\rho Al^4}} \tag{e}$$

5.2.2 Ritz 法

在 Rayleigh 法中,将振动系统的运动限制为按假设振型作同步振动,所得到的固有频率精度取决于假设振型逼近真实固有振型的程度,无法得到新的固有振型信息。瑞士物理学家

Ritz 对 Rayleigh 法提出如下改进:用几个接近于最低阶(或少数几阶)假设振型作为基向量,将系统振动表示为这些基向量的线性组合,获得近似的低阶动力学问题来求解。

首先,考虑式(5.2.1)所描述的多自由度系统的固有振动问题。取几个假设振型向量 $\boldsymbol{\psi}_r$, $r=1,2,\cdots,m \ll n$ 作为基向量,将系统振动近似为

$$\hat{\boldsymbol{u}} = \sum_{r=1}^{m} \boldsymbol{\psi}_r q_r = \boldsymbol{\Psi} \boldsymbol{q} \tag{5.2.12}$$

其中

$$\boldsymbol{\Psi} \equiv \begin{bmatrix} \boldsymbol{\psi}_1 & \cdots & \boldsymbol{\psi}_m \end{bmatrix}^{\mathrm{T}}, \quad \boldsymbol{q} \equiv \begin{bmatrix} q_1 & \cdots & q_m \end{bmatrix}^{\mathrm{T}} \tag{5.2.13}$$

将式(5.2.12)代入式(5.1.1),得到系统的动能和势能

$$T = \frac{1}{2} (\boldsymbol{\Psi} \dot{\boldsymbol{q}})^{\mathrm{T}} \boldsymbol{M} \boldsymbol{\Psi} \dot{\boldsymbol{q}} = \dot{\boldsymbol{q}}^{\mathrm{T}} (\boldsymbol{\Psi}^{\mathrm{T}} \boldsymbol{M} \boldsymbol{\Psi}) \dot{\boldsymbol{q}}, \quad V = \frac{1}{2} (\boldsymbol{\Psi} \boldsymbol{q})^{\mathrm{T}} \boldsymbol{K} \boldsymbol{\Psi} \boldsymbol{q} = \boldsymbol{q}^{\mathrm{T}} (\boldsymbol{\Psi}^{\mathrm{T}} \boldsymbol{K} \boldsymbol{\Psi}) \boldsymbol{q} \tag{5.2.14}$$

将其代入式(5.1.10)中的 Hamilton 原理的驻值条件,按照例 5.1.1 中的流程,可得到

$$(\boldsymbol{\Psi}^{\mathrm{T}} \boldsymbol{M} \boldsymbol{\Psi}) \ddot{\boldsymbol{q}}(t) + (\boldsymbol{\Psi}^{\mathrm{T}} \boldsymbol{K} \boldsymbol{\Psi}) \boldsymbol{q}(t) = \boldsymbol{0} \tag{5.2.15}$$

值得指出,若将式(5.2.12)理解为缩聚变换,将其代入式(5.2.1)并左乘 $\boldsymbol{\Psi}^{\mathrm{T}}$,得到与式(5.2.15)完全一致的结果。自然,基于 Hamilton 原理的推导体现了结果取驻值。

式(5.2.15)的广义特征值问题是

$$\left[(\boldsymbol{\Psi}^{\mathrm{T}} \boldsymbol{K} \boldsymbol{\Psi}) - \omega^2 (\boldsymbol{\Psi}^{\mathrm{T}} \boldsymbol{M} \boldsymbol{\Psi}) \right] \bar{\boldsymbol{q}} = \boldsymbol{0} \tag{5.2.16}$$

此时,特征值问题的阶次从 n 缩聚为 m,计算量大大降低。从式(5.2.16)可以解出 m 个特征值 $\hat{\omega}_r^2, r=1,\cdots,m$,得到系统 m 阶固有频率的近似值。此外,还可解得 m 个特征值向量 $\bar{\boldsymbol{q}}_r$, $r=1,2,\cdots,m$。依据式(5.2.12)中的缩聚变换,可得到 m 个 n 维向量

$$\hat{\boldsymbol{\varphi}}_r = \boldsymbol{\Psi} \bar{\boldsymbol{q}}_r, r=1,2,\cdots,m \tag{5.2.17}$$

这是系统前 m 阶固有振型的近似,其近似程度比初选的假设振型 $\boldsymbol{\psi}_r, r=1,2,\cdots,m$ 要好。计算实践表明,由 Ritz 法得到的前若干个低阶固有频率和固有振型有较高的精度。

例 5.2.3 ＊ 用 Ritz 法计算例 5.2.1 中三自由度系统的前两阶固有模态。

解 该系统的质量矩阵和刚度矩阵为

$$\boldsymbol{M} = m \begin{bmatrix} 1 & 0 & 0 \\ 0 & 1 & 0 \\ 0 & 0 & 1 \end{bmatrix}, \quad \boldsymbol{K} = k \begin{bmatrix} 2 & -1 & 0 \\ -1 & 2 & -1 \\ 0 & -1 & 1 \end{bmatrix} \tag{a}$$

由例 5.2.1 知,可取

$$\boldsymbol{\psi}_1 = \begin{bmatrix} 1 & 2 & 3 \end{bmatrix}^{\mathrm{T}} \tag{b}$$

系统作第二阶固有振动时有一个节点,故某个集中质量的位移方向与其他不同,不妨取

$$\boldsymbol{\psi}_2 = \begin{bmatrix} 1 & 1 & -1 \end{bmatrix}^{\mathrm{T}} \tag{c}$$

因此,缩聚变换矩阵为

$$\boldsymbol{\Psi} = \begin{bmatrix} \boldsymbol{\psi}_1 & \boldsymbol{\psi}_2 \end{bmatrix} = \begin{bmatrix} 1 & 1 \\ 2 & 1 \\ 3 & -1 \end{bmatrix} \tag{d}$$

将式(a)和式(d)代入式(5.2.16),得到缩聚的广义特征值问题

$$\left(k \begin{bmatrix} 3 & -1 \\ -1 & 5 \end{bmatrix} - m \omega^2 \begin{bmatrix} 14 & 0 \\ 0 & 3 \end{bmatrix} \right) \bar{\boldsymbol{q}} = \boldsymbol{0} \tag{e}$$

由此解出

$$\begin{cases} \hat{\omega}_1 = 0.445\sqrt{\dfrac{k}{m}}, & \bar{\pmb q}_1 = [1.000 \quad 0.227]^{\mathrm T} \\[2mm] \hat{\omega}_2 = 1.297\sqrt{\dfrac{k}{m}}, & \bar{\pmb q}_2 = [1.000 \quad -20.56]^{\mathrm T} \end{cases} \tag{f}$$

将式(f)中的特征向量和式(d)代入式(5.2.17)并关于第 3 个自由度作归一化,得到近似固有振型

$$\hat{\pmb\varphi}_1 = [0.442 \quad 0.803 \quad 1.000]^{\mathrm T}, \quad \hat{\pmb\varphi}_2 = [-0.830 \quad -0.788 \quad 1.000]^{\mathrm T} \tag{g}$$

若直接求解式(a)的广义特征值问题,得到前二阶固有模态的精确数值解

$$\begin{cases} \omega_1 = 0.445\sqrt{\dfrac{k}{m}}, & \pmb\varphi_1 = [0.445 \quad 0.802 \quad 1.000]^{\mathrm T} \\[2mm] \omega_2 = 1.247\sqrt{\dfrac{k}{m}}, & \pmb\varphi_2 = [-1.247 \quad -0.555 \quad 1.000]^{\mathrm T} \end{cases} \tag{h}$$

对比可见,Ritz 法给出很精确的第一阶固有频率,第二阶固有频率的误差也仅 4%。得到的第一阶振型已逼近真实固有振型,但第二阶振型误差较大。通常,用 Ritz 法能获得多阶固有模态,其固有频率精度高于固有振型,低阶固有模态结果优于高阶固有模态结果。

读者可取 $\sqrt{k/m}=1$,采用附录 A5 中的 MATLAB 程序完成从式(d)到式(h)的计算,并对计算结果的误差进行分析。

其次,讨论将 Ritz 法用于对无限自由度系统的降阶,其思路是:选择一组线性独立、满足几何边界条件的位移函数,通过其线性组合来近似表示系统位移,使系统由无限自由度简化为少数几个自由度。现以 Euler-Bernoulli 梁的固有振动问题为例,说明具体求解过程。

选择彼此独立的函数 $\psi_r(x),r=1,2,\cdots,m$ 作为 Ritz 基函数,将梁的任意固有振型近似为

$$\hat W(x) = \sum_{r=1}^{m}\psi_r(x)q_r \tag{5.2.18}$$

其中,$q_r,r=1,2,\cdots,m$ 是 Ritz 基函数的坐标。根据式(5.1.5),梁作固有振动时的参考动能和最大弹性势能可表示为

$$T_{\mathrm{ref}} = \frac12\int_0^l \rho A\hat W^2(x)\mathrm dx = \frac12\int_0^l \rho A\left[\sum_{r=1}^m\psi_r(x)q_r\right]\left[\sum_{s=1}^m\psi_s(x)q_s\right]\mathrm dx$$

$$= \frac12\sum_{r=1}^m\sum_{s=1}^m\left[\int_0^l \rho A\psi_r(x)\psi_s(x)\mathrm dx\right]q_rq_s = \frac12\pmb q^{\mathrm T}\pmb M\pmb q \tag{5.2.19a}$$

$$V_{\max} = \frac12\int_0^l EI\hat W''(x)^2\mathrm dx = \frac12\int_0^l EI\left[\sum_{r=1}^m\psi_r''(x)q_r\right]\left[\sum_{s=1}^m\psi_s''(x)q_s\right]\mathrm dx$$

$$= \frac12\sum_{r=1}^m\sum_{s=1}^m\left[\int_0^l EI\psi_r''(x)\psi_s''(x)\mathrm dx\right]q_rq_s = \frac12\pmb q^{\mathrm T}\pmb K\pmb q \tag{5.2.19b}$$

其中,$\pmb M$ 和 $\pmb K$ 是 m 阶质量矩阵和刚度矩阵,$\pmb q$ 是 m 维向量;它们分别定义为

$$\pmb M \equiv [m_{rs}] \equiv \left[\int_0^l \rho A\psi_r(x)\psi_s(x)\mathrm dx\right], \quad \pmb K \equiv [k_{rs}] \equiv \left[\int_0^l EI\psi_r''(x)\psi_s''(x)\mathrm dx\right] \tag{5.2.20}$$

$$\boldsymbol{q} \equiv \begin{bmatrix} q_1 & \cdots & q_m \end{bmatrix}^{\mathrm{T}} \tag{5.2.21}$$

现定义系统的 Rayleigh 商

$$R(\boldsymbol{q}) \equiv \frac{V_{\max}}{T_{\mathrm{ref}}} = \frac{\boldsymbol{q}^{\mathrm{T}} \boldsymbol{K} \boldsymbol{q}}{\boldsymbol{q}^{\mathrm{T}} \boldsymbol{M} \boldsymbol{q}} \tag{5.2.22}$$

其驻值条件为

$$\frac{\partial R}{\partial \boldsymbol{q}} = \frac{1}{T_{\mathrm{ref}}^2} \left(T_{\mathrm{ref}} \frac{\partial V_{\max}}{\partial \boldsymbol{q}} - V_{\max} \frac{\partial T_{\mathrm{ref}}}{\partial \boldsymbol{q}} \right) = \frac{1}{T_{\mathrm{ref}}} \left(\frac{\partial V_{\max}}{\partial \boldsymbol{q}} - R \frac{\partial T_{\mathrm{ref}}}{\partial \boldsymbol{q}} \right)$$

$$= \frac{1}{T_{\mathrm{ref}}} (\boldsymbol{K} \boldsymbol{q} - R \boldsymbol{M} \boldsymbol{q}) = \boldsymbol{0} \tag{5.2.23}$$

由于 Rayleigh 商的驻值为固有频率平方 ω^2，故式(5.2.23)等价于 m 阶广义特征值问题

$$(\boldsymbol{K} - \omega^2 \boldsymbol{M}) \boldsymbol{q} = \boldsymbol{0} \tag{5.2.24}$$

它的 m 个特征值开平方就是梁的前 m 阶固有频率的近似值 $\hat{\omega}_s, s=1,2,\cdots,m$，对应的特征向量为 $\hat{\boldsymbol{q}}_s, s=1,2,\cdots,m$，记 $\hat{\boldsymbol{q}}_s$ 的分量为 $\hat{q}_{rs}, r=1,2,\cdots,m$。根据式(5.2.18)，近似固有振型函数为

$$\hat{W}_s(x) = \sum_{r=1}^m \psi_r(x) \hat{q}_{rs}, \quad s=1,2,\cdots,m \tag{5.2.25}$$

例 5.2.4 图 5.2.2 所示悬臂梁具有单位宽度，其高度变化规律为 $h(x)=2bx/l$，材料密度为 ρ，弹性模量为 E，用 Ritz 法求解梁的前两阶弯曲振动固有频率。

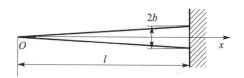

图 5.2.2 变截面悬臂梁

解 悬臂梁横截面的面积和其对中性轴的惯性矩分别为

$$A(x) = h(x) = \frac{2bx}{l}, \quad I(x) = \frac{1}{12} \left(\frac{2bx}{l} \right)^3 = \frac{2b^3}{3} \left(\frac{x}{l} \right)^3 \tag{a}$$

取如下 Ritz 基函数

$$\psi_1(x) = \left(1 - \frac{x}{l}\right)^2, \quad \psi_2(x) = \left(1 - \frac{x}{l}\right)^2 \left(\frac{x}{l}\right) \tag{b}$$

不难验证，它们满足悬臂梁在固支端的边界条件。将式(a)和式(b)代入式(5.2.20)，得到

$$\boldsymbol{K} = \frac{2Eb^3}{3l^3} \begin{bmatrix} 1 & 2/5 \\ 2/5 & 2/5 \end{bmatrix}, \quad \boldsymbol{M} = 2\rho bl \begin{bmatrix} 1/30 & 1/105 \\ 1/105 & 1/280 \end{bmatrix} \tag{c}$$

求解上述矩阵的广义特征值问题，得到固有频率近似值

$$\hat{\omega}_1 = 5.319 \sqrt{\frac{Eb^2}{3\rho l^4}}, \quad \hat{\omega}_2 = 17.301 \sqrt{\frac{Eb^2}{3\rho l^4}} \tag{d}$$

其中，近似解 $\hat{\omega}_1$ 与精确解 $\omega_1 = 5.315 \sqrt{Eb^2/(3\rho l^4)}$ 相比，误差只有 0.075%。由于只取两个 Ritz 基函数，第二阶固有频率的近似值误差稍大些。

5.2.3　数值方法简介

虽然上述 Ritz 法提供了求解多自由度系统低阶固有振动的近似方法,但它仅适用于自由度不多的简单系统。此时,可以将广义特征值问题对应的行列式展开为代数方程,求解特征值,得到固有频率;再通过求解齐次线性方程组,获得特征向量,即固有振型。

然而,当系统自由度达到 2 位数时,上述求解过程难度大增。一是行列式展开的计算量很大,二是高次代数方程无解析解,三是求解齐次线性方程组的计算量很大。所以,必须采用有效的数值计算方法。

可喜的是,目前计算广义特征值问题的数值方法和软件已发展到非常完善的阶段。用户只需调用数学库中的现有程序,即可获得部分或全部特征对,几乎不必了解计算方法的原理和程序的细节。因此,以下仅介绍选择算法的原则。

对于矩阵阶次不高的广义特征值问题,计算部分和全部特征对的工作量差别不大。这时可采用数学库中的各种矩阵变换方法,例如 Jacobi 方法和 QR 方法,计算全部特征对。前者适用于实对称矩阵,后者适用于一般矩阵。

对于矩阵阶次很高的广义特征值问题,因计算全部特征对的工作量过大,通常仅计算其低阶特征对。这时可采用各种迭代方法,例如子空间迭代法、Lanczos 法。以广泛使用的子空间迭代法为例,其基本思想就是用少数几个 Ritz 基向量构成原问题的一个近似特征子空间,在子空间中运用矩阵迭代法,使这组 Ritz 基向量逼近真实的低阶特征向量。求解子空间中的特征值问题时,则可采用前述 Jacobi 法或 QR 法。

近年来,计算数学界发展了多种可进行数学推导和数值分析的软件,例如 MAPLE、MATLAB 等。用户只要输入一句命令,软件就可根据特征值问题的类型和规模,决定计算方法并输出结果。这可使用户摆脱繁琐的数学运算,集中精力从事有创造性的工作。

>>> 5.3　有限元法简介

由 5.2 节的讨论可见,当所研究的系统稍微复杂些,假设 Ritz 基函数就会非常困难。20 世纪中期,包括我国数学家冯康在内的多位著名学者提出,对复杂系统分片假设 Ritz 基函数,通过变分原理获得极值条件,采用计算机将后续计算程序化。这种探索取得了巨大成功,发展成为**有限元法**。

具体地说,就是将复杂系统分解分为许多小单元,例如杆单元、梁单元、板单元等等;然后以单元连接点(简称节点)的位移作为未知量,分别对每个单元假设其位移形态为 Ritz 基函数的线性组合,计算出单元的动能和势能,然后获得类似于式(5.2.20)的单元刚度矩阵和质量矩阵;最后按照诸单元节点位移协调和节点力平衡条件,并利用边界条件,组装成系统的刚度矩阵和质量矩阵。这样就将原来的连续系统转化为以有限个单元节点位移为广义坐标的离散化系统,亦称作**有限元模型**。

有限元法提供了一种将复杂连续系统转化为有限自由度离散系统的通用方法,而计算机技术的发展为离散系统的振动分析提供了强有力的手段。因此,有限元法可解决许多工程问题。本节通过介绍杆和梁振动分析的有限元方法,说明其基本思想。

5.3.1 杆振动的有限元分析

考察图 5.3.1 所示承受轴力作用的第 e 个杆单元,其长度为 l,单位长度的质量为 ρA,抗拉刚度为 EA。建立图示坐标系描述杆的纵向变形。

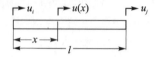

图 5.3.1 杆单元的节点位移和静变形

首先,根据杆单元的弹性势能建立其刚度矩阵。记杆单元的位移为 $u(x)$,并约定与 x 轴同向的位移为正。取杆单元的两个端点 i 和 j 为其节点,将节点位移组装为杆单元位移向量

$$\boldsymbol{u}^e \equiv \begin{bmatrix} u_i & u_j \end{bmatrix}^{\mathrm{T}} \tag{5.3.1}$$

由材料力学可知,杆在端部轴力作用下的纵向位移沿杆长线性分布。为此,设杆单元的变形为 x 的线性函数。基于节点位移,可将杆单元上任意截面的位移表示为如下插值函数(简称为形函数)形式

$$u(x) = \begin{bmatrix} 1-x/l & x/l \end{bmatrix} \begin{bmatrix} u_i \\ u_j \end{bmatrix} = N(x)\boldsymbol{u}^e \tag{5.3.2}$$

其中,$\boldsymbol{N}(x)$ 称作杆单元的形函数矩阵,定义为

$$\boldsymbol{N}(x) \equiv \begin{bmatrix} 1-x/l & x/l \end{bmatrix} \tag{5.3.3}$$

根据式(5.3.2),杆单元的纵向应变为

$$\varepsilon(x) \equiv u'(x) = \boldsymbol{N}'(x)\boldsymbol{u}^e \tag{5.3.4}$$

其中,撇号代表对空间坐标的导数。引入杆单元的几何矩阵

$$\boldsymbol{B}(x) \equiv \boldsymbol{N}'(x) = \begin{bmatrix} -1/l & 1/l \end{bmatrix} \tag{5.3.5}$$

将式(5.3.4)和式(5.3.5)代入式(5.1.2)中杆的弹性势能,得到

$$V = \frac{1}{2}\int_0^l EA(u')^2\,\mathrm{d}x = \frac{1}{2}\boldsymbol{u}^{e\mathrm{T}}\left[\int_0^l EA\boldsymbol{B}^{\mathrm{T}}\boldsymbol{B}\,\mathrm{d}x\right]\boldsymbol{u}^e = \frac{1}{2}\boldsymbol{u}^{e\mathrm{T}}\boldsymbol{K}^e\boldsymbol{u}^e \tag{5.3.6}$$

其中,杆单元的刚度矩阵为

$$\boldsymbol{K}^e \equiv \int_0^l EA\boldsymbol{B}^{\mathrm{T}}\boldsymbol{B}\,\mathrm{d}x = \frac{EA}{l}\begin{bmatrix} 1 & -1 \\ -1 & 1 \end{bmatrix} \tag{5.3.7}$$

其次,根据杆的动能建立质量矩阵。用式(5.3.2)和式(5.3.3)计算杆单元的参考动能

$$T_{\mathrm{ref}} = \frac{1}{2}\int_0^l \rho A u^2(x)\,\mathrm{d}x \tag{5.3.8}$$

得到杆单元的质量矩阵

$$\boldsymbol{M}^e \equiv \int_0^l \rho A \boldsymbol{N}^{\mathrm{T}}\boldsymbol{N}\,\mathrm{d}x = \frac{\rho A l}{6}\begin{bmatrix} 2 & 1 \\ 1 & 2 \end{bmatrix} \tag{5.3.9}$$

这种质量矩阵与刚度矩阵具有相同形函数,称作一致质量矩阵。

由 4.1.1 节可知,杆的振动形态与静变形并不一致。但杆单元非常短时,其振动形态近似为直线,故一致质量矩阵是合理的。另一种简单处理方案是,直接把杆单元的质量均分在两个节点上,形成如下集中质量矩阵

$$\boldsymbol{M}^e = \frac{\rho Al}{2}\begin{bmatrix} 1 & 0 \\ 0 & 1 \end{bmatrix} \tag{5.3.10}$$

以下用例题说明,获得杆单元的刚度矩阵和质量矩阵后,如何根据各单元节点的位移协调条件、力平衡条件和杆边界条件,获得系统的刚度矩阵和质量矩阵,然后进行振动分析。

例 5.3.1 考察图 5.3.2 所示直杆,其长度为 $2l=2$ m,单位长度质量为 $\rho A = 6$ kg/m,抗拉刚度为 $EA = 100$ N,其自由端有集中质量 $m = 12$ kg,用有限元法求杆的第一阶固有频率。

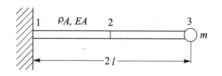

图 5.3.2 具有端部集中质量的杆

解 将杆等分为两个杆单元,根据式(5.3.7)和式(5.3.9),单元刚度矩阵和质量矩阵为

$$\boldsymbol{K}^e = \begin{bmatrix} 100 & -100 \\ -100 & 100 \end{bmatrix}, \quad \boldsymbol{M}^e = \begin{bmatrix} 2 & 1 \\ 1 & 2 \end{bmatrix} \tag{a}$$

先根据节点 2 和 3 的位移协调条件和力平衡条件,组装得到总刚度矩阵和总质量矩阵

$$\widetilde{\boldsymbol{K}} = \begin{bmatrix} 100 & -100 & 0 \\ -100 & 100+100 & -100 \\ 0 & -100 & 100 \end{bmatrix}, \quad \widetilde{\boldsymbol{M}} = \begin{bmatrix} 2 & 1 & 0 \\ 1 & 2+2 & 1 \\ 0 & 1 & 2+12 \end{bmatrix} \tag{b}$$

再考虑边界条件,由于节点 1 固定,其位移为零,故去掉上述矩阵中对应的第 1 行和第 1 列,得系统刚度矩阵和质量矩阵

$$\boldsymbol{K} = \begin{bmatrix} 200 & -100 \\ -100 & 100 \end{bmatrix}, \quad \boldsymbol{M} = \begin{bmatrix} 4 & 1 \\ 1 & 14 \end{bmatrix} \tag{c}$$

求解特征值问题

$$\det(\boldsymbol{K} - \omega^2 \boldsymbol{M}) = \det\begin{bmatrix} 200-4\omega^2 & -100-\omega^2 \\ -100-\omega^2 & 100-14\omega^2 \end{bmatrix} = 0 \tag{d}$$

得到系统的第一阶固有频率近似值为 $\hat{\omega}_1 = 1.889$ rad/s。根据例 4.1.3,该问题的第一阶固有频率精确值为 $\omega_1 = 1.776$ rad/s,两者的相对误差为 7.6%。

计算数学家已证明,若将杆等分为更多单元,求解精度会大幅提高;随着单元数增加,近似解将收敛于精确解。此外,上述计算过程可程序化,形成计算软件。

5.3.2 Euler-Bernoulli 梁振动的有限元分析

考察振动系统中的第 e 个梁单元,其长度为 l,单位长度质量为 ρA,抗弯刚度为 EI。用 $w(x)$ 表示梁单元的挠度,即横向位移,单元节点位移向量包含节点 i 和 j 的挠度和转角

$$\boldsymbol{w}^e \equiv \begin{bmatrix} w_i & \theta_i & w_j & \theta_j \end{bmatrix}^{\mathrm{T}} \tag{5.3.11}$$

根据材料力学中梁的挠度曲线,将梁单元的挠度近似为 x 的三次多项式

$$w(x) = a_0 + a_1 x + a_2 x^2 + a_3 x^3 \tag{5.3.12}$$

其中,a_0, a_1, a_2, a_3 为待定系数。将梁单元的挠度用节点位移来表示,则有

$$\begin{cases} w(0) = a_0 = w_i \\ w'(0) = a_1 = \theta_i \\ w(l) = a_0 + a_1 l + a_2 l^2 + a_3 l^3 = w_j \\ w'(l) = a_1 + 2a_2 l + 3a_3 l^2 = \theta_j \end{cases} \tag{5.3.13}$$

由此可解出 a_0, a_1, a_2, a_3，将结果代回式(5.3.12)，得到以节点位移表示的梁单元挠度

$$w(x) = \mathbf{N}(x/l)\mathbf{w}^e \tag{5.3.14}$$

其中，$\mathbf{N}(x/l)$ 为梁单元的形函数矩阵，定义为

$$\mathbf{N}(\xi) \equiv [1 - 3\xi^2 + 2\xi^3 \quad l(\xi - 2\xi^2 + \xi^3) \quad 3\xi^2 - 2\xi^3 \quad l(-\xi^2 + \xi^3)], \quad \xi \equiv x/l \tag{5.3.15}$$

由于梁的弹性势能涉及挠度的二阶导数，即

$$w''(x) = \mathbf{N}''(x/l)\mathbf{w}^e \tag{5.3.16}$$

故定义梁单元的几何矩阵为

$$\mathbf{B}(\xi) \equiv \mathbf{N}''(x/l) = \frac{1}{l^2}[-6 + 12\xi \quad l(-4 + 6\xi) \quad 6 - 12\xi \quad l(-2 + 6\xi)] \tag{5.3.17}$$

将式(5.3.16)和式(5.3.17)代入式(5.1.5)中 Euler-Bernoulli 梁的弹性势能，得到

$$V = \frac{1}{2}\int_0^l EI(w'')^2 \, \mathrm{d}x = \frac{1}{2}\mathbf{w}^{e\mathrm{T}}\left[\int_0^l EI\mathbf{B}^{\mathrm{T}}\mathbf{B} \, \mathrm{d}x\right]\mathbf{w}^e = \frac{1}{2}\mathbf{w}^{e\mathrm{T}}\mathbf{K}^e\mathbf{w}^e \tag{5.3.18}$$

其中，梁单元的刚度矩阵为

$$\mathbf{K}^e \equiv \int_0^l EI\mathbf{B}^{\mathrm{T}}\mathbf{B} \, \mathrm{d}x = \frac{2EI}{l^3}\begin{bmatrix} 6 & 3l & -6 & 3l \\ 3l & 2l^2 & -3l & l^2 \\ -6 & -3l & 6 & -3l \\ 3l & l^2 & -3l & 2l^2 \end{bmatrix} \tag{5.3.19}$$

采用与研究杆单元相同的流程，可得到梁单元的一致质量矩阵

$$\mathbf{M}^e = \frac{\rho A l}{420}\begin{bmatrix} 156 & 22l & 54 & -13l \\ 22l & 4l^2 & 13l & -3l^2 \\ 54 & 13l & 156 & -22l \\ -13l & -3l^2 & -22l & 4l^2 \end{bmatrix} \tag{5.3.20}$$

或集中质量矩阵

$$\mathbf{M}^e = \frac{\rho A l}{2}\begin{bmatrix} 1 & 0 & 0 & 0 \\ 0 & 0 & 0 & 0 \\ 0 & 0 & 1 & 0 \\ 0 & 0 & 0 & 0 \end{bmatrix} \tag{5.3.21}$$

有了上述梁单元的刚度矩阵、质量矩阵，根据单元节点位移协调条件、力平衡条件和边界条件，即可获得系统的刚度矩阵和质量矩阵，然后进行振动分析。

例 5.3.2 * 对例 5.2.2 中带集中质量的悬臂梁，建立其有限元模型并计算前二阶固有振动频率。

解 为了简洁，将悬臂梁等分为两个梁单元，其长度为 $l/2$。将式(5.3.19)和式(5.3.20)中的单元长度更换为 $l/2$，得到单元刚度矩阵和质量矩阵

$$\boldsymbol{K}^e = \frac{4EI}{l^3} \begin{bmatrix} 24 & 6l & -24 & 6l \\ 6l & 2l^2 & -6l & l^2 \\ -24 & -6l & 24 & -6l \\ 6l & l^2 & -6l & 2l^2 \end{bmatrix}, \quad \boldsymbol{M}^e = \frac{\rho Al}{3360} \begin{bmatrix} 624 & 44l & 216 & -26l \\ 44l & 4l^2 & 26l & -3l^2 \\ 216 & 26l & 624 & -44l \\ -26l & -3l^2 & -44l & 4l^2 \end{bmatrix} \qquad (a)$$

根据节点的位移协调条件及力平衡条件,组装得到梁的总刚度矩阵和总质量矩阵

$$\widetilde{\boldsymbol{K}} = \frac{4EI}{l^3} \begin{bmatrix} 24 & 6l & -24 & 6l & 0 & 0 \\ 6l & 2l^2 & -6l & l^2 & 0 & 0 \\ -24 & -6l & 24+24 & -6l+6l & -24 & 6l \\ 6l & l^2 & -6l+6l & 2l^2+2l^2 & -6l & l^2 \\ 0 & 0 & -24 & -6l & 24 & -6l \\ 0 & 0 & 6l & l^2 & -6l & 2l^2 \end{bmatrix} \qquad (b)$$

$$\widetilde{\boldsymbol{M}} = \frac{\rho Al}{3360} \begin{bmatrix} 624 & 44l & 216 & -26l & 0 & 0 \\ 44l & 4l^2 & 26l & -3l^2 & 0 & 0 \\ 216 & 26l & 624+624 & -44l+44l & 216 & -26l \\ -26l & -3l^2 & -44l+44l & 4l^2+4l^2 & 26l & -3l^2 \\ 0 & 0 & 216 & 26l & 624+3360m/\rho Al & -44l \\ 0 & 0 & -26l & -3l^2 & -44l & 4l^2 \end{bmatrix} \qquad (c)$$

根据悬臂梁的边界条件,梁在节点 1 处的挠度和转角均为零,故去掉上述矩阵中对应的第 1~2 行和第 1~2 列,得到系统的刚度矩阵和质量矩阵

$$\boldsymbol{K} = \frac{4EI}{l^3} \begin{bmatrix} 48 & 0 & -24 & 6l \\ 0 & 4l^2 & -6l & l^2 \\ -24 & -6l & 24 & -6l \\ 6l & l^2 & -6l & 2l^2 \end{bmatrix},$$

$$\boldsymbol{M} = \frac{\rho Al}{3360} \begin{bmatrix} 1248 & 0 & 216 & -26l \\ 0 & 8l^2 & 26l & -3l^2 \\ 216 & 26l & 624+3360m/\rho Al & -44l \\ -26l & -3l^2 & -44l & 4l^2 \end{bmatrix} \qquad (d)$$

现取梁的长度为 $l=1.0$ m,横截面为边长 $b=0.01$ m 的正方形,材料密度为 $\rho=7\,800$ kg/m³,弹性模量为 $E=210$ GPa,端部质量为 $m=\rho Al$。采用附录 A5 的 MATLAB 程序生成上述刚度矩阵和质量矩阵,然后求解广义特征值问题,得到梁的前二阶固有频率为

$$f_1=3.713 \text{ Hz}, \quad f_2=39.076 \text{ Hz} \qquad (e)$$

最后指出,在机械和结构系统建模中,常用单元还有三维梁单元、板单元、壳单元、实体单元等,具体内容可参见有限元法的文献或商品化有限元软件的使用指南。

5.4 系统响应的计算

基于有限元法,复杂机械和结构系统的振动问题均归结为多自由度系统的动力学问题,可

采用矩阵形式的常微分方程组初值问题来描述。本节从运动微分方程的初值问题出发,讨论系统响应的数值积分方法,即**直接积分法**。这类方法有别于模态叠加法,不必区分系统是否具有比例阻尼,而且可推广到求解非线性系统的响应。

本节介绍的方法可分为两类,5.4.1 节和 5.4.2 节是针对多自由度系统动力学方程的计算方法,5.4.3 节是针对任意一阶常微分方程组的计算方法。

5.4.1 线性加速度法

考察多自由度系统的动力学初值问题

$$\begin{cases} \boldsymbol{M}\ddot{\boldsymbol{u}}(t) + \boldsymbol{C}\dot{\boldsymbol{u}}(t) + \boldsymbol{K}\boldsymbol{u}(t) = \boldsymbol{f}(t) & (5.4.1a) \\ \boldsymbol{u}(0) = \boldsymbol{u}_0, \quad \dot{\boldsymbol{u}}(0) = \dot{\boldsymbol{u}}_0 & (5.4.1b) \end{cases}$$

其中,$\boldsymbol{M}$、$\boldsymbol{K}$ 和 $\boldsymbol{C}$ 为已知常矩阵,$\boldsymbol{f}(t)$ 为已知函数向量,$\boldsymbol{u}_0$ 和 $\dot{\boldsymbol{u}}_0$ 为已知常向量。以下讨论如何用数值方法求解式(5.4.1)。

求解该问题的基本思路是:将时间离散化并使间隔 Δt 足够小,把式(5.4.1a)中的常微分方程近似为代数方程,从 t 时刻已求出(或 $t = 0$ 时已知)的系统状态求解下一时刻 $t + \Delta t$ 的系统状态,并依次递推。

若 t 时刻的系统状态 $\boldsymbol{u}(t)$,$\dot{\boldsymbol{u}}(t)$ 已知,根据式(5.4.1a)可确定其加速度 $\ddot{\boldsymbol{u}}(t)$。系统在时刻 $t + \Delta t$ 的运动满足

$$\boldsymbol{M}\ddot{\boldsymbol{u}}(t + \Delta t) + \boldsymbol{C}\dot{\boldsymbol{u}}(t + \Delta t) + \boldsymbol{K}\boldsymbol{u}(t + \Delta t) = \boldsymbol{f}(t + \Delta t) \qquad (5.4.2)$$

对于充分小的时间间隔 Δt,可写出如下 Taylor 级数的三阶导数截断表达式

$$\begin{cases} \boldsymbol{u}(t + \Delta t) = \boldsymbol{u}(t) + \Delta t\dot{\boldsymbol{u}}(t) + \dfrac{\Delta t^2}{2}\ddot{\boldsymbol{u}}(t) + \dfrac{\Delta t^3}{6}\dddot{\boldsymbol{u}}(t) & (5.4.3a) \\[2mm] \dot{\boldsymbol{u}}(t + \Delta t) = \dot{\boldsymbol{u}}(t) + \Delta t\ddot{\boldsymbol{u}}(t) + \dfrac{\Delta t^2}{2}\dddot{\boldsymbol{u}}(t) & (5.4.3b) \\[2mm] \ddot{\boldsymbol{u}}(t + \Delta t) = \ddot{\boldsymbol{u}}(t) + \Delta t\dddot{\boldsymbol{u}}(t) & (5.4.3c) \end{cases}$$

由式(5.4.3c)可见,此时加速度在区间 $[t, t + \Delta t]$ 内随时间线性变化,这隐含着外激励也线性变化的假设。因此,需要使间隔 Δt 足够小,进而逼近真实外激励。

在式(5.4.2)和式(5.4.3)中,共有 4 个矩阵方程,包含 4 个未知向量 $\boldsymbol{u}(t + \Delta t)$,$\dot{\boldsymbol{u}}(t + \Delta t)$,$\ddot{\boldsymbol{u}}(t + \Delta t)$ 和 $\dddot{\boldsymbol{u}}(t)$,满足求解的必要条件。具体解法是:先从式(5.4.3a)解出

$$\dddot{\boldsymbol{u}}(t) = \frac{6}{\Delta t^3}\left[\boldsymbol{u}(t + \Delta t) - \boldsymbol{u}(t) - \Delta t\dot{\boldsymbol{u}}(t) - \frac{1}{2}\Delta t^2\ddot{\boldsymbol{u}}(t)\right] \qquad (5.4.4)$$

将其代入式(5.4.3b)和式(5.4.3c),得到

$$\begin{cases} \dot{\boldsymbol{u}}(t + \Delta t) = \dfrac{3}{\Delta t}\boldsymbol{u}(t + \Delta t) - \boldsymbol{a}_1(t) \\[3mm] \ddot{\boldsymbol{u}}(t + \Delta t) = \dfrac{6}{\Delta t^2}\boldsymbol{u}(t + \Delta t) - \boldsymbol{a}_2(t) \end{cases} \qquad (5.4.5)$$

其中

$$\begin{cases} \boldsymbol{a}_1(t) \equiv \dfrac{3}{\Delta t}\boldsymbol{u}(t) + 2\dot{\boldsymbol{u}}(t) + \dfrac{\Delta t}{2}\ddot{\boldsymbol{u}}(t) \\[3mm] \boldsymbol{a}_2(t) \equiv \dfrac{6}{\Delta t^2}\boldsymbol{u}(t) + \dfrac{6}{\Delta t}\dot{\boldsymbol{u}}(t) + 2\ddot{\boldsymbol{u}}(t) \end{cases} \qquad (5.4.6)$$

它们是与 t 时刻系统运动有关的已知向量。把式(5.4.5)和式(5.4.6)代入式(5.4.2),得到

$$\left(\frac{6}{\Delta t^2}\boldsymbol{M}+\frac{3}{\Delta t}\boldsymbol{C}+\boldsymbol{K}\right)\boldsymbol{u}(t+\Delta t)=\boldsymbol{f}(t+\Delta t)+\boldsymbol{M}\boldsymbol{a}_2(t)+\boldsymbol{C}\boldsymbol{a}_1(t) \qquad (5.4.7)$$

由此解出

$$\boldsymbol{u}(t+\Delta t)=\left(\frac{6}{\Delta t^2}\boldsymbol{M}+\frac{3}{\Delta t}\boldsymbol{C}+\boldsymbol{K}\right)^{-1}\left[\boldsymbol{f}(t+\Delta t)+\boldsymbol{M}\boldsymbol{a}_2(t)+\boldsymbol{C}\boldsymbol{a}_1(t)\right] \qquad (5.4.8)$$

式(5.4.8)和式(5.4.5)给出了由 t 时刻响应 $\boldsymbol{u}(t)$,$\dot{\boldsymbol{u}}(t)$ 和 $\ddot{\boldsymbol{u}}(t)$ 计算 $t+\Delta t$ 时刻响应 $\boldsymbol{u}(t+\Delta t)$,$\dot{\boldsymbol{u}}(t+\Delta t)$ 和 $\ddot{\boldsymbol{u}}(t+\Delta t)$ 的公式。把后者作为新的时间起点,可再求下一时刻的响应。如此递推,直到所关心的时刻为止。

上述方法的思路和计算流程都不复杂,但实施过程中尚存在若干问题。其中,最突出的问题是计算精度与计算时间的矛盾。为了保证精度,时间步长 Δt 应取得足够小,但 Δt 过小会增加总的计算步数,导致计算时间很长。此外,增加步数还会增加累积误差。因此,评价直接积分法的重要标准之一是允许使用的最大积分步长。如果算法在任意步长时都不会导致计算结果发散,则称算法无条件稳定;反之,若算法仅在一定步长范围内才不发散,则称为条件稳定。已有研究表明,线性加速度法只是条件稳定的。因此,许多学者致力于改善直接积分法的稳定性和精度。

5.4.2　Wilson$-\theta$ 法

改善直接积分法的措施之一是在积分格式中引入新参数。本小节介绍美国力学家 Wilson 提出的 Wilson$-\theta$ 法。参考图 5.4.1,该方法的思路是,把加速度线性变化公式的范围扩展到 $s=\theta\Delta t$,$\theta>1$,对 $\boldsymbol{u}(t+\Delta t)$ 引入另一种形式的 Taylor 展开。

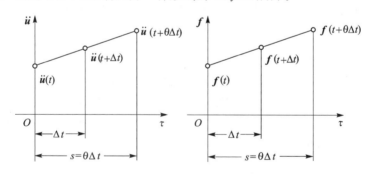

图 5.4.1　Wilson$-\theta$ 法对线性加速度的扩展假设

1. 方法的推导

首先,定义

$$\Delta\ddot{\boldsymbol{u}}_s(t)\equiv\ddot{\boldsymbol{u}}(t+s)-\ddot{\boldsymbol{u}}(t) \qquad (5.4.9)$$

对加速度向量作如下线性插值

$$\ddot{\boldsymbol{u}}(t+\tau)=\ddot{\boldsymbol{u}}(t)+\frac{\tau}{s}\Delta\ddot{\boldsymbol{u}}_s(t),\quad 0\leqslant\tau\leqslant s \qquad (5.4.10)$$

将式(5.4.10)关于 τ 积分一次和两次,然后取 $\tau=s=\theta\Delta t$,得到

$$\begin{cases} \dot{u}(t+s) = \dot{u}(t) + s\ddot{u}(t) + \dfrac{s}{2}\Delta\ddot{u}_s(t) \\[3mm] u(t+s) = u(t) + s\dot{u}(t) + \dfrac{s^2}{2}\ddot{u}(t) + \dfrac{s^2}{6}\Delta\ddot{u}_s(t) \end{cases} \tag{5.4.11}$$

将式(5.4.9)代入上式,得到

$$\begin{cases} \dot{u}(t+s) = \dot{u}(t) + \dfrac{s}{2}[\ddot{u}(t+s) + \ddot{u}(t)] & (5.4.12\mathrm{a}) \\[3mm] u(t+s) = u(t) + s\dot{u}(t) + \dfrac{s^2}{6}[\ddot{u}(t+s) + 2\ddot{u}(t)] & (5.4.12\mathrm{b}) \end{cases}$$

自式(5.4.12b)解出 $\ddot{u}(t+s)$,将其代回式(5.4.12a),得到

$$\begin{cases} \ddot{u}(t+s) = \dfrac{6}{s^2}[u(t+s) - u(t)] - \dfrac{6}{s}\dot{u}(t) - 2\ddot{u}(t) & (5.4.13\mathrm{a}) \\[3mm] \dot{u}(t+s) = \dfrac{3}{s}[u(t+s) - u(t)] - 2\dot{u}(t) - \dfrac{s}{2}\ddot{u}(t) & (5.4.13\mathrm{b}) \end{cases}$$

现写出系统在 $t+s$ 时刻的动力学方程

$$M\ddot{u}(t+s) + C\dot{u}(t+s) + Ku(t+s) = f(t+s) \tag{5.4.14}$$

将式(5.4.13)代入上式,得到系统位移在 $t+s$ 时刻应满足的线性代数方程

$$\widetilde{K}(t)u(t+s) = g(t, t+s) \tag{5.4.15}$$

其中

$$\begin{cases} \widetilde{K} \equiv \dfrac{6}{s^2}M + \dfrac{3}{s}C + K \\[3mm] g(t, t+s) \equiv M\left[\dfrac{6}{s^2}u(t) + \dfrac{6}{s}\dot{u}(t) + 2\ddot{u}(t)\right] + C\left[\dfrac{3}{s}u(t) + 2\dot{u}(t) + \dfrac{s}{2}\ddot{u}(t)\right] + f(t+s) \end{cases}$$
$$\tag{5.4.16}$$

在完成上式计算中,可对 $f(t+s)$ 采用如下外插值公式

$$f(t+s) = f(t) + s[f(t+\Delta t) - f(t)]/\Delta t \tag{5.4.17}$$

最后,由式(5.4.15)解出 $u(t+s)$,将其代回式(5.4.13a)得到 $\ddot{u}(t+s)$;将 $\ddot{u}(t+s)$ 代回式(5.4.10),取 $\tau = \Delta t$ 和 $s = \theta\Delta t$ 并利用式(5.4.9),得到 $\ddot{u}(t+\Delta t)$;将 $\ddot{u}(t+s)$ 代回式(5.4.12),取 $s = \Delta t$,得到 $\dot{u}(t+\Delta t)$ 和 $u(t+\Delta t)$。因此,内插值结果为

$$\begin{cases} \ddot{u}(t+\Delta t) = \dfrac{6}{\theta^3\Delta t^2}[u(t+s) - u(t)] - \dfrac{6}{\theta^2\Delta t}\dot{u}(t) + \left(1 - \dfrac{3}{\theta}\right)\ddot{u}(t) \\[3mm] \dot{u}(t+\Delta t) = \dot{u}(t) + \dfrac{\Delta t}{2}[\ddot{u}(t+s) + \ddot{u}(t)] \\[3mm] u(t+\Delta t) = u(t) + \Delta t\dot{u}(t) + \dfrac{\Delta t^2}{6}[\ddot{u}(t+s) + 2\ddot{u}(t)] \end{cases} \tag{5.4.18}$$

此时的 $u(t+\Delta t)$,$\dot{u}(t+\Delta t)$ 和 $\ddot{u}(t+\Delta t)$ 可作为下一步计算的起步数据。

Wilson-θ 法具有很好的数值稳定性,取 $\theta > 1.37$ 即可保证算法的无条件稳定性。在实践中,通常取 $\theta = 1.4$,而最优值是 $\theta = 1.420\,815$。读者不难验证,若取 $\theta = 1.0$,则得到 5.4.1 节所介绍的线性加速度法,故后者仅具有条件稳定性。

2. 计算流程

Wilson $-\theta$ 法的计算流程如图 5.4.2 所示,可分为初始化流程和每个时间步流程。

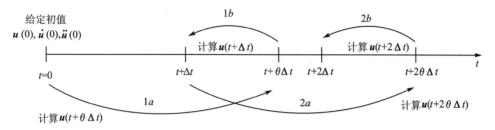

图 5.4.2　Wilson $-\theta$ 法的计算流程

初始化流程:

① 形成系统质量矩阵 $\boldsymbol{M}$、刚度矩阵 $\boldsymbol{K}$ 和阻尼矩阵 $\boldsymbol{C}$;

② 给定系统初始位移向量 $\boldsymbol{u}(0)$ 和初始速度向量 $\dot{\boldsymbol{u}}(0)$,由动力学方程得到系统初始加速度向量 $\ddot{\boldsymbol{u}}(0)$;

③ 取 $\theta = 1.4$,选择积分步长 Δt,计算积分常数

$$
\begin{cases}
b_0 = \dfrac{6}{(\theta \Delta t)^2}, & b_1 = \dfrac{3}{\theta \Delta t}, \quad b_2 = 2b_1, \quad b_3 = \dfrac{\theta \Delta t}{2}, \quad b_4 = \dfrac{b_0}{\theta} \\
b_5 = -\dfrac{b_2}{\theta}, & b_6 = 1 - \dfrac{3}{\theta}, \quad b_7 = \dfrac{\Delta t}{2}, \quad b_8 = \dfrac{\Delta t^2}{6}
\end{cases}
\tag{5.4.19}
$$

④ 计算式(5.4.16)中的刚度矩阵

$$
\widetilde{\boldsymbol{K}} = \boldsymbol{K} + b_0 \boldsymbol{M} + b_1 \boldsymbol{C}
\tag{5.4.20}
$$

每个时间步的计算流程:

① 计算式(5.4.16)中 $t + \theta \Delta t$ 时刻的有效激励

$$
\boldsymbol{g} = \boldsymbol{M}\left[b_0 \boldsymbol{u}(t) + b_2 \dot{\boldsymbol{u}}(t) + 2\ddot{\boldsymbol{u}}(t)\right] + \boldsymbol{C}\left[b_1 \boldsymbol{u}(t) + 2\dot{\boldsymbol{u}}(t) + b_3 \ddot{\boldsymbol{u}}(t)\right] + \boldsymbol{f}(t + \theta \Delta t)
$$

$$
\tag{5.4.21}
$$

必要时,采用式(5.4.17)进行插值计算。

② 求解式(5.4.15)中 $t + \theta \Delta t$ 时刻的位移向量

$$
\boldsymbol{u}(t + \theta \Delta t) = \widetilde{\boldsymbol{K}}^{-1} \boldsymbol{g}
\tag{5.4.22}
$$

③ 通过内插值,得到 $t + \Delta t$ 时刻的加速度向量、速度向量和位移向量

$$
\begin{cases}
\ddot{\boldsymbol{u}}(t + \Delta t) = b_4\left[\boldsymbol{u}(t + \theta \Delta t) - \boldsymbol{u}(t)\right] + b_5 \dot{\boldsymbol{u}}(t) + b_6 \ddot{\boldsymbol{u}}(t) \\
\dot{\boldsymbol{u}}(t + \Delta t) = \dot{\boldsymbol{u}}(t) + b_7\left[\ddot{\boldsymbol{u}}(t + \Delta t) + \ddot{\boldsymbol{u}}(t)\right] \\
\boldsymbol{u}(t + \Delta t) = \boldsymbol{u}(t) + \Delta t \dot{\boldsymbol{u}}(t) + b_8\left[\ddot{\boldsymbol{u}}(t + \Delta t) + 2\ddot{\boldsymbol{u}}(t)\right]
\end{cases}
\tag{5.4.23}
$$

5.4.3　Runge-Kutta 法

这是由德国数学家 Runge 和 Kutta 提出的计算方法,适用于求解一阶常微分方程组的初值问题。为说明其计算格式,考察一阶常微分方程组的向量形式

$$
\dot{\boldsymbol{w}}(t) = \boldsymbol{p}(\boldsymbol{w}(t), t)
\tag{5.4.24}
$$

其中,$\boldsymbol{p}(\boldsymbol{w}, t)$ 是 m 维向量 $\boldsymbol{w}$ 和时间 t 的任意连续函数向量。该方法基于对 $\boldsymbol{w}(t + \Delta t)$ 在 $\boldsymbol{w}(t)$

处的 Taylor 展开式作修正,通常取到 4 阶导数项,其递推公式为

$$w(t+\Delta t)=w(t)+\frac{1}{6}(\boldsymbol{b}_1+2\boldsymbol{b}_2+2\boldsymbol{b}_3+\boldsymbol{b}_4) \tag{5.4.25}$$

其中

$$\begin{cases} \boldsymbol{b}_1=\boldsymbol{p}(w(t),t)\Delta t, & \boldsymbol{b}_2=\boldsymbol{p}(w(t)+\boldsymbol{b}_1/2,t+\Delta t/2)\Delta t \\ \boldsymbol{b}_3=\boldsymbol{p}(w(t)+\boldsymbol{b}_2/2,t+\Delta t/2)\Delta t, & \boldsymbol{b}_4=\boldsymbol{p}(w(t)+\boldsymbol{b}_3,t+\Delta t)\Delta t \end{cases} \tag{5.4.26}$$

用该方法求解式(5.4.1)时,需要将其转化为式(5.4.24)的形式。为此,将式(5.4.1)改写为

$$\ddot{\boldsymbol{u}}(t)=-\boldsymbol{M}^{-1}[\boldsymbol{K}\boldsymbol{u}(t)+\boldsymbol{C}\dot{\boldsymbol{u}}(t)]+\boldsymbol{M}^{-1}\boldsymbol{f}(t) \tag{5.4.27}$$

引入 $m=2n$ 维状态向量

$$\boldsymbol{w}(t)=\begin{bmatrix}\boldsymbol{u}^{\mathrm{T}}(t) & \dot{\boldsymbol{u}}^{\mathrm{T}}(t)\end{bmatrix}^{\mathrm{T}} \tag{5.4.28}$$

则式(5.4.27)可表示为向量形式的一阶常微分方程组

$$\dot{\boldsymbol{w}}(t)=\begin{bmatrix}\boldsymbol{0} & \boldsymbol{I}_n \\ -\boldsymbol{M}^{-1}\boldsymbol{K} & -\boldsymbol{M}^{-1}\boldsymbol{C}\end{bmatrix}\boldsymbol{w}(t)+\begin{bmatrix}\boldsymbol{0} \\ \boldsymbol{M}^{-1}\boldsymbol{f}(t)\end{bmatrix} \tag{5.4.29}$$

进而可用 Runge-Kutta 法求解。

由式(5.4.24)可见,Runge-Kutta 法的适用范围很广,可用于求解第 7 章中的非线性振动问题。因此,MATLAB 和 MAPLE 等数学软件中均有该算法,而且可由用户选择计算结果的绝对误差和相对误差要求,由软件自行完成积分步长调整。

最后指出,对于数百自由度以上的线性系统振动问题,式(5.4.26)的计算较为复杂,其求解效率不如线性加速度法和 Wilson-θ 法。

5.5 综合案例:设备与弹性基础的耦合振动

本节通过一个具有工程背景的振动系统案例,复习自第 2 章以来介绍的几种振动分析方法,为读者提供第一个综合性训练。

例 2.1.2 已初步涉及"设备上楼"问题,现考虑更为复杂的"设备上楼"问题。如图 5.5.1(a)所示,四根相同的两端铰支细长梁组成正方形弹性基础,具有镜像对称的刚性设备通过四个球铰支座安装在四根梁的中点上。设备的质量为 $4m_1$,梁的长度为 l,其单位长度质量为 $\bar{m}$,抗弯刚度为 EI。本节针对这种刚性设备–弹性基础构成的组合系统,分别讨论其沿铅垂方向的固有振动和受迫振动问题。

5.5.1 固有振动分析

根据对称性,将该问题简化为图 5.5.1(b)所示二维系统,即将集中质量 m_1 安装在质量为 $m_2=\bar{m}l$ 的两端铰支 Euler-Bernoulli 梁上,研究含集中质量梁的弯曲固有振动问题。以下先基于 4.2 节的方法,求解系统的固有振动精确解;然后,再采用 Rayleigh 法和 Ritz 法计算该问题的近似解。

1. 固有振动精确解

根据 4.2 节的讨论,图 5.5.1(b)中的系统除了满足两端铰支的四个边界条件,其左右两

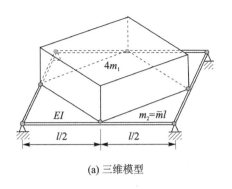

(a) 三维模型

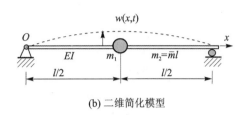

(b) 二维简化模型

图 5.5.1　刚性设备-弹性基础构成的组合系统

段梁还应在梁中点满足位移、转角协调条件,以及弯矩、剪力平衡条件。因此,需要联立上述八个条件来确定系统的固有振动,其过程比较复杂。

为了简化分析,可利用图 5.5.1(b) 中系统的左右对称性,将其固有振动分为对称和反对称两类。此时,只需研究左半段梁的固有振动,然后根据对称性或反对称性获得右半段梁的固有振动。

首先,考察系统的对称固有振动,梁的左端边界条件为

$$w(0,t)=0, \quad M(0,t)=EIw_{xx}(0,t)=0 \tag{5.5.1}$$

在梁中点,梁的转角为零,剪力与集中质量 $m_1/2$ 产生的惯性力平衡,从而有相容条件

$$w_x(l/2,t)=0, \quad EIw_{xxx}(l/2,t)=\frac{m_1}{2}w_{tt}(l/2,t) \tag{5.5.2}$$

根据 4.2 节,梁的固有振动形如

$$\begin{cases} w(x,t)=W(x)\sin(\omega t+\theta) & \text{(5.5.3a)} \\ W(x)=a_1\cos(\kappa x)+a_2\sin(\kappa x)+a_3\cosh(\kappa x)+a_4\sinh(\kappa x) & \text{(5.5.3b)} \end{cases}$$

将式(5.5.3)和它关于 x 的二阶偏导数代入式(5.5.1),得到

$$\begin{cases} W(0)=a_1+a_3=0 \\ W''(0)=-a_1\kappa^2+a_3\kappa^2=0 \end{cases} \tag{5.5.4}$$

该系统无刚体运动自由度,故 $\kappa\neq0$,由式(5.5.4)解出

$$a_1=0, \quad a_3=0 \tag{5.5.5}$$

将式(5.5.5)代回式(5.5.3),再将它关于 x 的各阶偏导数代入式(5.5.2),得到

$$\begin{cases} a_2\kappa\cos(\kappa l/2)+a_4\kappa\cosh(\kappa l/2)=0 \\ EI\left[-a_2\kappa^3\cos(\kappa l/2)+a_4\kappa^3\cosh(\kappa l/2)\right]=-\dfrac{m_1\omega^2}{2}\left[a_2\sin(\kappa l/2)+a_4\sinh(\kappa l/2)\right] \end{cases}$$

$$\tag{5.5.6}$$

将上式整理为关于 a_2 和 a_4 的齐次线性代数方程,其有非零解的充分必要条件是

$$\cos\beta(m_1\omega^2\sinh\beta+2EI\kappa^3\cosh\beta)-\cosh\beta(m_1\omega^2\sin\beta-2EI\kappa^3\cos\beta)=0, \quad \beta\equiv\frac{\kappa l}{2}$$

$$\tag{5.5.7}$$

通过引入质量比 $\mu\equiv m_1/m_2$,可得到

$$m_1\omega^2 = m_1\,\frac{\kappa^4 EI}{\rho A} = \frac{m_1 l\kappa^4 EI}{m_2} = \mu l\kappa^4 EI \tag{5.5.8}$$

将其代入式(5.5.7)后进行整理,得到关于 β 的特征方程

$$\tanh\beta - \tan\beta + \frac{2}{\mu\beta} = 0 \tag{5.5.9}$$

给定质量比 μ,采用 MATLAB 可得到 β 的一系列数值解。例如取 $\mu = 1.0$,得到 $\beta_1 \approx 1.1916,\beta_3 \approx 4.1197$ 等,即 $\kappa_1 l = 2\beta_1 \approx 2.3832,\kappa_3 l = 2\beta_3 \approx 8.2394$ 等。因此,系统的奇数阶固有振动频率为

$$\omega_1 = (\kappa_1 l)^2\sqrt{\frac{EI}{\rho A l^4}} = 5.6796\sqrt{\frac{EI}{\rho A l^4}}\,, \quad \omega_3 = (\kappa_3 l)^2\sqrt{\frac{EI}{\rho A l^4}} = 67.8884\sqrt{\frac{EI}{\rho A l^4}}\,, \quad \cdots \tag{5.5.10}$$

将 $\kappa_1 l/2 = 1.1916$ 和 $\kappa_2 l/2 = 4.1197$ 分别代回式(5.5.6)中第一式,取 $a_2 = 1$,解出 a_4;再连同式(5.5.5)代入式(5.5.3b),得到系统的第一阶、第三阶固有振型的左半部分

$$\begin{cases} W_1(x) = \sin\left(\dfrac{2.3832x}{l}\right) - \dfrac{\cos(1.1916)}{\cosh(1.1916)}\sinh\left(\dfrac{2.3832x}{l}\right)\,, & 0 \leqslant x \leqslant \dfrac{l}{2} \\[3mm] W_3(x) = \sin\left(\dfrac{8.2394x}{l}\right) - \dfrac{\cos(4.1197)}{\cosh(4.1197)}\sinh\left(\dfrac{8.2394x}{l}\right)\,, & 0 \leqslant x \leqslant \dfrac{l}{2} \end{cases} \tag{5.5.11}$$

其右半部分是式(5.5.11)关于梁中点的镜像。

其次,讨论系统的反对称固有振动,此时梁的中点是固有振型节点。该固有振动可视为长度为 $l/2$ 的两端铰支梁固有振动。因此,系统的偶数阶固有振动频率为

$$\omega_2 = \pi^2\sqrt{\frac{EI}{\rho A (l/2)^4}} = 39.4784\sqrt{\frac{EI}{\rho A l^4}}\,, \quad \omega_4 = 4\omega_2 = 157.9136\sqrt{\frac{EI}{\rho A l^4}}\,, \quad \cdots \tag{5.5.12}$$

系统的第二阶、第四阶固有振型为

$$\begin{cases} W_2(x) = \sin\left(\dfrac{\pi x}{l/2}\right) = \sin\left(\dfrac{2\pi x}{l}\right)\,, & 0 \leqslant x \leqslant l \\[3mm] W_4(x) = \sin\left(\dfrac{2\pi x}{l/2}\right) = \sin\left(\dfrac{4\pi x}{l}\right)\,, & 0 \leqslant x \leqslant l \end{cases} \tag{5.5.13}$$

2. 第一阶固有频率近似解

现采用 Rayleigh 法计算该系统的第一阶固有频率。借鉴例 2.1.2,用两端铰支梁在中点单位静力作用下的挠度曲线作为假设振型函数,即

$$\psi(x) = \frac{x(3l^2 - 4x^2)}{48EI}\,, \quad 0 \leqslant x \leqslant \frac{l}{2} \tag{5.5.14}$$

将梁的振动表示为 $w(x,t) = \psi(x)q(t)$,得到系统的参考动能和最大势能

$$\begin{cases} T_{\mathrm{ref}} = \left[\dfrac{m_1}{2}\psi^2\left(\dfrac{l}{2}\right) + \displaystyle\int_0^{l/2}\bar{m}\psi^2(x)\mathrm{d}x\right] = \dfrac{1}{2}\left(\dfrac{l^3}{48EI}\right)^2\left(m_1 + \dfrac{17m_2}{35}\right) \\[4mm] V_{\max} = \displaystyle\int_0^{l/2}EI\left(\dfrac{\mathrm{d}^2\psi}{\mathrm{d}x^2}\right)^2\mathrm{d}x = \dfrac{1}{2}\left(\dfrac{l^3}{48EI}\right) \end{cases} \tag{5.5.15}$$

将上式代入式(5.2.5)中的 Rayleigh 商,得到第一阶固有频率的近似值

$$\hat{\omega}_1 = \sqrt{\frac{V_{\max}}{T_{\mathrm{ref}}}} = \sqrt{\frac{35 \times 48 EI}{(35 m_1 + 17 m_2) l^3}} = 4 \sqrt{\frac{105}{(35 \mu + 17)}} \sqrt{\frac{EI}{\rho A l^4}} \qquad (5.5.16)$$

若取质量比 $\mu = 1$，得到该固有频率的近似值及其相对于式(5.5.10)中精确值的误差

$$\hat{\omega}_1 \approx 5.6840 \sqrt{\frac{EI}{\rho A l^4}}, \quad \varepsilon_1 = 0.07\% \qquad (5.5.17)$$

这是精度很高的结果。不难看出，从例 2.1.2 可得到相同结果。

可以验证，如果取无集中质量的两端简支梁的第一阶固有振型作为假设振型，即

$$\psi(x) = \sin\left(\frac{\pi x}{l}\right), \quad 0 \leqslant x \leqslant l \qquad (5.5.18)$$

则得到如下第一阶固有频率近似值和相对于精确值的误差

$$\hat{\omega}_1 \approx 5.698\,2 \sqrt{\frac{EI}{\rho A l^4}}, \quad \varepsilon_1 = 0.328\% \qquad (5.5.19)$$

该结果的精度低于式(5.5.17)，因为前一种假设振型可体现集中质量效应。

3. 低阶对称固有振动近似解

现采用 Ritz 法求解系统的前二阶对称固有振动。将 Ritz 基函数选为无集中质量的两端铰支梁的前两阶对称固有振型函数

$$\psi_1(x) = \sin\left(\frac{\pi x}{l}\right), \quad \psi_3(x) = \sin\left(\frac{3\pi x}{l}\right), \quad 0 \leqslant x \leqslant l \qquad (5.5.20)$$

将图 5.5.1(b)中的梁振动近似表示为

$$\hat{w}(x,t) = \psi_1(x) q_1(t) + \psi_3(x) q_3(t) \qquad (5.5.21)$$

参考式(5.2.20)，得到系统的质量矩阵和刚度矩阵

$$\begin{cases} \boldsymbol{M} = m_1 \begin{bmatrix} 1 & -1 \\ -1 & 1 \end{bmatrix} + \frac{m_2}{2} \begin{bmatrix} 1 & 0 \\ 0 & 1 \end{bmatrix} = \begin{bmatrix} m_1 + m_2/2 & -m_1 \\ -m_1 & m_1 + m_2/2 \end{bmatrix} \\ \boldsymbol{K} = \frac{EI}{2l^3} \begin{bmatrix} \pi^4 & 0 \\ 0 & (3\pi)^4 \end{bmatrix} \end{cases} \qquad (5.5.22)$$

其对应的广义特征值问题可表示为

$$\left\{ \begin{bmatrix} \pi^4 & 0 \\ 0 & 81\pi^4 \end{bmatrix} - \omega^2 \left(\frac{\rho A l^4}{EI}\right) \begin{bmatrix} 2\mu+1 & -2\mu \\ -2\mu & 2\mu+1 \end{bmatrix} \right\} \bar{\boldsymbol{q}} = \boldsymbol{0} \qquad (5.5.23)$$

取质量比为 $\mu = 1.0$，求解该广义特征值问题，得到前两阶对称固有振动的频率及其相对于精确值的误差

$$\begin{cases} \hat{\omega}_1 \approx 5.682\,5 \sqrt{\frac{EI}{\rho A l^4}}, \quad \varepsilon_1 = 0.052\% \\ \\ \hat{\omega}_3 \approx 68.994\,5 \sqrt{\frac{EI}{\rho A l^4}}, \quad \varepsilon_3 = 1.629\% \end{cases} \qquad (5.5.24)$$

由此可见，此时的 $\hat{\omega}_1$ 比 Rayleigh 法的结果更好，而 $\hat{\omega}_3$ 的精度也在工程可接受范围内。

它们对应的特征向量为

$$\bar{\boldsymbol{q}}_1 = \begin{bmatrix} 1.000\,0 & -0.008\,3 \end{bmatrix}^{\mathrm{T}}, \quad \bar{\boldsymbol{q}}_3 = \begin{bmatrix} 0.671\,2 & 1.000\,0 \end{bmatrix}^{\mathrm{T}} \qquad (5.5.25)$$

由式(5.5.21)可知，系统的前两阶对称固有振型函数近似为

$$\begin{cases} \hat{W}_1(x) = \sin\left(\dfrac{\pi x}{l}\right) - 0.008\,3\sin\left(\dfrac{3\pi x}{l}\right) \\ \hat{W}_3(x) = 0.671\,2\sin\left(\dfrac{\pi x}{l}\right) + \sin\left(\dfrac{3\pi x}{l}\right), \quad 0 \leqslant x \leqslant l \end{cases} \tag{5.5.26}$$

将式(5.5.11)和式(5.5.26)中的振型函数均关于梁的中点位移归一化,得到图 5.5.2 所示结果。在图 5.5.2(a)中,Ritz 法的近似解与精确解高度吻合,无法辨别其差异。图 5.5.2(b)则表明,Ritz 法可提供较好的近似解。

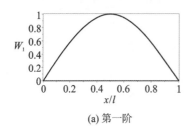

(a) 第一阶

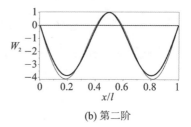

(b) 第二阶

粗实线:精确解; 细实线:近似解

图 5.5.2　系统的对称固有振型计算结果对比

5.5.2　受迫振动计算

现继续考察图 5.5.1(a)中由刚性设备和弹性基础构成的组合系统,其弹性基础是 4.4.2 节所介绍的含材料阻尼 Euler-Bernoulli 梁。设系统在初始时刻处于静止状态,在设备中心受到沿铅垂方向的激振力 $4f(t)$ 作用,计算系统的瞬态响应。

1. 离散化模型

根据问题的对称性,研究图 5.5.1(b)中初始静止系统的受迫振动。参考 4.4.2 节中含材料阻尼梁的动力学方程,采用 Dirac 函数 $\delta(x-l/2)$ 描述集中质量和激振力作用在梁中点,得到该系统动力学方程的初值问题

$$\begin{cases} \rho A\,\dfrac{\partial^2 w}{\partial t^2} + m_1\delta\left(x-\dfrac{l}{2}\right)\dfrac{\partial^2 w}{\partial t^2} + EI\,\dfrac{\partial^4 w}{\partial x^4} + \gamma EI\,\dfrac{\partial^5 w}{\partial t\partial x^4} = f(t)\delta\left(x-\dfrac{l}{2}\right) & \text{(5.5.27a)} \\ w(x,0) = 0, \quad w_t(x,0) = 0 & \text{(5.5.27b)} \end{cases}$$

其中,γE 是材料阻尼系数。

取 Ritz 基函数为无集中质量的两端铰支梁对称固有振型函数,将系统振动近似表示为

$$\hat{w}(x,t) = \sum_{s=1,3,5}^{m}\sin\left(\dfrac{s\pi x}{l}\right)q_s(t) \tag{5.5.28}$$

将式(5.5.28)代入式(5.5.27a),两端同乘 $\psi_s(x)$,沿着梁的长度对 x 积分,得到常微分方程组

$$\sum_{s=1,3,5}^{m}[M_{rs}\ddot{q}_s(t) + \gamma K_{rs}\dot{q}_s(t) + K_{rs}q_s(t)] = f_r(t), \quad r = 1,3,5,\cdots,m \tag{5.5.29a}$$

其中

$$\begin{cases} M_{rs} = m_1 \psi_r\left(\dfrac{l}{2}\right)\psi_s\left(\dfrac{l}{2}\right) + \displaystyle\int_0^l \rho A \psi_r(x)\psi_s(x)\mathrm{d}x \\[2ex] \qquad = m_1 \sin\left(\dfrac{r\pi}{2}\right)\sin\left(\dfrac{s\pi}{2}\right) + \dfrac{m_2}{2}\delta_{rs} \\[2ex] K_{rs} = EI\displaystyle\int_0^l \psi''_r(x)\psi''_s(x)\mathrm{d}x = \dfrac{r^4\pi^4 EI}{2l^3}\delta_{rs}, \quad r,s=1,3,5,\cdots,m \end{cases} \tag{5.5.30}$$

式(5.5.29a)中的广义力为

$$f_r(t) = \int_0^l \psi_r(x) f(t)\delta(x-l/2)\mathrm{d}x = f(t)\sin\left(\frac{r\pi}{2}\right), \quad r=1,3,5,\cdots,m \tag{5.5.31}$$

将式(5.5.28)代入式(5.5.27b),由于固有振型函数彼此线性无关,得到初始条件

$$q_r(0), = 0, \quad \dot{q}_r(0) = 0, \quad r=1,3,5,\cdots,m \tag{5.5.29b}$$

求解式(5.5.29)所描述的常微分方程初值问题,将结果代入式(5.5.28),可得到梁中点的位移,即刚性设备的铅垂振动近似为

$$\hat{w}(l/2,t) = \sum_{s=1,3,5}^{m} \sin\left(\frac{s\pi}{2}\right) q_s(t) \tag{5.5.32}$$

2. 系统响应计算

例 5.5.1* 　单根梁上的设备质量为 $m_1 = 5\,m_2$,梁为正方形截面的钢梁,其长度为 $l = 1$ m,横截面边长为 $b = 0.01$ m(即 $I = b^4/12$),材料密度为 $\rho = 7\,800$ kg/m^3,弹性模量为 $E = 210$ GPa,阻尼系数 $\gamma E = 210$ MPa·s。由设备传递到单根梁中点的铅垂激振力为

$$f(t) = f_0\sin(\omega t), \quad \omega(t) = \begin{cases} 2\pi\left[f_\mathrm{S} + (f_\mathrm{T} - f_\mathrm{S})t/t_1\right], & 0\leqslant t\leqslant t_1 \\ 4\pi f_\mathrm{T}, & t_1 < t\leqslant t_2 \end{cases} \tag{a}$$

其中

$$f_0 = 10\ \mathrm{N}, \quad f_\mathrm{S} = 0\ \mathrm{Hz}, \quad f_\mathrm{T} = 5\ \mathrm{Hz}, \quad t_1 = 10\ \mathrm{s}, \quad t_2 = 15\ \mathrm{s} \tag{b}$$

计算系统沿铅垂方向的响应。

解　对于 $t\in[0,t_1]$,激振力频率线性递增,这是设备启动阶段常遇到的激励形式。在采用数值积分求解式(5.5.29)之前,需了解系统所受激励的频率范围和系统有可能被激发的固有振动频率,以便选取积分步长。

考虑系统可能被激发的固有振动,由式(5.5.30)可见,K_{rr} 正比于 r^4,而 M_{rs} 的量级与 r 无关。因此,该系统的固有频率随着阶次 r 增加而急剧升高。现取 $r=5$,将 $m_1 = 5\,m_2$ 和 $I = b^4/12$ 代入式(5.5.30),略去偶数的行和列,得到三阶质量矩阵和刚度矩阵

$$\boldsymbol{M} = \frac{m_2}{2}\begin{bmatrix} 11 & -10 & 10 \\ -10 & 11 & -10 \\ 10 & -10 & 11 \end{bmatrix}, \quad \boldsymbol{K} = \frac{\pi^4 b^4 E}{24 l^3}\begin{bmatrix} 1 & 0 & 0 \\ 0 & 81 & 0 \\ 0 & 0 & 625 \end{bmatrix} \tag{c}$$

将系统参数代入式(c),用附录 A5 的 MATLAB 程序解广义特征值问题,得到奇数阶固有频率

$$f_1 = 7.05\ \mathrm{Hz}, \quad f_3 = 151.67\ \mathrm{Hz}, \quad f_5 = 492.01\ \mathrm{Hz} \tag{d}$$

参考激振力的频率范围,不必考虑更高阶的固有振动。

在数值积分时,积分步长应足够小,进而能正确描述最短周期的振动。由上式可见,该系统的第五阶固有振动周期为 $T_5 = 1/f_5 \approx 0.002$ s。如果采用线性加速度法来计算系统响应,

为了描述该固有振动，积分步长可取 $\Delta t = T_5/10 \approx 0.000\,2\,\text{s}$。

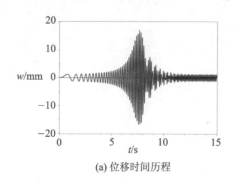
(a) 位移时间历程

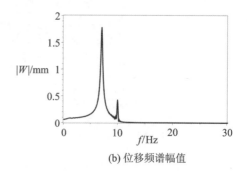
(b) 位移频谱幅值

图 5.5.3 正弦扫频激励下的设备铅垂位移

根据 5.4.3 节介绍的方法，将式(5.5.29)中的二阶常微分方程组改写为一阶常微分方程组。采用附录 A5 的 MATLAB 程序调用 Runge-Kutta 法，计算得到图 5.5.3 所示的设备铅垂位移时间历程。由图可见，设备在 $t = 6 \sim 8$ s 时呈现强烈振动。若从式(a)中所给的函数 $\omega(t)$ 看，其最大值为 $\omega(t_1) = 10\pi$，尚未达到系统的第一阶固有振动频率 $\omega_1 = 2\pi f_1 \approx 14\pi$，似乎不应激发共振。然而，频率是相位角的时间变化率，故式(a)中激振力的"瞬时频率"为

$$\frac{\mathrm{d}(\omega t)}{\mathrm{d}t} = \begin{cases} 2\pi f_S + 4\pi(f_T - f_S)t/t_1, & 0 \leqslant t \leqslant t_1 \\ 4\pi f_T, & t_1 < t \leqslant t_2 \end{cases} \tag{e}$$

将式(b)中的参数代入上式，可见 $t = 7\text{s}$ 时的瞬时频率是 $\omega_1 = 2\pi f_1 \approx 14\pi$，故激起了系统的第一阶共振。在研究正弦扫频激励问题时，需要特别关注这类瞬时频率。

根据 6.2.2 节将介绍的快速 Fourier 变换，用附录 A5 的 MATLAB 程序计算该位移的 Fourier 变换幅值谱，得到图 5.5.3(b)所示结果。该幅值谱在 7 Hz 处的主峰值代表系统第一阶共振，而位于 10 Hz 处的次峰代表激振力频率固定后的系统稳态振动。

5.6 综合案例：直升机桨叶的弯曲振动

本节针对直升机桨叶在定轴转动时的弯曲振动问题，介绍其近似计算和数值计算，使读者了解这两类方法在处理工程问题时的特点，进而完成第二个综合性训练。

直升机桨叶是由金属、玻璃纤维制成的细长复杂结构。如图 5.6.1 所示，直升机的桨毂带

图 5.6.1 直升机旋翼系统

动桨叶定轴转动,通过桨叶翼型产生升力和飞行动力。由图 5.6.2 可见,桨叶内部布置了翼梁、翼肋和前后墙。桨叶的翼梁安装在桨毂上,其结合部的力学模型很复杂。在直升机设计阶段,通常对该结合部作大幅简化,视翼梁与桨毂为铰支或固支,而桨毂作定轴转动。

图 5.6.2　直升机桨叶结构

图 5.6.2 所示的桨叶具有展长 $l=8.0$ m,弦长 $b=0.527\ 3$ m,横截面面积 $A=0.018\ 24$ m^2,翼肋间距 $d=0.5$ m,总质量 $m=108.074$ kg。

本节针对固支在桨毂上的桨叶以恒定角速度绕 z 轴转动问题,考察在转动坐标系 $Oxyz$ 中度量的桨叶弯曲固有振动。值得指出,这种固有振动与桨叶转速有关,且刚体运动频率就是转速,故并非严格意义下的固有振动。更重要的是,桨叶受到的离心力随桨叶展长线性变化,无法采用 4.3.1 节中均质等截面梁在定常轴力作用下的固有振动结果。因此,本节分别采用有限元法和 Ritz 法来计算上述振动问题,并对两种方法进行比较。

5.6.1　有限元计算

1. 计算工具简介

对桨叶这样的复杂板壳组合结构进行振动计算,通常采用商品化的有限元软件,如 MSC. NASTRAN、ABAQUS、ANSYS 等。

以 MSC. NASTRAN 为例,它是由美国国家航空航天局(NASA)针对飞行器结构分析需求研制的有限元软件,是计算结构力学领域的主流软件之一。MSC. NASTRAN 拥有与结构分析相关的许多功能模块,包括:结构静力分析,结构动力分析,结构气动弹性分析,热传导分析,声学分析等。它还可处理许多类型的非线性力学问题,包括:几何非线性问题,材料非线性问题,接触非线性问题,结构屈曲与后屈曲分析等[①]。

对于本书所涉及的机械和结构系统振动问题,上述几种软件均具有较强的处理能力,其主要功能包括:丰富的有限单元库、网格划分和前后处理、固有振动分析、复模态分析、瞬态响应数值积分、频率响应分析等。

2. 有限元模型

根据图 5.6.1 所示的桨叶结构,对翼梁、翼肋、前后墙和蒙皮,均采用 MSC. NASTRAN 的薄壳单元建模,其单元属性参见表 5.6.1,材料参数参见表 5.6.2。整个桨叶的有限元模型包含 95 374 个单元,92 832 个节点,约 55.7 万个自由度。对于角速度 $\Omega=5,10,25$ rad/s,采用 MSC. NASTRAN 计算,得到桨叶的前 6 阶固有振动,在稍后的 5.6.3 节介绍计算结果。

---

① 李保国,黄晓铭,裴延军,李伟,等. MSC. NASTRAN 动力分析指南[M]. 2 版. 北京:中国水利水电出版社,2018.

表 5.6.1　壳单元属性

单元名称	壳单元厚度/m	材　料
翼肋	0.010	钛合金
翼梁,前后墙	0.020	钛合金
蒙皮	0.002	玻璃纤维

表 5.6.2　材料属性

材料名称	弹性模量/GPa	密度/(kg·m^{-3})	Poisson 比
钛合金	108	4.51	0.34
玻璃纤维	7.3	2 540	0.22

5.6.2　Ritz 法计算

例 5.6.1 *　将直升机桨叶简化为以恒定角速度 Ω 绕 z 轴转动的均质等截面梁模型,忽略 Coriolis 效应,用 Ritz 法计算梁模型在离心力作用下的弯曲固有振动。

解　参考图 5.6.2 中固定在桨叶上的连体坐标系,在坐标 x 处取长度为 $\mathrm{d}x$ 的梁微段,其产生的离心力为 $\mathrm{d}S=(\rho A \mathrm{d}x)x\Omega^2$。通过在区间 $[x,l]$ 上积分,得到作用在 x 截面上的离心力

$$S(x)=\rho A\Omega^2\int_x^l \xi\mathrm{d}\xi=\frac{\rho A\Omega^2}{2}(l^2-x^2) \tag{a}$$

虽然桨叶是三维结构,但根据其结构特点,可认为桨叶绕 y 轴的挥舞与绕 z 轴的摆动彼此解耦,将桨叶简化为两个独立的平面梁振动问题。以绕 y 轴的挥舞为例,根据 4.3.1 节的讨论,Euler-Bernoulli 平面梁模型在离心力 $S(x)$ 作用下的弯曲振动满足

$$\rho A\frac{\partial^2 w(x,t)}{\partial t^2}-\frac{\partial}{\partial x}\left[S(x)\frac{\partial w(x,t)}{\partial x}\right]+\frac{\partial^2}{\partial x^2}\left(EI\frac{\partial^2 w(x,t)}{\partial x^2}\right)=0 \tag{b}$$

现采用 Ritz 法推导如何求解式(b)的固有振动。

针对固支边界条件,选取梁模型作弯曲振动的 Ritz 基函数为

$$\psi_r(x)=x^{r+1},\quad r=1,2,\cdots,n \tag{c}$$

将梁模型的弯曲振动近似表示为

$$\hat{w}(x,t)=\sum_{r=1}^n \psi_r(x)q_r(t) \tag{d}$$

根据式(5.1.6),梁模型在离心力作用下的弯曲变形能为

$$V=\frac{1}{2}\int_0^l\left[EI\left(\frac{\partial^2\hat{w}}{\partial x^2}\right)^2+S(x)\left(\frac{\partial\hat{w}}{\partial x}\right)^2\right]\mathrm{d}x \tag{e}$$

由此得到梁模型的刚度矩阵元素

$$K_{rs}=\int_0^l EI\psi''_r(x)\psi''_s(x)\mathrm{d}x+\int_0^l S(x)\psi'_r(x)\psi'_s(x)\mathrm{d}x$$

$$=EI(r+1)(s+1)rs\int_0^l x^{r+s-2}\mathrm{d}x+\frac{\rho A\Omega^2(r+1)(s+1)}{2}\int_0^l(l^2-x^2)x^{r+s}\mathrm{d}x$$

$$= \frac{EI(r+1)(s+1)rs}{(r+s-1)}l^{r+s-1} + \frac{\rho A\Omega^2(r+1)(s+1)}{(r+s+1)(r+s+3)}l^{r+s+3}, \quad r,s=1,2,\cdots,n \quad \text{(f)}$$

根据式(5.2.20),可得到对应式(d)的梁模型质量矩阵元素

$$M_{rs} = \int_0^l \rho A \psi_r(x)\psi_s(x)\mathrm{d}x = \rho A \int_0^l x^{r+s+2}\mathrm{d}x = \frac{\rho A}{r+s+3}l^{r+s+3}, \quad r,s=1,2,\cdots,n \quad \text{(g)}$$

采用均质等截面梁模型描述桨叶,则其线密度为 $\rho A = m/l \approx 13.51\text{kg/m}$。采用静力计算或实验,使桨叶和梁模型的弯曲静变形等效,可得到梁模型绕 y 轴挥舞的弯曲刚度为 $(EI)_y = 29.324\ \text{kN·m}^2$,绕 z 轴摆动的弯曲刚度为 $(EI)_z = 3\,064.034\ \text{kN·m}^2$。为了和有限元法计算的桨叶前 6 阶固有振动进行比较,在计算中,取 $n=10$ 个 Ritz 基函数。

将转速 Ω 和上述参数代入式(f)和式(g),采用附录 A5 中的 MATLAB 程序分别生成梁模型沿 y 方向振动和沿 z 方向振动的 10 阶质量矩阵和 10 阶刚度矩阵,通过求解两个广义特征值问题,获得梁模型沿这两个方向的弯曲振动固有频率和固有振型,具体结果见 5.6.3 节。

5.6.3　计算结果及讨论

对于角速度 $\Omega=5,10,25$ rad/s,表 5.6.3 给出由上述两种方法计算的桨叶前 6 阶弯曲振动固有频率。由于 5.6.1 节所介绍的有限元模型采用壳单元,具有非常细的离散网格,可认为其数值解提供了该桨叶的精确固有振动信息。与之对比可见,Ritz 法得到的固有频率具有相当好的计算精度。

根据表 5.6.3 可发现如下规律:一是随着转速增加,离心力导致桨叶的各阶固有频率均显著提升;二是转速对挥舞固有频率的影响明显高于对摆动固有频率的影响,其原因是桨叶的挥舞弯曲刚度远低于摆动弯曲刚度,而离心力可显著提升桨叶的弯曲刚度;三是在同方向的弯曲振动中,离心力对低阶固有振动频率的影响更为显著,建议读者思考其原因。

表 5.6.3　定轴匀速转动的桨叶固有频率计算结果

转速/(rad·s⁻¹)	5		10		25	
固有振动类型与频率	有限元法	Ritz 法	有限元法	Ritz 法	有限元法	Ritz 法
第 1 阶挥舞弯曲/Hz	0.946	0.947	1.724	1.725	4.098	4.105
第 2 阶挥舞弯曲/Hz	3.243	3.259	4.755	4.776	10.312	10.289
第 3 阶挥舞弯曲/Hz	7.819	7.896	9.681	9.769	17.550	17.742
第 4 阶挥舞弯曲/Hz	14.470	14.797	16.583	16.917	26.545	27.029
第 1 阶摆动弯曲/Hz	4.211	4.253	4.464	4.512	5.924	6.003
第 2 阶摆动弯曲/Hz	22.428	26.171	22.689	26.405	24.431	27.990

对于角速度 $\Omega=25$ rad/s,图 5.6.3 给出上述两种方法得到的桨叶前 6 阶固有振型。从形态来看,两种方法的结果一致,即 Ritz 法可得到令人满意的桨叶低阶弯曲固有振型。

最后,针对该定轴转动的直升机桨叶固有振动计算,阐述两种方法的特点。

① 基于平面 Euler-Bernoulli 梁模型的 Ritz 法比较简单,而且计算精度令人满意。对于均质等截面梁模型,在计算例 5.6.1 中的式(f)和式(g)时,可提取因子 $EI/\rho A$,使计算结果适用于不同的因子 $EI/\rho A$,便于进行参数化分析和修改设计。如果桨叶的线密度 ρA 和抗弯刚度

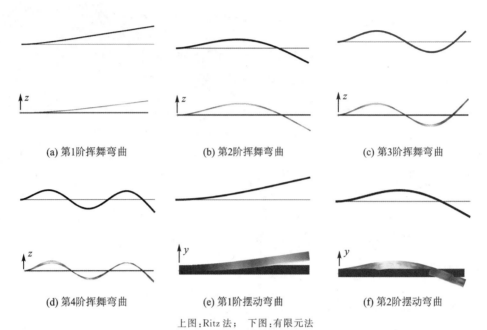

(a) 第1阶挥舞弯曲　　　(b) 第2阶挥舞弯曲　　　(c) 第3阶挥舞弯曲

(d) 第4阶挥舞弯曲　　　(e) 第1阶摆动弯曲　　　(f) 第2阶摆动弯曲

上图:Ritz 法；　下图:有限元法

图 5.6.3　转速 $\Omega=25$ rad/s 时桨叶前 6 阶固有振型

EI 沿桨叶展长变化,可通过数值积分完成上述式(f)和式(g)的计算。但基于上述梁模型的 Ritz 法也有许多局限性。例如,该模型无法描述桨叶的弯扭耦合振动。又如,桨叶绕 z 轴的弯曲变形呈现短粗梁特征,Euler-Bernoulli 梁模型未计入剪切变形和转动惯性效应,得到的二阶固有频率误差较大,三阶以上的固有振动计算结果失效。

② 基于薄壳单元的有限元模型具有很强的通用性,适用于描述桨叶的三维振动和振动细节。例如,对具有非对称翼型的桨叶,其弯扭耦合振动的固有频率较低,必须用有限元法来计算。又如,该桨叶的翼梁与桨毂固连,而蒙皮未受桨毂约束。在图 5.6.3 中,有限元计算结果可给出这样的细节,而基于梁模型的 Ritz 法则无能为力。当然,有限元计算不仅需要专用软件,而且计算量很大。

思考题

5-1　通过一个具体力学系统,对 Hamilton 变分原理给出形象化的解释。

5-2　对于 n 自由度非比例阻尼系统的受迫振动问题,若已知 m 个假设振型实向量($m \ll n$),思考如何用 Ritz 法获得系统响应,这是否与复模态理论冲突?

5-3　部分学者认为,梁的 Ritz 基函数只需满足位移和转角边界条件,不必满足弯矩和剪力边界条件;另一部分学者则认为,两种边界条件均应满足。请思考哪种观点合理?

5-4　以单自由度无阻尼系统的自由振动为例,讨论线性加速度法的计算稳定性。

5-5　对于图 5.5.1(a)中的刚性设备-弹性基础系统,若有垂向冲击作用到设备的某个角点上,思考如何利用对称性简化系统响应分析?

5-6　对于定轴转动的直升机桨叶弯曲振动研究,思考在什么情况下必须考虑 Coriolis 效应?如何计入这种效应?

习　题

5-1　对于图 5-1 所示的杆纵向振动,基于 Hamilton 原理建立其动力学方程和边界条件。

5-2　考察图 5-2 所示的变截面杆纵向振动,用 Rayleigh 法求解其第一阶固有频率。

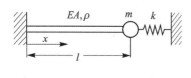
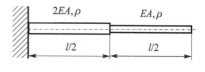

图 5-1　习题 5-1 用图　　　　　　　图 5-2　习题 5-2 用图

5-3　考察图 5-3 所示的均质等截面梁,其长度为 $3l/2$,质量为 m,抗弯刚度为 EI;梁上固定安装两个集中质量 $m/3$。根据材料力学选择假设振型,用 Rayleigh 法求系统的第一阶固有频率。

5-4　图 5-4 所示的两端铰支梁具有单位宽度,其高度呈等腰三角形;左半段梁的单位长度质量为 $\rho A(x)=c_1 x$,抗弯刚度为 $EI(x)=c_2 x^3$。取梁的静挠曲线为抛物线,用 Rayleigh 法求梁的第一阶固有频率。

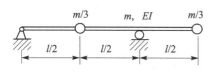
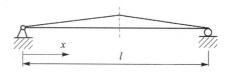

图 5-3　习题 5-3 用图　　　　　　　图 5-4　习题 5-4 用图

5-5　若已知多自由度系统具有柔度矩阵 $\boldsymbol{D}$,定义另一种 Rayleigh 商如下

$$\widetilde{R}(\boldsymbol{u}) = \frac{\boldsymbol{u}^{\mathrm{T}}\boldsymbol{M}\boldsymbol{u}}{\boldsymbol{u}^{\mathrm{T}}\boldsymbol{M}\boldsymbol{D}\boldsymbol{M}\boldsymbol{u}}$$

证明:它对系统第一阶固有频率的估计优于式(5.2.5)中的 Rayleigh 商。

5-6　在 MATLAB 平台上,用上述两种 Rayleigh 商求解例 5.2.1 中系统的第一阶固有频率,并与精确结果比较。

5-7　在 MATLAB 平台上,用 Ritz 法求解习题 5-1 中系统的前二阶固有模态。

5-8　考察两端固定弦的弯曲振动问题,其长度为 l,单位长度质量为 ρA,张力为 S。先采用轴力作用下的梁弯曲振动分析结果,获得弦的弯曲固有振动;再假设两个振型函数,用 Ritz 法求弦的前二阶固有模态;最后评价 Ritz 法的计算精度。

5-9　考察均质等截面悬臂梁,其长度为 $l=1$ m,正方形截面边长为 $b=0.01$ m,材料密度为 $\rho=2\,700$ kg/m^3,弹性模量为 $E=72$ GPa。将梁离散为四个相同单元组成的有限元模型,在 MATLAB 平台上生成该系统的刚度矩阵和质量矩阵;计算梁的前二阶固有频率,并与精确解进行比较。

5-10　根据习题 5-9 所建立的有限元模型,在 MATLAB 平台上编写线性加速度法的计算程序;计算梁自由端突加横向力 $f_0=1$ N 后的振动,并讨论积分步长对计算结果的影响。

第6章 振动实验及综合案例

如绪论所述,振动实验是研究振动问题的三大手段之一。通过实验得到的数据资料,是检验理论或计算的客观依据,也是在研究中发现新现象和新问题的源头。

在工业产品研制中,所涉及的振动问题通常很复杂。在理论研究或数值计算阶段,必须对振动问题的许多细节作简化假设和近似处理。通过前几章的内容,尤其是5.5节的综合性案例,读者可体会到,理论分析和数值计算不可避免地存在着"某些缺陷"。与此相反,实验真实展示系统行为,进而可验证理论分析和数值计算。因此,它是理论分析或数值计算所无法取代的。当然,理论分析和数值计算是对实际系统的抽象和概括,可以抓住主要矛盾,揭示问题的本质,还可指导系统设计或预测系统行为,这些则是实验所无法取代的。

本章简要介绍振动实验方法,主要包括实验设计、数据采集和系统识别,并以飞翼布局无人机的模态测试为例,说明如何综合应用上述方法处理工程问题。

6.1 实验设计与测试仪器

本章介绍如何在实验室中进行振动实验。图6.1.1是飞机地面振动实验示意图。其中,激振器根据计算机产生的激励信号驱动飞机振动,传感器测量激振力和飞机加速度,数据采集与分析系统获得经过信号适调器处理的信号,经计算得到飞机的频响函数矩阵和模态参数。

在这类实验的设计中,首先要考虑如何使测试对象具有期望的边界条件。其次,要根据测试对象的大小、重量、质量与刚度分布特性选择激振方式、激振器和测振传感器,决定它们与测试对象的连接方式。最后,要选定数据采集时的参数、模态参数识别的方法等。这一系列的决策,有些可遵循前几章的理论,有些则来自经验。以下讨论几个主要问题。

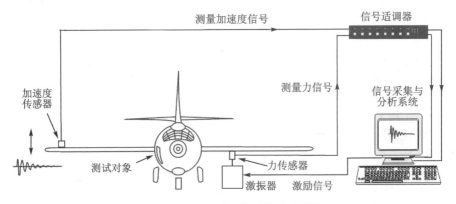

图 6.1.1 飞机地面振动实验示意图

6.1.1　测试对象的边界条件

在多数实验中,期望测试对象的边界条件尽可能接近其实际工作时的状态。以飞机全机振动测试为例,需要考虑用非常软的弹性支撑(空气弹簧)或悬挂(橡皮绳)来模拟飞机的自由边界条件。至于机翼、水平尾翼等部件的振动测试,由于实际边界条件既非固支又非铰支,只能用近似边界条件来代替。

近似自由边界条件对测试对象的低阶弹性振动模态有一定影响。为了减小这种影响,自然希望弹性支撑尽可能软。为此,在实验设计阶段,可将测试对象作为刚体,估计其与弹性支撑所构成系统的第一阶固有频率(简称近似刚体运动频率)。通常,要求近似刚体运动频率小于测试对象的第一阶弹性振动固有频率的1/3。为了减小上述影响,还可将支撑或悬挂点安排在测试对象的低阶弹性固有振动的节点附近。

对于飞机、航天器、燃气轮机等复杂系统,有时需要用基于实验的动态子结构方法来获得整个系统的特性。例如,由其他国家提供的卫星模态数据和我国火箭的实验模态数据来获得整个星-箭系统的动力学特性。根据不同的子结构综合法,部件的边界条件可选为自由或固支。对于中小型部件,通常可选用自由边界条件,通过软悬挂来实现。而大型、重型部件,则建议选用固支边界。

6.1.2　激振器

1. 激振器种类

激振器的种类非常多,常用的有液压振动台、电磁激振器、力锤等。前两种通过不同方式将电能转变为机械能,而力锤则靠人力输出的能量。第 1 章的图 1.4.2 是可产生六个自由度振动的电液振动台,图 6.1.2 是南京航空航天大学研制的推力为 50 N 的电磁激振器。

① 液压振动台主要用于产生基础激励。其优点是:可根据计算机产生的电信号输出各种波形和幅值的台面运动,低频特性好并允许有较大振幅(可达±0.2 m),推力大(可达 500 kN);其缺点是:上限频率比较低(如低于 1 kHz),需要液压源等辅助设备。

② 电磁激振器主要用于产生力激励。其优点是:可根据计算机产生的电信号输出各种波形和幅值的推力,频带宽(上限可达 30 kHz),推力范围宽(1 N~1 kN),可动部件质量轻,使用方便;其缺点是低频特性(如 2 Hz 以下)较差。

③ 力锤就是内置力传感器的锤子,锤头上可安装不同材料和曲率半径的接触头,用于对中小型结构产生脉冲力激励。用力锤敲击测试对象时产生脉冲力,该脉冲力经锤头后部的力传感器转化为电信号输出。力锤的优点是:价格低廉,携带方便;其不足是:脉冲力的大小和波形难以精确控制。

2. 安装方式

现以图 6.1.2 中的电磁激振器为例,讨论其两种安装方式。一是安装在刚性基础上,二是安装在测试对象上,目的都是使激振器内部的可动部件对测试对象的影响最小。

对于第一类安装方式,如果测试对象的第一阶固有频率很低,可参照图 6.1.3(a),将激振器固定在基础上;如果测试对象的第一阶固有频率较高,可参照图 6.1.3(b),用软橡皮绳将激振器悬挂在刚性楼板上。总之,应使激振器内部的可动部件固有频率远离测试对象的第一阶固有频率。

对于第二类安装方式,通常测试对象很大,但找不到可利用的固定基础。例如,对桥梁中部激振或对飞行中的飞机激振。这时,可参照图 6.1.3(c),用软橡皮绳将激振器悬挂在测试对象上。

图 6.1.2　典型电磁激振器

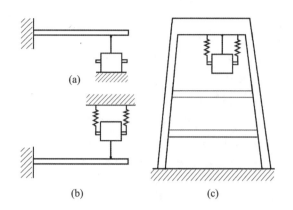

图 6.1.3　电磁激振器的安装方式

3. 与测试对象的连接

激振器内部的可动部件通常通过力传感器与测试对象连接,传递和测量推力。因此,需保证连接对中并尽量减小侧向连接刚度。否则,力传感器测到的力会偏离实际推力。使用推力为 200 N 以下的激振器时,建议用长约 80 mm、直径为 3 mm 的细钢制杆进行连接。当然,这一尺寸应根据具体问题而定。例如,激励频率很高时,要使连接杆足够短,以避免连接杆发生明显振动。在连接杆两端,还可焊接一段螺纹供调节长度,从而保证激振器内部的可动部件在中间位置附近往复运动。

6.1.3　传感器

在振动实验中,传感器是将位移、加速度、力等机械量转化为电信号的高灵敏度换能器。在位移传感器中,使用的换能元件有应变片、电涡流线圈等。在加速度传感器和力传感器中,则多采用压电材料作为换能元件。由于它们的工作原理相同,本小节仅介绍加速度传感器,简称为加速度计。

图 6.1.4(a)是典型的加速度计产品,图 6.1.4(b)是其内部结构示意图。如 6.1.4(b)所示,加速度计的核心元件是压电石英晶体片,它在集中质量-弹簧构成的单自由度系统作用下,表面产生正比于作用力的电荷信号。此信号经电荷放大器放大后,可产生用于测量加速度的电压信号。通常,压缩型加速度计用于强冲击测量,剪切型加速度计用于振动测量。加速度计具有如下一些重要参数和特征,选用时应有所考虑。

1. 灵敏度

在可用频率范围内,加速度计所输出的电信号与其沿主轴方向感受的加速度大小成正比,其比值就是加速度计的灵敏度。当加速度计内的压电元件表面产生电荷时,会形成电容,电容两极则有相应电压。若记 Q 为加速度计产生的电荷量,C 为加速度计内部电容值,V 为电容

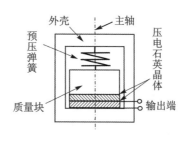

(a) 典型加速度计　　　　　　(b) 压缩型加速度计结构

图 6.1.4　石英晶体加速度计

端电压,则有 $Q=CV$。因此,描述加速度计的灵敏度可用**电压灵敏度** S_e 或**电荷灵敏度** S_q,它们的单位分别为毫伏/重力加速度(mV/g)和皮库伦/重力加速度(pC/g)。以电压灵敏度为例,常见产品的灵敏度为:10 mV/g,100 mV/g 和 500 mV/g。

由于制造误差,生产厂家对每只加速度计提供图 6.1.5 所示的灵敏度幅频特性测试曲线。该图的横轴是采用对数刻度的频率,纵轴是采用分贝(dB)刻度的灵敏度。分贝是表示两个量比值大小的度量,其定义是

$$(\mathrm{dB}) \equiv 20\lg\left(\frac{S_f}{S_0}\right) \tag{6.1.1}$$

其中,S_0 是加速度计工作在 100 Hz 时的灵敏度,S_f 是加速度计工作在频率为 f Hz 时的灵敏度。由图可见,该加速度计在 10 Hz 以下和 3 000 Hz 以上时的灵敏度增益与 100 Hz 时有差异。对于常用的加速度计,其在 2 Hz~5 kHz 频带内的幅频特性差异不超过 5%。

此外,加速度计会感受到垂直于主轴的侧向运动,这是不期望有的侧向灵敏度。通常,加速度计的侧向灵敏度应限制在主轴灵敏度的 4% 以内。

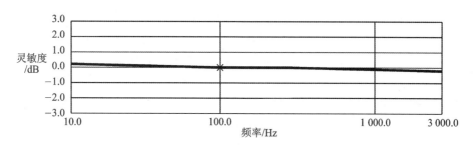

图 6.1.5　加速度计的灵敏度幅频特性

与灵敏度相关的一个技术指标是加速度计的量程,即其所能测量的最大加速度范围。由于信号采集系统的输入端电压范围通常为 ±5 V,故灵敏度高的传感器量程小,灵敏度低的传感器量程大。例如,上述灵敏度为 10 mV/g、100 mV/g 和 500 mV/g 的传感器,对应的量程分别为 500 g、50 g 和 10 g。

2. 频率范围

加速度计具有适用的频率范围,例如图 6.1.5 所示的 3 000 Hz。在这个频率范围之内,其灵敏度基本保持不变。此外,安装在测试对象上的加速度计,可视为基础激励下的振动系统。该系统的最低阶共振频率称为**安装共振频率**,它决定了加速度计的可测频率范围。加速度计

的可用频率范围为其安装共振频率的 1/2 到 2/3,通常可高达 10 kHz。与位移传感器相比,这是加速度传感器的一个重要优点。

3. 安装方式

在振动实验中,加速度计的灵敏度幅频特性与加速度计的安装方式有关。理想方式是将加速度计完全固定在测试对象上。例如,在结构表面钻孔、攻制内螺纹,然后用双头螺栓将加速度计固定。若无法在结构上钻孔,则采用黏结法固定传感器,常用黏结材料是 502 胶水和双面胶带。加速度计与测试对象表面应加以绝缘,以防测量信号中出现交流电源感应信号的干扰。例如,采用 502 胶水粘贴传感器时,可先在测试对象上粘贴小块胶木,再将传感器粘在胶木上。这既可起到绝缘作用,又可方便传感器拆卸。拆除用 502 胶水黏结的传感器时,必须用溶解剂。连接加速度计的电缆要妥善固定好,否则电缆抖动会使测量信号出现微弱波动。此外,应在测试对象周围铺设海绵或泡沫,防止传感器不慎跌落损坏。

4. 附加质量

微型加速度计的质量只有 1~2 g,但高灵敏度加速度计的质量可达上百克。当测试对象很轻时,安装加速度计产生的附加质量会导致实测固有频率偏低,影响分析结果。此外,当结构具有重固有频率和密集固有频率时,加速度计质量会对测量结果产生严重影响[①]。此时,需要对分析结果进行修正,消除附加质量引起的误差。

6.1.4 信号适调器

传感器所产生的电信号要经过信号适调器,进行阻抗变换和信号放大等适调后才能用于分析。否则不仅信号过于微弱,而且分析仪器的输入阻抗较低,会使传感器的灵敏度和频率响应受到影响。

不同换能机理的传感器采用不同的信号适调器。例如,应变式位移传感器要与动态应变仪配套。压电传感器有两类:一类具有内置集成电路,可直接输出电压信号,但需要信号适调器供电和滤波;另一类则无内置集成电路,需要用电荷放大器完成电荷信号转换、滤波和输出电压信号。

电荷放大器具有极高的输入阻抗和较低的输出阻抗,可实现阻抗变换;其自身电容比连接电缆的电容高许多,故系统灵敏度与连接电缆长度无关。电荷放大器具有高低通滤波、积分运算等功能,可将加速度计的输出信号转换为速度或位移信号。电荷放大器的放大倍数 S_a 具有单位 V/pC。如果加速度计的电荷灵敏度为 S_q,则由电荷放大器输出的信号强度为

$$S_c = S_a S_q \tag{6.1.2}$$

其单位为 V/g。通常,将 S_c 称作测量通道的标定因子。在实验前,应将电荷放大器上的灵敏度档选到与加速度计电荷灵敏度 S_q 一致,使电荷放大器输出信号的强度基本满足式(6.1.2)。对于高精度的实验,需要用更高精度的仪器对 S_c 进行标定。

目前,先进的信号适调器可同时将几十个传感器的输出信号进行放大和滤波,与专用的信号采集与分析系统相集成,用软件完成各测量通道的标定因子设置和归一处理。

---

① 胡海岩.振动力学——研究性教程[M].北京:科学出版社,2020,183-188.

6.1.5　数据采集与分析系统

数据采集与分析系统可采集、储存和处理动态信号,图 6.1.6 展示了两类典型产品。图 6.1.6(a)中的 Agilent 35670A 属于按键式专用设备。其优点是系统高度集成,便于携带,稳定可靠;缺点是只有 4 个测量通道,不便于数据的大量存储和二次处理。图 6.1.6(b)中的 M+P VibMobile 是后端连接计算机的板卡式数据采集与分析系统。其优点是有 8~64 个测量通道,可高速采集和分析数据,便于数据的大量存储和二次处理;其缺点是便携性略差。

(a) Agilent 35670A　　　　　　　　　(b) M+P VibMobile

图 6.1.6　两类信号采集与分析系统

6.2　信号采集与处理

本节介绍振动实验中的信号采集与处理,为 6.3 节将要介绍的振动系统识别提供基础,其主要内容是采样定理和快速 Fourier 变换。

6.2.1　采样技术

信号适调器的输出电信号随时间连续变化,称为模拟信号。为采用数字计算机完成信号处理,要将模拟信号转换为等间隔离散时刻的信号值,即数字信号。该过程称为采样,也称为模-数转换(ADC,Analog - Digital Conversion)。图 6.2.1 是对加速度模拟信号 $\ddot{u}(t)$ 采样获得对应数字信号 $\ddot{u}_k,k=1,2,3,\cdots$ 的示意图。实施模-数转换的硬件称为 AD 卡,它的输入端接受模拟信号,输出端与计算机主板相连或通过其他接口与计算机相连。

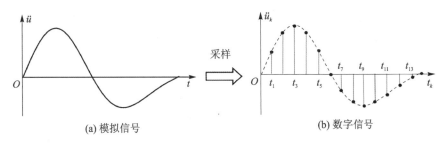

(a) 模拟信号　　　　　　　　　　　　(b) 数字信号

图 6.2.1　由模拟信号到数字信号的采样

将模拟信号采样为数字信号时,在单位时间内的采样数越多,即采样周期 Δt 越短,或采样

频率 $f_s \equiv 1/\Delta t$ 越高,则数字信号越能真实反映模拟信号变化。但采样频率越高,则对 AD 卡和计算机性能的要求就越高。显然,为了保证采样得到的数字信号能完全反映模拟信号的特征,采样周期 Δt 不能过大,否则会失去模拟信号中的高频信息。然而,模拟信号频率越高,所需的采样频率就越高。那么,是否有最低采样频率的门槛值呢? 这就是美国物理学家 Nyquist 提出的采样定理[①]。

该定理指出:数字信号能复现模拟信号所需的最低采样频率必须大于或等于模拟信号中最高频率的 2 倍。该定理有如下两种等价数学表示

$$f_s \geqslant 2f_{max} \quad \Leftrightarrow \quad f_N \equiv f_s/2 \geqslant f_{max} \tag{6.2.1}$$

其中,$f_s \equiv 1/\Delta t$ 为采样频率,f_{max} 为模拟信号的最高频率,f_N 称为 Nyquist 频率。当采样过程不满足上述采样定理时,采样结果将产生频率混淆。

例 6.2.1 图 6.2.2 中粗实线所代表的简谐振动信号具有频率 $f_{max} = 1.0$ Hz,采用满足和不满足采样定理的采样周期 Δt,考察采样结果。

解 首先,取采样周期 $\Delta t < 1/(2f_{max})$,将以 • 表示的采样点用直线连接,其结果能反映该简谐振动信号。

其次,以 $7\Delta t > 1/(2f_{max})$ 为间隔采样,将以 □ 表示的采样点用细实线连接,其频率只有实际频率的 1/7。这意味着,如果采样频率不满足采样定理,则模拟信号中的高频信号可能被误作为低频信号,与实际的低频信号相混淆。

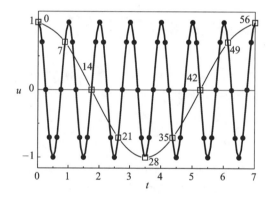

图 6.2.2 采样信号的频率混淆

在振动实验中,通常应保证采样频率满足

$$f_s > (2.5 \sim 5.0)f_{max} \tag{6.2.2}$$

由于测量的模拟信号中会含有高频噪声信号,故数据采集系统内通常装有低通滤波器,称作抗混滤波器。它的作用是,将模拟信号中不需要的高频信号在 AD 变换前衰减掉,保证采样过程满足采样定理。

6.2.2 快速 Fourier 变换

为研究振动信号的频谱,需要对信号作 Fourier 变换。由于采样信号是离散的,故采用 Fourier 变换的离散形式。现以 $u(j)$ 表示时域数字信号 $u(j\Delta t)$,$j = 0, 1, \cdots, n-1$,以 $U(k)$ 表

---

① 郑君里,等.信号与系统(上册)[M].北京:人民教育出版社,1981,231-235.

示频域数字信号 $U(k\Delta f)$，$k=0,1,\cdots,n-1$，则 $u(j)$ 和 $U(k)$ 组成如下离散 Fourier 变换

$$U(k) = \frac{1}{n}\sum_{j=0}^{n-1}u(j)\exp(-\mathrm{i}2\pi jk/n) \tag{6.2.3a}$$

$$u(j) = \sum_{k=0}^{n-1}U(k)\exp(\mathrm{i}2\pi jk/n) \tag{6.2.3b}$$

其中，式(6.2.3a)为正变换，式(6.2.3b)为逆变换。采用美国学者 Cooley 和 Tukey 提出的**快速 Fourier 变换**(FFT，Fast Fourier Transform)算法，可高效计算上述两式。例如，对于常用的采样数 $n=1\,024$，FFT 信号处理芯片可在 1 ms 内完成计算。

用 FFT 算法计算式(6.2.3)等价于对时域信号作 Fourier 级数展开，这要求时域信号是周期函数，即 $u(n)=u(0)$。在振动实验中，由于各种原因，难以获得严格的周期信号。此时，只能放松要求，如希望时域信号是平稳的。在振动实验中，应特别注意如下几个问题。

① 不论原信号是否具有周期，由于采样信号的时间长度为 T，FFT 计算的是其 Fourier 系数，隐含了将采样信号以 T 为周期进行延拓。根据 2.8.1 节的讨论，FFT 分析的基频为

$$\Delta f = \frac{1}{T} \tag{6.2.4}$$

其中，Δf 称作 FFT 的**分辨频率**，即每间隔一个 Δf，有一根谱线。

② 采样数为 $n=2^m$ (m 为正整数)时，FFT 的计算程序简单且效率高。此时，采样周期和采样频率分别为

$$\Delta t = \frac{T}{n}, \quad f_s = \frac{1}{\Delta t} = n\Delta f \tag{6.2.5}$$

③ 实函数的 Fourier 频谱是关于频率的偶函数，故只需关注正频率区间的频谱；并根据能量等价，将其 2 倍定义为**单边谱**。然而，FFT 计算程序输出离散 Fourier 频谱的方式如图 6.2.3 所示，其中 $n=8$。此时，离散 Fourier 频谱关于折叠点左右对称，即图中的第 6,7,8 条谱线与第 4,3,2 条谱线互为共轭；有效谱线数为 $(n/2)+1$，信号最高频率为

$$f_{\max} = \frac{1}{2}n\Delta f = \frac{1}{2}f_s \tag{6.2.6}$$

在有效谱线数内讨论离散 Fourier 频谱，应将其视为单边谱。此时，互为共轭的 $(n/2)-1$ 对谱线相互叠加，故式(6.2.3a)所对应的单边谱可表示为

$$\begin{cases} U(0) = \dfrac{1}{n}\sum_{j=0}^{n-1}u(j), \quad U\left(\dfrac{n}{2}\right) = \dfrac{1}{n}\sum_{j=0}^{n-1}(-1)^j u(j) \\[3mm] U(k) = \dfrac{2}{n}\sum_{j=0}^{n-1}u(j)\exp(-\mathrm{i}2\pi jk/n), \quad k=1,2,\cdots,\dfrac{n}{2}-1 \end{cases} \tag{6.2.7}$$

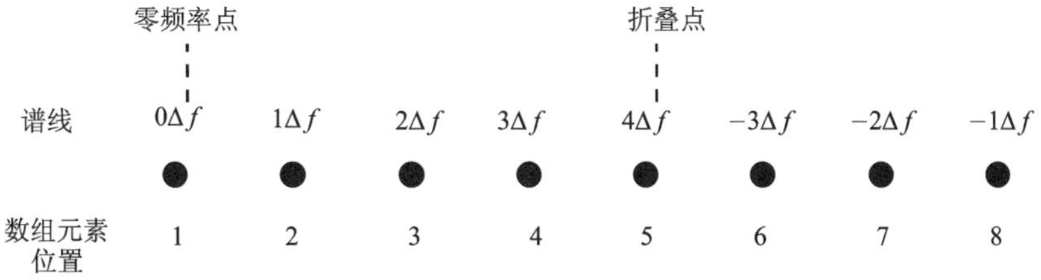

图 6.2.3　FFT 的频谱排列方式($n=8$)

④ 在信号采集前,需根据式(6.2.2)所确定的原则进行抗混滤波。通常,数据采集与分析系统设定采样频率 f_s 为最高分析频率 f_{a-max} 的 2.56 倍。当采样数为 $n = 1\,024$ 时,虽然理论上的谱线为 512 根,但实际可用谱线数为 $1\,024/2.56 = 400$ 根,最高分析频率为 $f_{a-max} = f_s/2.56$。

例 6.2.2 *   在振动实验中,常采用频率在某个范围内变化的模拟信号,其表达式为

$$u(t) = u_0 \sin\left[2\pi\left(f_1 + \frac{f_2 - f_1}{2T}t\right)t\right], \quad t \in [0, T] \tag{a}$$

其中,f_1 和 f_2 分别是频率变化的下界和上界,T 为信号的时间长度。设该信号为位移,其参数为 $u_0 = 10$ mm,$f_1 = 0.0$ Hz,$f_2 = 20.0$ Hz,$T = 10.0$ s,信号采集系统允许的采样数为 $n = 1\,024$,谱线数为 400。确定采样频率、采样周期、频率分辨率、最高分析频率,在 MATLAB 平台上对该模拟信号采样并计算对应的 FFT 变换单边幅值谱。

解   根据信号的时间长度 T 和采样数 n,得到采样频率和采样周期

$$f_s = \frac{n}{T} = 102.4 \text{ Hz}, \quad \Delta t = \frac{T}{n} = 0.009\,77 \text{ s} \tag{b}$$

频率分辨率为

$$\Delta f = \frac{1}{T} = \frac{1}{10} = 0.1 \text{ Hz} \tag{c}$$

当谱线数为 400 时,最高分析频率为

$$f_{a-max} = \frac{f_s}{2.56} = \frac{102.4}{2.56} = 40 \text{ Hz} \tag{d}$$

采用附录 A6 的 MATLAB 程序,按采样周期 $\Delta t \approx 0.009\,77$ s 对模拟信号 $u(t)$ 采样,得到数字信号 $u(j\Delta t)$,$j = 0, 1, \cdots, n-1$,如图 6.2.4(a)所示。再用 FFT 命令计算 Fourier 频谱,并根据式(6.2.7)对单边谱的定义,将 $k = 1, 2, \cdots, n/2 - 1$ 所对应的频谱乘以 2,得到单边谱 $U(k\Delta f)$,$k = 0, 1, \cdots, n/2$,其幅值如图 6.2.4(b)所示。由图可见,该信号的能量主要分布在 $0\sim20$ Hz 频带内。

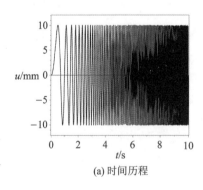
(a) 时间历程

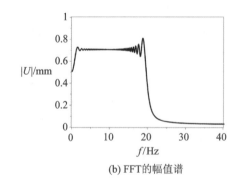
(b) FFT的幅值谱

图 6.2.4   正弦快扫频位移信号及其幅值谱

6.2.3   频谱泄漏

对于周期振动,若采样的时间长度不是该振动周期的整数倍,则经过 FFT 计算得到的频谱会出现能量泄漏,又称作频谱泄漏。

图 6.2.5(a) 给出振动频率为 ω_0，周期为 T_0 的正弦信号。若采样时间长度 T 是 T_0 的整数倍，则在频域内得到频率为 ω_0 的唯一谱线。但若 T 不是 T_0 的整数倍，在频域内会得到图 6.2.5(b) 中所示的多根谱线，其中频率为 ω_0 的谱线幅值最大。这表明，振动能量泄漏到了频率为 ω_0 之外的其他振动。由于 AD 卡的采样周期是分级固定的，通常无法实现整周期采样。

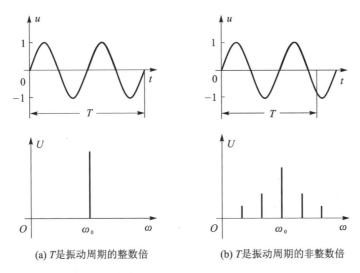

(a) T 是振动周期的整数倍　　　(b) T 是振动周期的非整数倍

图 6.2.5　正弦信号的周期采样和非周期采样对比

为了减少频谱泄漏，可在对信号进行 FFT 计算前作加窗处理，也就是对采样信号 $u(j)$ 乘以给定的窗信号 $w(j)$，使信号 $u(j)w(j)$ 具有周期性。例如，将 $w(j)$ 设计为两端幅值逐渐趋于零的窗口，使加窗信号满足周期性条件 $u(0)w(0)=u(n)w(n)=0$。常用的窗函数有 Hanning 窗、指数窗等，具体可参阅《振动模态分析与参数辨识》[1]。

6.3　系统识别

振动实验是内容非常丰富的研究领域。本书作为振动力学基础教材，仅介绍绪论中所定义的第一类动力学反问题，即根据系统的输入和输出，识别系统特性。本节先讨论系统的频响函数测量问题，下节讨论系统的模态参数识别问题。

6.3.1　频响函数测量

图 6.3.1 是测量悬臂梁频响函数的示意图。其中，图 6.3.1(a) 是采用激振器施加激励，图 6.3.1(b) 是采用力锤施加激励。这两种方法均采用一个传感器采集激振力信号，一个传感器采集加速度信号，故称为单输入-单输出法。

在实验中，测量施加在系统第 j 点的激振力 $f_j(t_k)$ 和系统第 i 点的加速度 $a_i(t_k)$，则可得到系统的加速度频响函数如下

①　傅志方.振动模态分析与参数辨识[M].北京:机械工业出版社,1990,71-72.

$$H_{ij}^{a}(\omega_k) = \frac{A_i(\omega_k)}{F_j(\omega_k)}, \quad i,j=1,2,\cdots,9, \quad k=1,2,\cdots \tag{6.3.1}$$

其中,$A_i(\omega_k)$ 是对第 i 点加速度作 FFT 得到的第 k 根谱线值,$F_j(\omega_k)$ 是对第 j 点激振力作 FFT 得到的第 k 根谱线值。

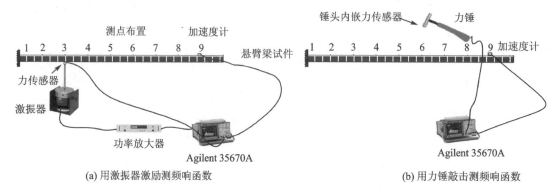

图 6.3.1　频响函数测量示意图

对于图 6.3.1(a)中的实验方案,激振点位置固定在测点 3,将加速度计依次布置到测点 1～9,测量激振力和各点加速度,经 FFT 计算得到 9 个加速度频响函数

$$H_{i3}^{a}(\omega_k) = \frac{A_i(\omega_k)}{F_3(\omega_k)}, \quad i=1,2,\cdots,9 \tag{6.3.2}$$

它们构成加速度频响函数矩阵的第 3 列。这种方法的优点是激振力信号有许多选择,常用的有简谐信号、周期快速扫频信号、随机信号等,激振力的幅值大小和频带可调整;缺点是激振器的安装比较复杂,对测试对象有附加质量影响。

对于图 6.3.1(b)中的实验方案,加速度计固定在测点 9,用力锤依次敲击测点 1～9,测量加速度和各点激振力,经 FFT 计算出 9 个加速度频响函数

$$H_{9j}^{a}(\omega_k) = \frac{A_9(\omega_k)}{F_j(\omega_k)}, \quad j=1,2,\cdots,9 \tag{6.3.3}$$

它们构成加速度频响函数矩阵的第 9 行。这种方法的优点是方便快捷,对测试对象附加影响小;缺点是激励信号单一,激励频带和幅值难于控制。

最后指出,对于大型机械和结构,单个激振器难以充分激发其振动,需要用多个激振器同时激励;而单个加速度计依次测量的效率低,一致性差,需要用多个加速度计同时测量。因此,多输入-多输出法已发展成为频响函数测量的主流方法。

6.3.2　模态参数识别

振动系统的模态参数识别可分为时域法和频域法。本小节介绍频域法,它的基础是系统频响函数。根据 3.4 节和 3.5 节的讨论,系统频响函数可表示为含模态参数的分式展开式,而频响函数矩阵的任意一列或任意一行均包含完整的模态参数信息,可用于模态参数识别。

以比例阻尼系统为例,其加速度频响矩阵的元素可表示为

$$H_{ij}^{a}(\omega) = -\omega^2 H_{ij}(\omega) = -\sum_{r=1}^{n} \frac{\omega^2 \varphi_{ir}\varphi_{jr}}{M_r(\omega_r^2 - \omega^2 + 2\mathrm{i}\zeta_r\omega_r\omega)} \tag{6.3.4}$$

其中,$\varphi_{ir}, i=1,2,\cdots,n$ 是第 r 阶固有振型的分量。根据 6.3.1 中测量得到的加速度频响函数

列阵或行阵,即可识别系统的固有频率、固有振型和模态阻尼比。

现以图 6.3.1(a)中实验方案得到的第 3 列加速度频响函数为例,说明模态参数识别原理。根据式(6.3.4),由 $|H_{i3}^{a}(\omega)|$ 绘制的幅频曲线在固有频率处取峰值,由此可确定固有频率 ω_r。当 $\omega=\omega_r$ 时,根据式(6.3.4),第 3 列加速度频响函数可近似为

$$H_{i3}^{a}(\omega_r)\approx-\frac{\varphi_{ir}\varphi_{3r}}{2iM_r\zeta_r}=\mathrm{i}\,\frac{\varphi_{3r}}{2M_r\zeta_r}\cdot\varphi_{ir},\quad i=1,2,\cdots,9 \tag{6.3.5}$$

这表明,这列加速度频响函数虚部的第 r 个峰值近似正比于第 r 阶固有振型 $\boldsymbol{\varphi}_r$,即

$$\begin{bmatrix}\mathrm{Im}[H_{13}^{a}(\omega_r)]\\ \vdots\\ \mathrm{Im}[H_{93}^{a}(\omega_r)]\end{bmatrix}\approx\frac{\varphi_{3r}}{2M_r\zeta_r}\begin{bmatrix}\varphi_{1r}\\ \vdots\\ \varphi_{9r}\end{bmatrix}=\frac{\varphi_{3r}}{2M_r\zeta_r}\boldsymbol{\varphi}_r \tag{6.3.6}$$

由此得到了固有振型 $\boldsymbol{\varphi}_r$。最后,在第 r 个共振频段内,用 2.4 节的介绍的半功率带宽法可确定模态阻尼比 ζ_r。

例 6.3.1　对图 6.3.2 所示悬臂梁及其参数,选择 5 个均布测点,用有限元法模拟其加速度频响函数矩阵的第 1 列,即 $H_{i1}^{a}(\omega)$, $i=1,2,3,4,5$,在此基础上识别梁的模态参数。

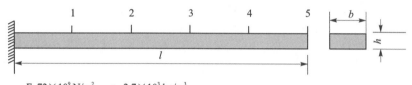

$E=72\times10^{9}\ \mathrm{N/m^2}$,　　$\rho=2.7\times10^{3}\ \mathrm{kg/m^3}$

$b=0.1\ \mathrm{m}$,　$h=0.01\ \mathrm{m}$,　$l=1\ \mathrm{m}$,　$\alpha=0.8$,　$\beta=1.0\times10^{-5}$

注:α,β 为 Rayleigh 阻尼模型的系数

图 6.3.2　悬臂梁的振动模拟实验信息

解　根据图 6.3.2 中给出的梁参数,计算产生梁在各测点的加速度频响函数虚部 $\mathrm{Im}[H_{i1}^{a}(\omega)]$,$i=1,2,3,4,5$,如图 6.3.3 所示。其中,图中的行号与测点数对应,列号与共振频率序号对应。

由图 6.3.3 的第 1 列可知,第一阶固有频率为 8.35 Hz,此时各点作同向振动,第 5 点的振幅最大;将各点的振幅相对于第 5 点的振幅作归一化处理,得到第一阶固有振型

$$[-0.063\quad -0.228\quad -0.460\quad -0.725\quad -1.00]^{\mathrm{T}}$$

这与第一阶固有振型的理论计算结果

$$[-0.064\quad -0.230\quad -0.461\quad -0.726\quad -1.000]^{\mathrm{T}}$$

高度吻合。把图 6.3.3 的第 1 列改为水平放置,连线各峰值点绘制出图 6.3.4(a)中所示固有振型。类似可得到其他两阶固有振型,如图 6.3.4(b)和图 6.3.4(c)所示。最后,采用半功率带宽法可获得各阶模态阻尼比。

采用上述方法识别模态参数的前提是,系统具有比例阻尼,且模态在频域中分布较为稀疏。通常,杆、轴、平面梁等结构可满足该前提,而空间梁、板、壳等结构则无法满足该前提。对于后一类结构,在其频响函数的共振频段,相邻模态对共振峰的贡献不可忽略,导致式(6.3.5)无法成立。此时,需要采用专用算法来完成模态参数识别。这类算法的基本思想是曲线拟合或数值优化,比较有代表性的方法包括正交多项式法和复指数法[1]。

----

① 胡海岩. 机械振动与冲击[M]. 北京:航空工业出版社,1998,275-278.

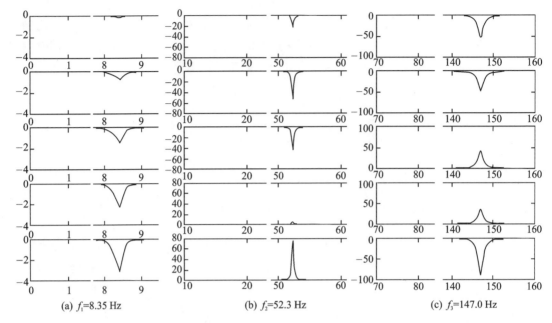

(a) f_1=8.35 Hz   (b) f_2=52.3 Hz   (c) f_3=147.0 Hz

图 6.3.3 悬臂梁加速度频响函数矩阵第 1 列的虚部

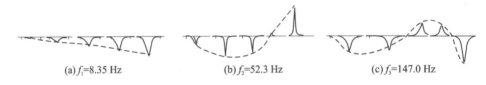

(a) f_1=8.35 Hz   (b) f_2=52.3 Hz   (c) f_3=147.0 Hz

图 6.3.4 基于模拟实验数据识别的悬臂梁固有振型

6.4 综合案例:飞翼布局无人机模态测试

本节以作者团队研制的轻型飞翼布局无人机作为综合案例,介绍如何对飞行器结构进行振动测试并获得其模态参数,进而验证该无人机的有限元模型。

6.4.1 实验准备

图 6.4.1 是本节所研究的飞翼布局无人机(简称无人机),其翼展为 4 m,质量为 13.797 kg。在无人机设计阶段,采用 MSC. NASTRAN 软件建立了图 6.4.2 所示的有限元模型。该模型包含 16 个集中质量单元,264 个梁单元,24 509 个四边形壳单元,4 398 个三角形壳单元;共计 28 970 个节点,118 560 个自由度;计算得到的模型质量为 13.110 kg。

在有限元模型验证阶段,对该无人机进行地面振动实验,识别其低阶模态参数,并与有限元计算结果对比。如图 6.4.1 所示,为模拟无人机飞行状态,在其油箱处安装质量为 2.5 kg 的砝码来等效 3.0 L 满油状态;采用三根弹性细绳将无人机悬吊在龙门架上,使无人机作刚体运动的各阶固有频率均在 1.5 Hz 以下,以免对无人机的弹性振动产生过大影响。

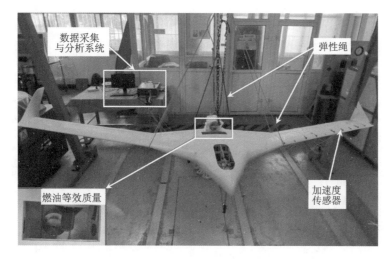

图 6.4.1　无人机的地面振动实验

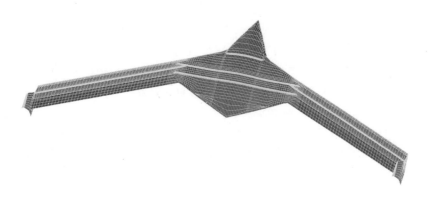

图 6.4.2　无人机的有限元模型

在振动实验前,为无人机建立图 6.4.3 所示的右手坐标系 $Oxyz$。根据该无人机的尺度和结构,需要布置 70～80 个测点来获得振动数据。然而,该无人机由轻质材料和结构制成,同时安装 70～80 个传感器会给无人机附加过多质量,影响测试结果的真实性。因此,采用 11 个加速度计,分 7 批次测量无人机的振动。布置的测点依次是:(1) 机身(FS01～11),(2) 右翼后缘(RTE01～11),(3) 右翼主梁(RLM01～11),(4) 右翼前缘(RLE01～11),(5) 左翼后缘(LTE01～11),(6) 左翼主梁(LLM01～11),(7) 左翼前缘(LLE01～11)。为便于分批次变更加速度计的安装位置,采用双面胶黏贴加速度计。

根据前期的有限元计算结果,将激振点(参考点)选在图 6.4.3 所示右翼后缘最外侧点(RTE11)。为提高模态参数识别精度,可变更激振点进行比较,进而获得最佳结果。在实验中,用力锤向下(z 轴负向)敲击无人机的上述激振点,由 11 个加速度计采集无人机沿 z 轴的加速度响应;获得满意的测试结果后,变更加速度计安装位置,进行第二批数据采集。

在振动实验中,采用 PCB/086C03 型力锤(锤头质量 160 g)对无人机施加激励,其内嵌力传感器的灵敏度为 2.25 mV/N;采用 11 个 PCB/333B32 加速度计(每个质量 4 g)测量无人机的响应,其灵敏度均为 100 mV/g。采用 M＋P VibMobile 数据采集系统获得数字信号,用 SmartOffice 软件进行模态参数识别。

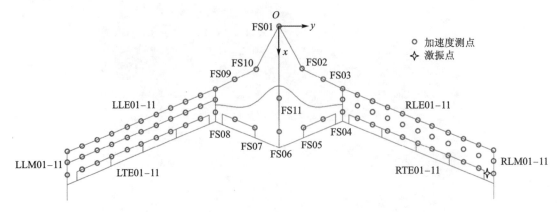

图 6.4.3　无人机上的加速度测点和激振点布置

6.4.2　测量参数设置

在振动实验前,已知数据采集系统的采样数为 $n=1\,024$,谱线数为 400,尚需选择测量频带、采样频率、窗函数等。根据 6.2 节的讨论,这些选择需综合权衡利弊。

首先,根据所关心的无人机固有频率范围,选择测量频带为 0~50 Hz,分析频带为 0~40 Hz。取采样频率为 2.56 倍的最高测量频率,即 $f_s=128$ Hz;故采样时间为 $T=n/f_s=8$ s。由于无人机受脉冲激励后的自由振动迅速衰减为零,$T=8$ s 已足够长。

其次,由于测量冲击激励和自由衰减振动,需要对激振力信号和加速度响应信号进行加窗,以抑制泄漏和噪声影响。对力信号加力窗,对加速度响应信号加指数函数窗;选择窗函数的时间常数分别为 $T/7$ 和 $T/4$。

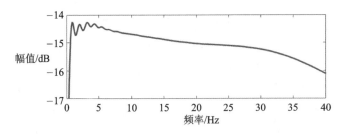

图 6.4.4　激振力的幅值谱

在振动实验中,通过选择锤头硬度和控制手法,使激振力频谱在分析频带 0~40 Hz 内保持平直。图 6.4.4 是典型的激振力幅值谱,其在最高分析频率处下降不足 3 dB。为降低测试误差,用 5~6 次测试的均值作为结果。对于频响函数测量,需考察其相干函数是否接近于 1,这是表征系统输出与输入之间线性度的指标。若相干函数性态不好,则重新进行测量。

6.4.3　测试结果及其讨论

图 6.4.5 给出在激振点 RTE11 测量的原点频响函数,图 6.4.6 给出在 RTE11 点激励、LTE11 测量的跨点频响函数,它们的幅值谱纵坐标均采用对数刻度。在图 6.4.7 中,相干函数在大部分频率处的值接近于 1,仅在反共振点处其值小于 1。这表明,原点频响函数共振峰

附近的测量结果可以信赖。

　　由图 6.4.5 和 6.4.6 可见,原点频响函数在两个共振峰之间总有反共振现象,而跨点频响函数则不一定;原点频响函数在共振频率和反共振频率处的相位均有接近 180°的突变,而跨点频响函数仅在共振频率处有类似突变。

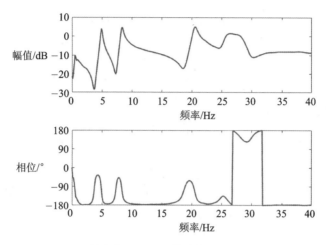

输入点:RTE11;　输出点:RTE11

图 6.4.5　原点频响函数

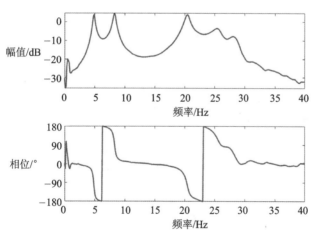

输入点:RTE11;　输出点:LTE11

图 6.4.6　跨点频响函数

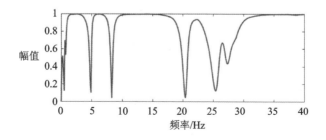

图 6.4.7　原点频响函数的相干函数

基于上述实测频响函数,通过 SmartOffice 软件中提供的正交多项式法,可识别出该无人机的前六阶模态参数。表 6.4.1 给出有限元模型计算的前六阶固有频率与测试结果的对比,弹性振动计算结果均略高于测试结果,这与有限元模型的质量略低于无人机的质量相符。

表 6.4.1　无人机的前 6 阶固有频率及模态阻尼比

阶次	模态特征	计算固有频率/Hz	测量固有频率/Hz	测量模态阻尼比
1	全机刚体运动	0.00	0.80	0.201 6
2	第1阶对称弯曲振动	4.94	4.85	0.014 3
3	第1阶反对称弯曲振动	8.80	8.28	0.014 9
4	第2阶对称弯曲振动	21.59	20.50	0.021 7
5	第1阶反对称扭转振动	26.44	25.57	0.019 9
6	第1阶对称扭转振动	27.87	26.60	0.019 2

图 6.4.8(a)是识别的无人机刚体运动振型,图 6.4.8(b)～6.4.8(f)则是识别的无人机弹性振动振型。它们均接近实向量,可作为实测固有振型。

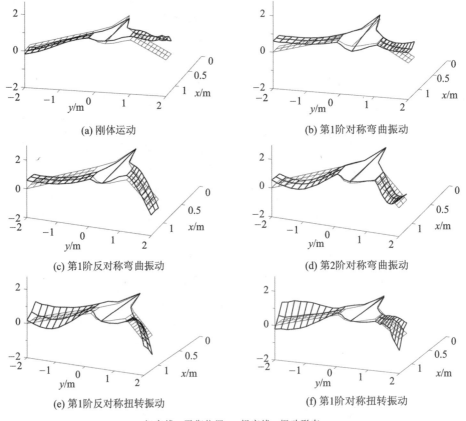

(a) 刚体运动　　　　　　　　　　　　(b) 第1阶对称弯曲振动

(c) 第1阶反对称弯曲振动　　　　　　　(d) 第2阶对称弯曲振动

(e) 第1阶反对称扭转振动　　　　　　　(f) 第1阶对称扭转振动

细实线:平衡位置;　粗实线:振动形态

图 6.4.8　无人机的前六阶固有振型

为了对比和评价振型,针对计算振型 $\boldsymbol{\varphi}_r, r=1,2,\cdots,n$ 和实测振型 $\hat{\boldsymbol{\varphi}}_s, s=1,2,\cdots,n$ 定义模态置信判据(MAC,Modal Assurance Criterion),它是如下元素构成的MAC 矩阵

$$\text{MAC}(\boldsymbol{\varphi}_r,\hat{\boldsymbol{\varphi}}_s) \equiv \frac{|\boldsymbol{\varphi}_r^{\text{H}}\hat{\boldsymbol{\varphi}}_s|^2}{(\boldsymbol{\varphi}_r^{\text{H}}\boldsymbol{\varphi}_r)(\hat{\boldsymbol{\varphi}}_s^{\text{H}}\hat{\boldsymbol{\varphi}}_s)},\quad r,s=1,2,\cdots,n \tag{6.4.1}$$

其中,运算符 H 代表共轭转置,以适用于复振型。显然,若 $\boldsymbol{\varphi}_r=\hat{\boldsymbol{\varphi}}_s$,则 $\text{MAC}(\boldsymbol{\varphi}_r,\hat{\boldsymbol{\varphi}}_s)=1$。因此,如果相同阶次的振型满足 $\text{MAC}(\boldsymbol{\varphi}_r,\hat{\boldsymbol{\varphi}}_r)\approx1$,不同阶次的振型满足 $\text{MAC}(\boldsymbol{\varphi}_r,\hat{\boldsymbol{\varphi}}_s)\approx0$,可认为这两组振型具有较好的一致性。

　　将上述无人机的计算固有振型和实测固有振型代入式(6.4.1),得到图 6.4.9 所示的 MAC 矩阵元素。图中前 4 阶振型的 MAC 矩阵对角元素依次为:0.97,0.96,0.96 和 0.93,而非对角元素较小,表明计算结果和实测结果较为一致。其中,第 1 阶振型(刚体运动)和第 2 阶振型(对称弯曲振动)均包含无人机的俯仰运动,故 $\text{MAC}(\boldsymbol{\varphi}_1,\hat{\boldsymbol{\varphi}}_2)=0.19$。

　　对于第 6 阶振型(对称扭转振动),其 MAC 矩阵对角元素为 0.65;该振型与第 2 阶和第 4 阶振型(均为对称弯曲振动)间有相关性,故 MAC 矩阵非对角元素明显大于零。对于第 5 阶振型,仅有 $\text{MAC}(\boldsymbol{\varphi}_5,\hat{\boldsymbol{\varphi}}_5)=0.51$,且实测振型 $\hat{\boldsymbol{\varphi}}_5$ 与计算振型 $\boldsymbol{\varphi}_r,r=1,2,\cdots,6$ 的 MAC 值均很小。考察实测振型 $\hat{\boldsymbol{\varphi}}_5$ 与更高阶计算振型的相关性,发现 $\text{MAC}(\boldsymbol{\varphi}_7,\hat{\boldsymbol{\varphi}}_5)=0.55$。计算振型 $\boldsymbol{\varphi}_7$ 以反对称弯曲振动为主,包含反对称扭转振动;而实测振型 $\hat{\boldsymbol{\varphi}}_5$ 以反对称扭转振动为主,包含反对称弯曲振动。因此,需思考如何改善实测振型 $\hat{\boldsymbol{\varphi}}_5$ 和 $\hat{\boldsymbol{\varphi}}_6$。

　　从实验角度看,实测频响函数的第 5 阶和第 6 阶共振峰相距很近,而相干函数值较小,导致模态参数识别结果不佳。因此,可改用正弦慢扫频激励,在 25~30 Hz 频段内用更高的频率分辨率进行测试,获得高质量的频响函数;还可采用两个激振器来产生同相位或反相位的激振力,仅激发对称振动或反对称振动,获得相对稀疏的共振峰。如果基于优质频响函数的识别结果仍具有较差的 MAC 值(如 $\text{MAC}(\boldsymbol{\varphi}_5,\hat{\boldsymbol{\varphi}}_5)<0.65$),则需考虑改进计算模型。

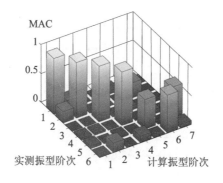

图 6.4.9　计算和实测固有振型的 MAC 矩阵

▶▶▶ 思考题

6-1　在振动实验中,若无法得到近似自由状态的软支撑边界条件,可否由已知的支撑刚度来修正实验结果,进而得到系统在自由状态下的模态参数? 以单个支撑为例进行分析。

6-2　分析单自由度系统的单位脉冲响应函数和单位阶跃响应函数的频谱,由此评价脉冲激励和阶跃激励所适用的振动实验。

6-3 在振动测试中,对信号加窗的目的是什么?加窗是否总是有益?

6-4 若某系统可简化为单自由度系统并已测得其频响函数 $H(\omega)$,列举三种以上的图解方法来确定系统的固有频率和阻尼比。

6-5 如果用简谐激振力进行结构振动实验,当结构达到共振时,通常测得的力信号幅值很小,误差较大,思考其原因何在?

6-6 在结构模态测试中,如果没有数值计算结果,能否判断实测模态的置信度?

▶▶▶ 习　题

6-1 电磁激振器可简化为图 6-1 所示的二自由度系统。其中,m_1 是激振器内部可动部件的质量,k_1 是它与外壳间支撑弹簧的刚度系数,m_2 是外壳和不动部件的质量,k_2 是安装刚度系数。讨论该激振器用于单自由度系统振动实验时,刚度系数 k_2 对测量频率的影响。

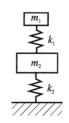

图 6-1　习题 6-1 用图

6-2 已知某信号的最高频率成分为 $f_{\max}=128$ Hz,现采集 $n=1\,024$ 点的时域信号作 FFT 计算,选择适宜的采样频率 f_s,并由此确定采样周期 Δt。

6-3 某振动信号包含 6.0 Hz 和 6.25 Hz 的简谐振动,数据采集和分析系统的采样数为 $n=1\,024$。选择适宜的采样频率,使其能兼顾 FFT 频谱的频率分辨率和频谱泄漏最小;在 MATLAB 平台上,生成含上述两种频率成分的振动信号,通过采样和 FFT 计算,检验是否有泄漏。

6-4 对下述矩形窗函数作 Fourier 变换,讨论窗的宽度 T_0 对 Fourier 幅值谱的影响。

$$w(t)=\begin{cases}1, & |t|\leqslant T_0/2 \\ 0, & |t|>T_0/2\end{cases}$$

6-5 在 MATLAB 平台上模拟采样数为 $n=1\,024$ 的数据采集和分析系统,生成一个幅值为 1、宽度为 $T_0=1$ s 的窗函数信号,分别用采样频率 $f_s=100$ Hz 和 $f_s=1\,000$ Hz 进行采样,完成 FFT 计算,对得到的频谱进行比较和讨论。

6-6 根据多自由度比例阻尼系统的频响函数矩阵模态展开式,讨论在振动实验中激振器和加速度计安装位置对实验结果的影响。

6-7 若某悬臂梁的前三阶固有频率落入 0~200 Hz 频带,设计一宽频带激励的振动实验,测量和识别梁的前三阶模态参数。

6-8 某人在步行桥上作了一次上下跳跃,导致桥面产生自由振动;桥下的旁观者用手机记录下了该过程。回放视频,发现桥面在 4 s 时间内振动 5 次,振幅衰减约 50%。估计该步行桥(连同行人)的第一阶固有振动频率和模态阻尼比;在此基础上设计振动实验,测量和识别该步行桥的前三阶模态参数。

第7章 非线性振动简介

真实系统几乎总含有各种非线性因素，线性系统只是真实系统的一种简化模型。通常，线性系统模型可提供对真实系统动力学行为的很好逼近，但有时略去非线性因素会产生本质的错误。因此，有必要研究非线性系统的振动。

非线性振动是振动力学中相对年轻的研究领域，具有浩瀚的文献。本书作为振动力学基础教材，仅简要介绍非线性振动的基本概念和研究方法，并以超低频隔振设计为例说明非线性振动具有广阔应用前景，帮助读者理解和处理常见的非线性振动问题。

》》》 7.1 非线性系统的概念与分类

单自由度非线性系统的动力学方程形如

$$m\ddot{u}(t) + p(u(t),\dot{u}(t),t) = f(t) \quad \Leftrightarrow \quad m\ddot{u}(t) = -p(u(t),\dot{u}(t),t) + f(t)$$

$$(7.1.1)$$

其中，$-p(u(t),\dot{u}(t),t)$ 是位移 u、速度 $\dot{u}$ 和时间 t 的非线性函数，称为非线性内力。现介绍一些例子，使读者建立对非线性内力 $-p(u,\dot{u},t)$ 或其反作用力（简称反力）$p(u,\dot{u},t)$ 的认识。

7.1.1 保守系统

当系统的机械能守恒时，称其为保守系统。式(7.1.1)对应的保守系统满足

$$m\ddot{u}(t) + p(u(t)) = 0 \tag{7.1.2}$$

其中，非线性内力 $-p(u)$ 是仅依赖于系统位移 u 的有势力，例如重力、弹性力等。

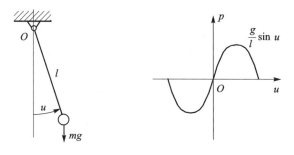

图 7.1.1 重力场中的单摆及其非线性反力

图 7.1.1 中的重力摆是最简单的保守系统，其运动满足动力学方程

$$\ddot{u}(t) + \frac{g}{l}\sin[u(t)] = 0 \tag{7.1.3}$$

该系统的非线性反力是

$$p(u) = \frac{g}{l}\sin u \tag{7.1.4}$$

对于小摆角 u,可利用 $\sin u \approx u$ 将式(7.1.3)简化为线性常微分方程,即作微振动的单摆是第 2 章所研究的单自由度线性系统。对于中等大小的摆角 u,采用 Taylor 级数的三阶截断 $\sin u \approx u - u^3/6$,可将式(7.1.3)表示为

$$\ddot{u}(t) + \frac{g}{l}\left[u(t) - \frac{1}{6}u^3(t)\right] = 0 \tag{7.1.5}$$

上式的一般形式是如下具有立方非线性项的系统

$$\ddot{u}(t) + au(t) + bu^3(t) = 0 \tag{7.1.6}$$

其中,a、b 是常数。为了纪念最早研究这类系统非线性振动的德国学者 Duffing,将式(7.1.6)所描述的系统称为Duffing 系统。因此,中等摆角的重力摆是 Duffing 系统,其 $a = g/l > 0$ 且 $b = -g/6l < 0$。Duffing 系统的另一例子是图 7.1.2 所示端部有集中质量的弹性梁。梁的大挠度变形会产生图示非线性反力,若梁的质量远小于端部集中质量,其大挠度自由振动近似满足式(7.1.6),而此时 $a > 0$ 且 $b > 0$。

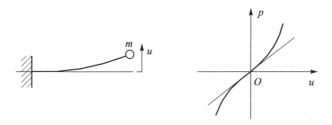

图 7.1.2　具有集中质量的大挠度梁及其非线性反力

如果将式(7.1.2)所描述的保守系统与单自由度线性系统类比,可认为 $p(u)$ 相当于非线性弹簧产生的弹性反力。因此,可定义非线性刚度系数

$$k(u) \equiv p'(u) \equiv \frac{\mathrm{d}p(u)}{\mathrm{d}u} \tag{7.1.7}$$

该刚度系数是随系统位移大小而变的。如果非线性刚度满足 $uk'(u) \geqslant 0$,则称系统刚度渐硬;反之则为刚度渐软。显然,重力摆是刚度渐软系统,而带集中质量的大挠度梁则是刚度渐硬系统。

在机械系统中,间隙与弹性约束比比皆是。图 7.1.3 是含弹性约束的单自由度系统,其非线性弹性反力是位移 u 的分段线性函数,即

$$p(u) = \begin{cases} ku, & u \leqslant \delta \\ ku + \mu k(u - \delta), & u > \delta \end{cases} \tag{7.1.8}$$

故将该系统称作分段线性系统。

7.1.2　非保守系统

非保守系统的机械能不守恒,系统或是存在内部耗能因素,或是从外界吸收能量。现列举

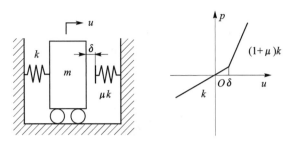

图 7.1.3 含弹性约束的系统及其分段线性弹性反力

两类典型的非保守系统。

首先,考察由阻尼耗能导致的非保守系统

$$m\ddot{u}(t) + d(\dot{u}(t)) + ku(t) = 0 \qquad (7.1.9)$$

其中,阻尼反力具有的形式为

$$d(\dot{u}) = c|\dot{u}|^{s-1}\dot{u}, \quad s = 0,1,2 \qquad (7.1.10)$$

① 当 $s=0$ 时,式(7.1.10)可写作

$$d(\dot{u}) = c\,\mathrm{sgn}(\dot{u}) \equiv \mu N\,\mathrm{sgn}(\dot{u}) \qquad (7.1.11)$$

此时,$-d(\dot{u})$ 是 Coulomb 干摩擦力,其中 N 为摩擦界面间正压力,μ 为干摩擦系数。

② 当 $s=1$ 时,$-d(\dot{u})$ 是读者已熟悉的线性黏性阻尼力,适用于描述物体在空气或液体中作低速运动所受到的阻力。

③ 当 $s=2$ 时,$-d(\dot{u})$ 是低黏度流体阻尼力,适用于描述物体在空气或低黏度液体中作中高速运动所受到的阻力。

在 2.7 节中,已讨论了如何在简谐振动前提下将这类非线性阻尼等效为线性黏性阻尼。本章将分析含有这类非线性阻尼的非简谐振动。

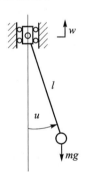

图 7.1.4 基础激励下的重力摆

其次,考察由激励导致的非保守系统。图 7.1.4 是基础作铅垂振动 $w(t)$ 的重力摆,其在惯性坐标系中的动力学方程为

$$ml^2\ddot{u}(t) = ml\,[-\ddot{w}(t) - g]\sin[u(t)] \qquad (7.1.12)$$

若基础的铅垂振动为 $w(t) = a\cos(2t)$,则式(7.1.12)成为

$$\ddot{u}(t) + \frac{1}{l}[g - 4a\cos(2t)]\sin[u(t)] = 0 \qquad (7.1.13)$$

将上式与式(7.1.3)比较可见,非线性项 $\sin[u(t)]$ 的系数由常数 g/l 变为时间 t 的函数$[g-$

$4a\cos(2t)]/l$。在本例中,基础对系统的激励以时变参数的形式反映在系统动力学方程中,因此被称作**参数激励**;相应的系统振动称作**参激振动**。

例 7.1.1 图 7.1.5 是两端铰支的均质等截面 Euler-Bernoulli 梁,其长度为 l,单位长度质量为 ρA,抗弯刚度为 EI。考察其在简谐轴向力 $f(t)=f_0\cos(\omega t)$ 作用下的微小横向振动。

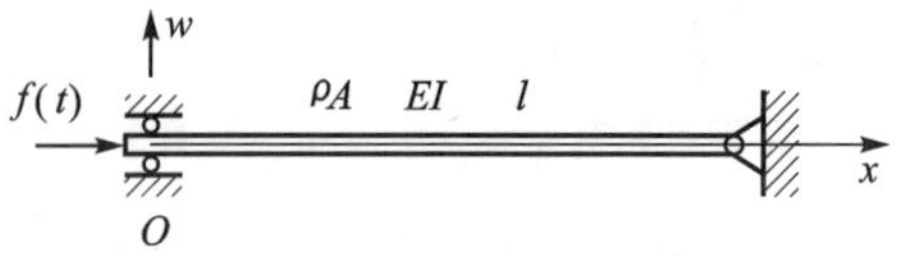

图 7.1.5 时变轴向力作用下的两端铰支梁

解 根据式(4.3.3)和轴向力的方向,建立轴力作用下梁横向微振动的偏微分方程

$$\rho A\,\frac{\partial^2 w(x,t)}{\partial t^2}+f_0\cos(\omega t)\,\frac{\partial^2 w(x,t)}{\partial^2 x}+EI\,\frac{\partial^4 w(x,t)}{\partial x^4}=0 \tag{a}$$

以两端铰支 Euler-Bernoulli 梁的固有振型作为基函数,将梁的挠度表示为

$$w(x,t)=\sum_{r=1}^{+\infty}\sin\left(\frac{r\pi x}{l}\right)u_r(t) \tag{b}$$

将式(b)代入式(a),利用固有振型的加权正交性,可得到解耦的常微分方程组

$$\ddot{u}_r(t)+\omega_r^2\left[1-g_r\cos(\omega t)\right]u_r(t)=0,\quad r=1,2,\cdots \tag{c}$$

其中

$$\omega_r^2\equiv\frac{r^4\pi^4 EI}{\rho A l^4},\quad g_r\equiv\frac{f_0 l^2}{r^2\pi^2 EI}\ll 1,\quad r=1,2,\cdots \tag{d}$$

式(c)表明,该梁的横向振动是参激振动。进一步研究表明,当激励频率 ω 与梁的某阶固有频率 ω_r 的二倍足够接近时,梁在横向小扰动下将发生参激振动而失去稳定性。

对非线性系统的分类除了按保守与非保守,还可按自治与非自治。**自治系统**是指式(7.1.1)的特殊形式

$$m\ddot{u}(t)+p(u(t),\dot{u}(t))=0 \tag{7.1.14}$$

其非线性反力 $p(u(t),\dot{u}(t))$ 不显含时间 t。不具备这种形式的系统称作**非自治系统**。

在本章中,自治系统可理解为作自由振动的系统,以及 7.2.4 节将要介绍的自激振动系统;而非自治系统可理解为受外激励或参数激励的系统。

7.2 自治系统振动的定性分析

7.2.1 基本概念

考察单自由度自治系统

$$\ddot{u}(t)+p(u(t),\dot{u}(t))=0 \tag{7.2.1}$$

它的基本性质是:对于时间坐标 t 的平移,其运动微分方程形式保持不变。因此,在讨论自治系统时,通常不再写出时间变量 t,并取系统初始时刻为 $t=0$。

1. 相轨线

用系统位移 u 和速度 $\dot{u}$ 组成二维状态向量

$$\boldsymbol{u} \equiv [u_1 \quad u_2]^{\mathrm{T}} \equiv [u \quad \dot{u}]^{\mathrm{T}} \tag{7.2.2}$$

将式(7.2.1)改写为二维状态空间中的常微分方程组

$$\dot{\boldsymbol{u}} \equiv \begin{bmatrix} \dot{u}_1 \\ \dot{u}_2 \end{bmatrix} = \begin{bmatrix} u_2 \\ -p(u_1,u_2) \end{bmatrix} \equiv \boldsymbol{p}(\boldsymbol{u}) \tag{7.2.3}$$

给定初始条件后,式(7.2.3)的解 $u_1(t),u_2(t),t \geqslant 0$ 是 (u_1,u_2) 平面上随参数 t 变化的一条积分曲线。通常,称 (u_1,u_2) 平面为相平面,称上述解曲线为相轨线,而相轨线的全体构成相图。

自式(7.2.3)消去 $\mathrm{d}t$,得到相轨线的切方向

$$\frac{\mathrm{d}u_2}{\mathrm{d}u_1} = -\frac{p(u_1,u_2)}{u_2} \tag{7.2.4}$$

它仅依赖于相轨线在相平面上的位置 (u_1,u_2),而与时间 t 无关。只要式中分子和分母在 (u_1,u_2) 处不同时为零,则相轨线在该处的切方向是唯一的。这表明,过 (u_1,u_2) 有且仅有一条相轨线。这正是式(7.2.3)中常微分方程解的存在与唯一性定理。

2. 平衡点及其稳定性

现将系统在相平面上速度和加速度同时为零的相点称为平衡点,记为 $\boldsymbol{u}_s$。从式(7.2.3)不难看出,平衡点 $\boldsymbol{u}_s$ 满足

$$\boldsymbol{p}(\boldsymbol{u}_s) = \boldsymbol{0} \tag{7.2.5}$$

对照式(7.2.4),相轨线的切方向在平衡点处不唯一。因此,平衡点又称为奇点。

为了描述平衡点的稳定性,常采用俄罗斯学者 Lyapunov 给出的定义:若对于任给的 $\varepsilon > 0$,存在 $\delta(\varepsilon) > 0$,当 $\| \boldsymbol{u}(0) - \boldsymbol{u}_s \| \leqslant \delta(\varepsilon)$ 时,系统的运动总满足

$$\| \boldsymbol{u}(t) - \boldsymbol{u}_s \| \leqslant \varepsilon, \quad t \geqslant 0 \tag{7.2.6}$$

则称系统的平衡点 $\boldsymbol{u}_s$ 是稳定的,否则称为不稳定的。如果在稳定前提下还有

$$\lim_{t \to +\infty} \boldsymbol{u}(t) = \boldsymbol{u}_s \tag{7.2.7}$$

则称系统的平衡点 $\boldsymbol{u}_s$ 是渐近稳定的。

7.2.2　二维系统平衡点的性质

为了研究系统在平衡点 $\boldsymbol{u}_s$ 附近的行为,将式(7.2.3)作 Taylor 展开并利用式(7.2.5),得到

$$\dot{\boldsymbol{u}} = \boldsymbol{p}(\boldsymbol{u}) = D\boldsymbol{p}(\boldsymbol{u}_s)(\boldsymbol{u} - \boldsymbol{u}_s) + O(\| \boldsymbol{u} - \boldsymbol{u}_s \|^2) \tag{7.2.8}$$

其中,$D\boldsymbol{p}(\boldsymbol{u}_s)$ 代表向量函数 $\boldsymbol{p}(\boldsymbol{u})$ 在 $\boldsymbol{u}_s$ 处的 Jacobi 矩阵。上式也可改写作

$$\Delta\dot{\boldsymbol{u}} = \boldsymbol{A}\Delta\boldsymbol{u} + O(\| \Delta\boldsymbol{u} \|^2), \quad \Delta\boldsymbol{u} \equiv \boldsymbol{u} - \boldsymbol{u}_s, \quad \boldsymbol{A} \equiv D\boldsymbol{p}(\boldsymbol{u}_s) \tag{7.2.9}$$

数学家已证明:除了个别临界退化情况,式(7.2.9)与其对应的线性系统(简称派生系统)

$$\dot{\boldsymbol{u}} = \boldsymbol{A}\boldsymbol{u} \tag{7.2.10}$$

的平衡点具有相同定性行为。因此,以下仅讨论式(7.2.10)中线性系统平衡点的定性行为。

将式(7.2.10)的解 $\boldsymbol{u} = \boldsymbol{u}_0 \exp(\lambda t)$ 代入该方程,得到对应的特征值问题

$$(\boldsymbol{A} - \lambda \boldsymbol{I})\boldsymbol{u}_0 = \boldsymbol{0} \tag{7.2.11}$$

为了方便,不妨设 A 满足 $\det A \neq 0$ 且具有线性无关的特征向量 $\boldsymbol{\varphi}_1$ 和 $\boldsymbol{\varphi}_2$。关于 $\det A = 0$ 的讨论,可参见《应用非线性动力学》[①]。

借鉴第 3 章的模态坐标变换,引入线性变换

$$u = \boldsymbol{\Phi} q, \quad \boldsymbol{\Phi} \equiv [\boldsymbol{\varphi}_1 \quad \boldsymbol{\varphi}_2], \quad q \equiv [q_1 \quad q_2]^T \tag{7.2.12}$$

将式(7.2.12)代入式(7.2.10),得到

$$\dot{q} = \boldsymbol{\Phi}^{-1} A \boldsymbol{\Phi} q = Bq, \quad B \equiv \boldsymbol{\Phi}^{-1} A \boldsymbol{\Phi} \tag{7.2.13}$$

由式(7.2.12)定义的线性变换只会使相轨线 $u(t)$ 扭曲为 $q(t)$,而不会改变其本质特征。因此,对相轨线 $u(t)$ 的定性讨论可转化为对 $q(t)$ 的定性讨论。根据线性代数,矩阵 B 的形式取决于矩阵 A 的特征值 λ_1 和 λ_2,共有如下三种可能性:

$$(1)\ B = \begin{bmatrix} \lambda_1 & 0 \\ 0 & \lambda_2 \end{bmatrix}, \quad (2)\ B = \begin{bmatrix} \lambda & 1 \\ 0 & \lambda \end{bmatrix}, \quad (3)\ B = \begin{bmatrix} \lambda & 0 \\ 0 & \bar{\lambda} \end{bmatrix} \tag{7.2.14}$$

现逐一讨论如下。

1. B 为实对角矩阵

此时,式(7.2.13)被解耦为两个独立的常微分方程

$$\dot{q}_1 = \lambda_1 q_1, \quad \dot{q}_2 = \lambda_2 q_2 \tag{7.2.15}$$

给定初始状态 (q_{10}, q_{20}),由式(7.2.15)解出

$$q_1 = q_{10} \exp(\lambda_1 t), \quad q_2 = q_{20} \exp(\lambda_2 t) \tag{7.2.16}$$

根据 $\lambda_1 \lambda_2$ 的取值,可分两种情况进行讨论。

① 若 $\lambda_1 \lambda_2 > 0$,即 λ_1 与 λ_2 同号,称平衡点为结点。若 $\lambda_1 < 0$ 且 $\lambda_2 < 0$,由式(7.2.16)知,$t \to +\infty$ 时,q_1 和 $q_2 \to 0$,故结点是渐近稳定的。图 7.2.1 给出了 $\lambda_1 \neq \lambda_2$ 时结点附近的相图。若 $\lambda_1 > 0$ 且 $\lambda_2 > 0$,则 $t \to +\infty$ 时,$|q_1|$ 和 $|q_2| \to +\infty$,结点是不稳定的。此时相轨线类似于图 7.2.1,只需将图中箭头反向。

② 若 $\lambda_1 \lambda_2 < 0$,即 λ_1 与 λ_2 异号,称平衡点为鞍点,它总是不稳定的。若 $\lambda_2 < 0 < \lambda_1$,由式(7.2.16)知,$t \to +\infty$ 时 $|q_1| \to +\infty$,而 $q_2 \to 0$。图 7.2.2 给出了此时鞍点附近的相图。若 $\lambda_1 < 0 < \lambda_2$,则图 7.2.2 中箭头反向。

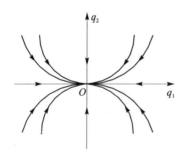

图 7.2.1　渐近稳定结点

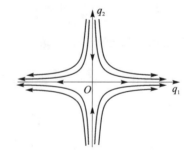

图 7.2.2　鞍点

2. B 为实非对角矩阵

此时,式(7.2.13)为

① 胡海岩. 应用非线性动力学[M]. 北京:航空工业出版社,2000,28-29.

$$\dot{q}_1 = \lambda q_1 + q_2, \quad \dot{q}_2 = \lambda q_2 \tag{7.2.17}$$

对于初始状态 (q_{10}, q_{20})，可解出

$$\frac{q_2}{q_1} = \frac{q_{20}\exp(\lambda t)}{(q_{10} + q_{20}t)\exp(\lambda t)} = \frac{q_{20}}{q_{10} + q_{20}t} \tag{7.2.18}$$

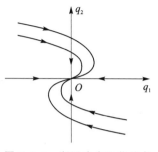

这种平衡点称为**退化结点**。图 7.2.3 是 $\lambda < 0$ 时渐近稳定退化结点附近的相图；当 $\lambda > 0$ 时，则图中箭头反向。

3. B 为复共轭对角矩阵

记 $\lambda = \alpha + \mathrm{i}\beta$，则式 (7.2.13) 具有共轭解

图 7.2.3　渐近稳定退化结点

$$q_1 = \bar{q}_2 = q_{10}\exp[(\alpha + \mathrm{i}\beta)t] \tag{7.2.19}$$

此时，平衡点称为**焦点**，式 (7.2.19) 是复平面上环绕焦点的对数螺线。若 $\alpha < 0, t \to +\infty$ 时 $|q_1| \to 0$，对数螺线向焦点收缩，焦点是渐近稳定的，如图 7.2.4 所示；若 $\alpha > 0$ 时，则焦点是不稳定的。对于临界情况 $\alpha = 0$，螺线成为图 7.2.5 所示的圆。此时的平衡点称为**中心**，环绕它的圆代表周期运动，又称为**闭轨**。

在数学上可以证明：若 $p(u_1, u_2)$ 在平衡点具有一阶连续偏导数且 $\det A \neq 0$，则式 (7.2.9) 与其派生系统具有相同的结点、退化结点、鞍点和焦点，但对应派生系统奇结点和中心的平衡点有可能是焦点[①]。

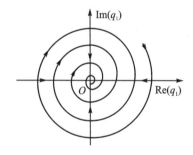

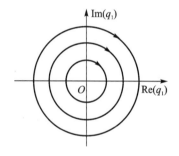

图 7.2.4　渐近稳定焦点　　　　　　图 7.2.5　　中心

上述分析表明，派生系统的特征值决定了所对应非线性系统的平衡点类别。因此，可直接根据矩阵 A 对平衡点分类。为此，将式 (7.2.11) 对应的特征方程表示为

$$\lambda^2 - (\mathrm{tr}A)\lambda + \det A = 0 \tag{7.2.20}$$

其特征值为

$$\lambda_{1,2} = \frac{1}{2}\left[\mathrm{tr}A \pm \sqrt{(\mathrm{tr}A)^2 - 4\det A}\right] \tag{7.2.21}$$

其中，$\mathrm{tr}A$ 和 $\det A$ 分别表示矩阵 A 的迹与行列式。式 (7.2.20) 是二次代数方程，根据该方程的根与系数关系，可在图 7.2.6 所示的参数平面 $(\mathrm{tr}A, \det A)$ 上区分平衡点类型。该参数平面被划分成五个不同的区域，在每个区域内的平衡点类型相同。

① 　尤秉礼. 常微分方程补充教程[M]. 北京:高等教育出版社,1981,284-300.

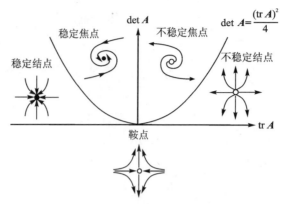

图 7.2.6　参数平面上的各类平衡点

例 7.2.1　分析下述含线性黏性阻尼单摆的平衡点类型

$$\ddot{u} + 2\zeta\omega_0\dot{u} + \omega_0^2\sin u = 0, \quad \zeta \geqslant 0, \quad \omega_0 > 0 \tag{a}$$

解　将式(a)中的二阶常微分方程改写为状态空间中的一阶常微分方程组

$$\dot{\boldsymbol{u}} = \begin{bmatrix} \dot{u}_1 \\ \dot{u}_2 \end{bmatrix} = \begin{bmatrix} u_2 \\ -\omega_0^2\sin u_1 - 2\zeta\omega_0 u_2 \end{bmatrix} = \boldsymbol{p}(\boldsymbol{u}) \tag{b}$$

该系统的平衡点是$(0,0)$和$(\pm\pi,0)$,现分别进行讨论。

首先,考察平衡点$(0,0)$,在该点的局部线性化微分方程组具有系数矩阵

$$\boldsymbol{A} = \begin{bmatrix} 0 & 1 \\ -\omega_0^2\cos u_1 & -2\zeta\omega_0 \end{bmatrix}\Bigg|_{u_1=0} = \begin{bmatrix} 0 & 1 \\ -\omega_0^2 & -2\zeta\omega_0 \end{bmatrix} \tag{c}$$

该矩阵的特征值为

$$\lambda_{1,2} = -\omega_0\left(\zeta \pm \sqrt{\zeta^2 - 1}\right) \tag{d}$$

① 若$\zeta>1$(过阻尼):λ_1和λ_2为互异负实数,平衡点是渐近稳定结点,其相图形如图 7.2.1 所示。

② 若$\zeta=1$(临界阻尼):λ_1和λ_2为相等负实数,平衡点是渐近稳定的退化结点,其相图形如图 7.2.3 所示。

③ 若$0<\zeta<1$(欠阻尼):λ_1和λ_2为共轭复数,平衡点是稳定焦点,其相图形如图 7.2.4 所示。

④ 若$\zeta=0$(无阻尼):λ_1和λ_2为共轭虚数,平衡点是中心,其相图形如图 7.2.5 所示。

其次,讨论平衡点$(\pm\pi,0)$,在该点的局部线性化微分方程组具有系数矩阵

$$\boldsymbol{A} = \begin{bmatrix} 0 & 1 \\ -\omega_0^2\cos u_1 & -2\zeta\omega_0 \end{bmatrix}\Bigg|_{u_1=\pm\pi} = \begin{bmatrix} 0 & 1 \\ \omega_0^2 & -2\zeta\omega_0 \end{bmatrix} \tag{e}$$

其特征值为

$$\lambda_{1,2} = -\omega_0\left(\zeta \pm \sqrt{\zeta^2 + 1}\right) \tag{f}$$

它们分别为负实数和正实数,故平衡点为鞍点,其相图形如图 7.2.2 所示。

7.2.3　二维保守系统的全局特性

现继续研究式(7.2.1)所描述的单自由度保守系统。利用导数关系

$$\ddot{u} = \frac{\mathrm{d}\dot{u}}{\mathrm{d}t} = \frac{\mathrm{d}\dot{u}}{\mathrm{d}u} \cdot \frac{\mathrm{d}u}{\mathrm{d}t} = \dot{u}\,\frac{\mathrm{d}\dot{u}}{\mathrm{d}u} \tag{7.2.22}$$

将式(7.2.1)改写为

$$\dot{u}\,\mathrm{d}\dot{u} + p(u)\,\mathrm{d}u = 0 \qquad (7.2.23)$$

对式(7.2.23)积分,得到能量守恒关系

$$\frac{1}{2}\dot{u}^2 + V(u) = E = \mathrm{const.} \quad V(u) \equiv \int_0^u p(\xi)\,\mathrm{d}\xi \qquad (7.2.24)$$

其中,左端第一项是系统的动能,第二项 $V(u)$ 是系统的势能,而 E 是系统的总能量。对于给定的系统总能量 E,上式等价于 (u_1,u_2) 相平面上的等能量相轨线

$$\frac{1}{2}u_2^2 + V(u_1) = E \qquad (7.2.25)$$

由此解出

$$\frac{\mathrm{d}u_1}{\mathrm{d}t} = u_2 = \pm\sqrt{2[E - V(u_1)]} \qquad (7.2.26)$$

从上式看出,保守系统的相轨线关于 u_1 轴对称,故系统的平衡点不可能为焦点。

现从势能出发,分析保守系统平衡点 $(u_{1s},0)$ 的类别。由于系统平衡点是势能极值点,故

$$V'(u_{1s}) \equiv \frac{\mathrm{d}V}{\mathrm{d}u_1}\bigg|_{u_1=u_{1s}} = p(u_{1s}) = 0 \qquad (7.2.27)$$

以下均用撇号代表对 u_1 的导数。将上式代入派生系统的特征方程

$$\det(\boldsymbol{A} - \lambda\boldsymbol{I}) = \det\begin{bmatrix} -\lambda & 1 \\ -p'(u_{1s}) & -\lambda \end{bmatrix} = \lambda^2 + p'(u_{1s}) = \lambda^2 + V''(u_{1s}) = 0 \quad (7.2.28)$$

从式(7.2.28)解出两个特征值

$$\lambda_{1,2} = \mp\sqrt{-V''(u_{1s})} \qquad (7.2.29)$$

因此,平衡点具有如下几种类型:

① 若 $V''(u_{1s})<0$,即 $V(u_{1s})$ 为极大值,λ_1 和 λ_2 为异号实数,平衡点为鞍点;
② 若 $V''(u_{1s})>0$,即 $V(u_{1s})$ 为极小值,λ_1 和 λ_2 为共轭虚数,平衡点为中心;
③ 若 $V''(u_{1s})=0$,分析表明平衡点是高阶的中心、鞍点或奇点[①]。

参考图 7.2.7,由于势能函数的极大值和极小值交替出现,所以保守系统的鞍点和中心在 u_1 轴上交替出现。过鞍点的相轨线将相平面分为若干个区域,在任意两个鞍点间的中心附近,

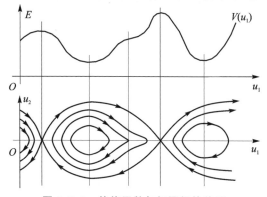

图 7.2.7 势能函数与相图间的关系

① 王海期.非线性振动[M].北京:高等教育出版社,1992,40-42.

有无限多闭轨。这就给出了保守系统的相图全局结构。

此外,对式(7.2.26)分离变量后积分,可得到系统自由振动与时间的关系。对于闭轨,由此可得到其周期为

$$T = 2\int_{u_{1\min}}^{u_{1\max}} \frac{\mathrm{d}u_1}{\sqrt{2[E - V(u_1)]}} \tag{7.2.30}$$

显然,自由振动周期依赖于系统的非线性强弱及振幅大小。

例 7.2.2 图 7.2.8(a)中质点 m 沿转速为 ω 的光滑圆环运动,分析其平衡点及相图。

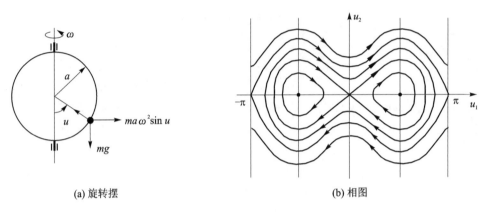

(a) 旋转摆　　　　　　　　　　　　　　(b) 相图

图 7.2.8　旋转摆及其相图

解　取图 7.2.8(a)中角度 u 描述质点运动,根据动量矩定理建立质点动力学方程

$$ma^2\ddot{u} = ma^2\omega^2\sin u\cos u - mga\sin u \tag{a}$$

引入

$$u_1 \equiv u, \quad u_2 \equiv \frac{\dot{u}}{\omega}, \quad \tau \equiv \omega t, \quad \mu \equiv \frac{g}{a\omega^2} \in (0,1) \tag{b}$$

将式(a)改写为状态方程

$$\frac{\mathrm{d}u_1}{\mathrm{d}\tau} = u_2, \quad \frac{\mathrm{d}u_2}{\mathrm{d}\tau} = \sin u_1(\cos u_1 - \mu) \tag{c}$$

注意到式(c)中第二式右端项是有势力 $-V'(u_1)$,因此势能的二次导数为

$$V''(u_1) = \frac{\mathrm{d}}{\mathrm{d}u_1}[(\sin u_1)(\mu - \cos u_1)] = 1 + \mu\cos u_1 - 2\cos^2 u_1 \tag{d}$$

该系统的平衡点为 $(0,0)$、$(\pm\pi,0)$ 和 $(\pm\arccos\mu,0)$,根据对式(7.2.29)的讨论可知:

① $V''(0) = \mu - 1 < 0$,点 $(0,0)$ 为鞍点;

② $V''(\pm\pi) = -1 - \mu < 0$,点 $(\pm\pi,0)$ 为鞍点;

③ $V''(\pm\arccos\mu) = 1 - \mu^2 > 0$,点 $(\pm\arccos\mu,0)$ 为中心。

此外,对上述有势力积分,得到势能

$$V(u_1) = -\int_0^{u_1} \sin\xi(\cos\xi - \mu)\mathrm{d}\xi = \mu - \mu\cos u_1 - \frac{1}{2}\sin^2 u_1 \tag{e}$$

将其代入式(7.2.25),得到等能量相轨线方程

$$u_2^2 - (\sin^2 u_1 + 2\mu\cos u_1) = 2E - 2\mu \tag{f}$$

根据鞍点坐标,计算出过三个鞍点 $(0,0)$ 和 $(\pm\pi,0)$ 的等能量相轨线分别为

$$u_2 = \pm\sqrt{\sin^2 u_1 + 2\mu(\cos u_1 - 1)} \quad u_2 = \pm\sqrt{\sin^2 u_1 + 2\mu(\cos u_1 + 1)} \tag{g}$$

它们将相平面分为不同区域,系统相图的全局结构如图 7.2.8(b)所示。该系统具有两个中心,质点围绕哪个中心作周期运动,取决于系统的初始条件。

值得指出,非线性系统的振动往往具有多解,而解的实现依赖系统初始条件,这是非线性系统与线性系统的重要区别。

7.2.4　二维非保守系统的分析

1. 耗散系统

考察非保守自治系统

$$\ddot{u} + p(u) + q(u,\dot{u}) = 0 \tag{7.2.31}$$

其中,$-p(u)$代表系统中所有的有势力,则该系统的总能量可表示为

$$E(u,\dot{u}) = \frac{1}{2}\dot{u}^2 + \int_0^u p(\zeta)\mathrm{d}\zeta \tag{7.2.32}$$

将式(7.2.32)对时间求导数,再利用式(7.2.31),得到

$$\dot{E} = [\ddot{u} + p(u)]\dot{u} = -q(u,\dot{u})\dot{u} \tag{7.2.33}$$

如果除了在个别孤立时刻,因$\dot{u}=0$而导致$\dot{E}=0$,在其他时刻总有

$$q(u,\dot{u})\dot{u} > 0 \tag{7.2.34}$$

则得到$\dot{E}<0$。此时,系统总能量随时间增加而减少,系统运动趋于一个渐近稳定的平衡点,其行为比较简单。这类系统称作**耗散系统**,而$-q(u,\dot{u})$相当于是阻尼力。

例 7.2.3　分析下述含 Coulomb 干摩擦系统的相图。

$$m\ddot{u} + \mu N \operatorname{sgn}(\dot{u}) + ku = 0, \quad \mu N > 0 \tag{a}$$

解　将式(a)改写为分段线性常微分方程

$$\ddot{u} + \omega_0^2 u = \begin{cases} -\delta\omega_0^2, & \dot{u} > 0 \\ \delta\omega_0^2, & \dot{u} < 0 \end{cases} \tag{b}$$

其中

$$\omega_0 \equiv \sqrt{\frac{k}{m}}, \quad \delta \equiv \frac{\mu N}{k} > 0 \tag{c}$$

式(b)在$\dot{u}>0$和$\dot{u}<0$分别有精确解,每段精确解在切换条件$\dot{u}=0$处的位移又是下一段精确解的初始条件。所以,可逐段衔接构造系统的相图,这种方法称作接缝法。

根据式(7.2.4),系统相轨线服从常微分方程

$$\frac{\mathrm{d}u_2}{\mathrm{d}u_1} = \begin{cases} -\omega_0^2(u_1+\delta)/u_2, & u_2 > 0 \\ -\omega_0^2(u_1-\delta)/u_2, & u_2 < 0 \end{cases} \tag{d}$$

积分得

$$\begin{cases} \dfrac{(u_1+\delta)^2}{R_1^2} + \dfrac{u_2^2}{\omega_0^2 R_1^2} = 1, & u_2 > 0 \\ \dfrac{(u_1-\delta)^2}{R_2^2} + \dfrac{u_2^2}{\omega_0^2 R_2^2} = 1, & u_2 < 0 \end{cases} \tag{e}$$

其中，R_1 和 R_2 分别是相应段内的积分常数。

式(e)代表在上半相平面以 $(-\delta,0)$ 为中心和在下半相平面以 $(\delta,0)$ 为中心的两个半椭圆，它们组成图7.2.9所示的螺线，表示振动逐渐衰减。一旦该螺线进入位移区间 $(-\delta,\delta)$，系统的弹性力小于静摩擦力，运动即告终止。读者由此可理解，为何某些机械仪表指针会因干摩擦作用而无法回归零点。

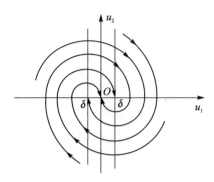

图 7.2.9 单自由度干摩擦系统的相图

2. 自激振动系统

非保守系统要实现不衰减的振动，需不断补充能量耗散。若用时变激励来补充能量，强迫系统振动，则系统显含时间 t 而成为非自治系统。若系统内部存在不显含时间 t 的能源而维持某种稳态振动，则系统仍是自治系统，通常称作自激振动系统。

对自激振动系统的研究起始于荷兰学者 Van der Pol 对电子管振荡器的研究，其简化模型称为Van der Pol 系统，对应的动力学方程初值问题为

$$\begin{cases} \ddot{u}+\varepsilon(u^2-1)\dot{u}+u=0, & \varepsilon>0 \\ u(0)=u_0, & \dot{u}(0)=\dot{u}_0 \end{cases} \tag{7.2.35}$$

对照式(7.2.33)，该系统能量随时间的变化率为

$$\dot{E}(t)=\varepsilon(1-u^2)\dot{u}^2=\begin{cases} <0, & |u|>1 \\ >0, & |u|<1 \end{cases} \tag{7.2.36}$$

因此，当系统作小幅振动时，系统会吸收能量增加振幅；而作大幅振动时，系统会消耗能量减小振幅；最终，系统可形成固定幅值的周期振动。

例 7.2.4* 对式(7.2.35)中的 Van der Pol 系统，选择不同的初始条件，讨论参数 $\varepsilon=0.1$ 和 $\varepsilon=1.0$ 时的系统行为。

解 采用附录A7的 MATLAB 程序，调用 5.4 节中的 Runge-Kutta 法求解式(7.2.35)。

对于 $\varepsilon=0.1$，取两组初始条件

$$A:(u_0,\dot{u}_0)=(1.0,1.0), \quad B:(u_0,\dot{u}_0)=(-2.0,2.0) \tag{a}$$

得到图7.2.10(a)所示的两条相轨线，它们均趋于相平面上接近椭圆形的闭轨，但分别位于该闭轨的内部和外部。用 MATLAB 程序对系统位移 $u(t)$ 作 Fourier 变换，其幅值谱仅含单个峰。

对于 $\varepsilon=1.0$，取如下两组初始条件

$$A:(u_0,\dot{u}_0)=(0.1,0.0), \quad B:(u_0,\dot{u}_0)=(-2.0,2.0) \tag{b}$$

得到图7.2.10(b)所示的两条相轨线，它们分别从闭轨内部和外部趋于该闭轨，而该闭轨明显

偏离椭圆。此时,系统位移 $u(t)$ 的 Fourier 幅值谱含多个峰,呈显著的非线性效应。

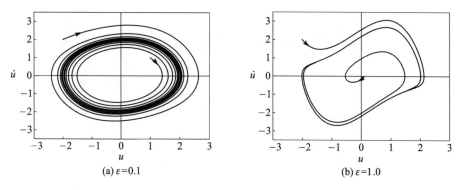

$$\text{(a)} \varepsilon = 0.1 \qquad\qquad \text{(b)} \varepsilon = 1.0$$

图 7.2.10　弱非线性和强非线性 Van der Pol 系统的相轨线

在工程中,干摩擦力、气动阻尼力、滑动轴承的油膜力等均会使系统能量与振幅之间构成上述正反馈-负反馈变化,从而诱发金属切削刀具、飞行器机翼、燃气轮机的自激振动,造成危害乃至灾难性事故。

读者或许已注意到:对于保守系统,可由无限接近的初始条件获得无限稠密的、围绕同一中心的闭轨;这些闭轨是稳定的、但并非渐近稳定,闭轨间彼此不相吸引。自激振动系统与此不同,其闭轨是孤立的,而且渐近稳定的闭轨要作为极限来吸引它周围的相轨线。因此,非保守系统的闭轨是一孤立的极限点集,称作**极限环**。确定高维系统极限环的个数和位置是一个有趣和困难的数学问题。目前,虽然已有不少充分条件或必要条件,但尚未彻底解决这个问题。

7.2.5　高维系统平衡点的稳定性

对于 n 维非线性系统,其派生系统是形如式(7.2.10)的 n 维一阶常微分方程组,相应的特征方程是一元 n 次代数方程

$$\det(\boldsymbol{A} - \lambda \boldsymbol{I}) = a_0 \lambda^n + a_1 \lambda^{n-1} + \cdots + a_{n-1}\lambda + a_n = 0 \qquad (7.2.37)$$

类似于二维系统,n 维系统平衡点渐近稳定的充分必要条件是:派生系统的全部特征值皆有负实部,即式(7.2.37)的所有根均有负实部。

英国学者 Routh 和德国学者 Hurwitz 发现:式(7.2.37)的所有根有负实部等价于下述所有行列式同号[1]

$$
\begin{cases}
\Delta_0 \equiv a_0, \quad \Delta_1 \equiv a_1, \quad \Delta_2 \equiv \det\begin{bmatrix} a_1 & a_0 \\ a_3 & a_2 \end{bmatrix}, \\[4mm]
\Delta_3 \equiv \det\begin{bmatrix} a_1 & a_0 & 0 \\ a_3 & a_2 & a_1 \\ a_5 & a_4 & a_3 \end{bmatrix}, \quad \cdots, \quad \Delta_n \equiv \det\begin{bmatrix} a_1 & a_0 & \cdots & 0 \\ a_3 & a_2 & \cdots & 0 \\ \vdots & \vdots & \ddots & \vdots \\ a_{2n-1} & a_{2n-2} & \cdots & a_n \end{bmatrix}
\end{cases} \qquad (7.2.38)
$$

构造上述行列式时,若 $r > n$ 则取 $a_r = 0$。利用式(7.2.38)的这组条件,可以直接判断线性系

---

[1]　尤秉礼.常微分方程补充教程[M].北京:人民教育出版社,1983,372-377.

统平衡点的渐近稳定性,免去求解式(7.2.37)。

7.3 自治系统振动的定量分析

上节对二维自治系统的定性分析属于几何方法,难以推广到高维系统。本节讨论定量分析方法,它可以推广到高维系统。本节将研究对象限于弱非线性自治系统的初值问题

$$
\begin{cases}
\ddot{u} + \omega_0^2 u = \varepsilon p(u, \dot{u}) & (7.3.1a) \\
u(0) = a_0, \quad \dot{u}(0) = 0 & (7.3.1b)
\end{cases}
$$

其中,$0 < \varepsilon \ll 1$ 是一小参数。鉴于时间坐标平移不改变自治系统的形式,故将时间起点选在初速度为零时刻,以求表述简洁。

当 $\varepsilon = 0$ 时,系统(7.3.1)退化为派生系统,其自由振动为

$$
u_0(t) = a_0 \cos(\omega_0 t) \tag{7.3.2}
$$

采用数学术语,称式(7.3.2)为派生解。本节将要研究 $0 < \varepsilon \ll 1$ 时非线性因素对系统运动的影响,获得对式(7.3.2)的修正。

7.3.1 Lindstedt – Poincaré 摄动法

由于式(7.3.1)含有小参数 ε,故其解 $u(t)$ 依赖于 ε。由 7.2 节知,系统自由振动的频率 ω 与非线性项有关,自然也依赖于 ε。因此,将 $u(t)$ 和 ω^2 表示为 ε 的如下幂级数

$$
\begin{cases}
u(t) = u_0(t) + \varepsilon u_1(t) + \varepsilon^2 u_2(t) + \cdots \\
\omega^2 = \omega_0^2 + \varepsilon b_1 + \varepsilon^2 b_2 + \cdots
\end{cases}
\tag{7.3.3}
$$

以下确定未知的 $u_r(t), b_r, r = 1, 2, \cdots$,进而获得式(7.3.1)的近似解。这种通过简单问题求解复杂问题近似解的方法称为摄动法,它源自瑞典学者 Lindstedt 和法国学者 Poincaré 的研究。

将式(7.3.3)分别代入式(7.3.1a)和(7.3.1b),得到

$$
\ddot{u}_0 + \varepsilon \ddot{u}_1 + \varepsilon^2 \ddot{u}_2 + \cdots + (\omega^2 - \varepsilon b_1 - \varepsilon^2 b_2 + \cdots)(u_0 + \varepsilon u_1 + \varepsilon^2 u_2 + \cdots)
$$
$$
= \varepsilon p(u_0 + \varepsilon u_1 + \varepsilon^2 u_2 + \cdots, \dot{u}_0 + \varepsilon \dot{u}_1 + \varepsilon^2 \dot{u}_2 + \cdots) \tag{7.3.4a}
$$

$$
\begin{cases}
u_0(0) + \varepsilon u_1(0) + \varepsilon^2 u_2(0) + \cdots = a_0 \\
\dot{u}_0(0) + \varepsilon \dot{u}_1(0) + \varepsilon^2 \dot{u}_2(0) + \cdots = 0
\end{cases}
\tag{7.3.4b}
$$

欲使式(7.3.4)对任意的参数 $0 < \varepsilon \ll 1$ 均成立,其等式两端 ε 的同次幂系数应相等。由此得到一系列线性常微分方程的初值问题

$$
\varepsilon^0 : \begin{cases}
\ddot{u}_0 + \omega^2 u_0 = 0 \\
u_0(0) = a_0, \quad \dot{u}_0(0) = 0
\end{cases}
\tag{7.3.5a}
$$

$$
\varepsilon^1 : \begin{cases}
\ddot{u}_1 + \omega^2 u_1 = p(u_0, \dot{u}_0) + b_1 u_0 \\
u_1(0) = 0, \quad \dot{u}_1(0) = 0
\end{cases}
\tag{7.3.5b}
$$

$$
\varepsilon^2 : \begin{cases}
\ddot{u}_2 + \omega^2 u_2 = \dfrac{\partial p(u_0, \dot{u}_0)}{\partial u} u_1 + \dfrac{\partial p(u_0, \dot{u}_0)}{\partial \dot{u}} \dot{u}_1 + b_2 u_0 + b_1 u_1 \\
u_2(0) = 0, \quad \dot{u}_2(0) = 0
\end{cases}
\tag{7.3.5c}
$$

这些线性微分方程初值问题可依次求解。

式(7.3.5a)是线性无阻尼系统的自由振动问题,解出

$$u_0(t) = a_0 \cos(\omega t) \tag{7.3.6}$$

将其代入式(7.3.5b),得到

$$\begin{cases} \ddot{u}_1 + \omega^2 u_1 = p(a_0\cos(\omega t), -\omega a_0\sin(\omega t)) + b_1 a_0\cos(\omega t) \equiv \tilde{p}(t) \\ u_1(0) = 0, \quad \dot{u}_1(0) = 0 \end{cases} \tag{7.3.7}$$

显然,函数 $p(a_0\cos(\omega t), -\omega a_0\sin(\omega t))$ 是时间 t 的周期函数,函数 $\tilde{p}(t)$ 亦如此,故上式是线性无阻尼系统在周期激励 $\tilde{p}(t)$ 作用下的振动问题。将激励 $\tilde{p}(t)$ 表示为 Fourier 级数

$$\tilde{p}(t) = \sum_{r=0}^{+\infty} [\alpha_r\cos(r\omega t) + \beta_r\sin(r\omega t)] + b_1 a_0\cos(\omega t) \tag{7.3.8}$$

式(7.3.7)中系统振动应由式(7.3.8)中各简谐激励引起的振动叠加而成。根据 2.4 节的讨论,若 $\tilde{p}(t)$ 中含有 $\cos(\omega t)$ 或 $\sin(\omega t)$,则式(7.3.7)中的系统发生振幅无限的共振,即式(7.3.7)的解将含有 $t\cos(\omega t)$ 或 $t\sin(\omega t)$ 这样随时间增加而趋于无穷的永年项。欲使该系统作周期运动,必须消除永年项。为此,令式(7.3.8)中 $\cos(\omega t)$ 和 $\sin(\omega t)$ 项的系数为零,即

$$\alpha_1 + b_1 a_0 = 0, \quad \beta_1 = 0 \tag{7.3.9}$$

此时,式(7.3.7)成为

$$\begin{cases} \ddot{u}_1 + \omega^2 u_1 = \alpha_0 + \sum_{r=2}^{+\infty} [\alpha_r\cos(r\omega t) + \beta_r\sin(r\omega t)] \\ u_1(0) = 0, \quad \dot{u}_1(0) = 0 \end{cases} \tag{7.3.10}$$

由式(7.3.9)和式(7.3.10),可得到对派生解的一阶修正 $u_1(t)$ 和对自由振动频率的修正 b_1。再将结果代入式(7.3.5c),可以类似地确定二阶修正项 $u_2(t)$ 和 b_2。

例 7.3.1　用摄动法求解下述 Duffing 系统自由振动的一次近似解

$$\begin{cases} \ddot{u} + \omega_0^2 u + \varepsilon\omega_0^2 u^3 = 0 \\ u(0) = a_0, \quad \dot{u}(0) = 0 \end{cases} \tag{a}$$

解　式(7.3.6)已给出了零次近似解,由式(7.3.7)得到一次修正 u_1 满足的常微分方程

$$\ddot{u}_1 + \omega^2 u_1 = -\omega_0^2[a_0\cos(\omega t)]^3 + b_1 a_0\cos(\omega t)$$

$$= \left(b_1 - \frac{3}{4}\omega_0^2 a_0^2\right) a_0\cos(\omega t) - \frac{1}{4}\omega_0^2 a_0^3\cos(3\omega t) \tag{b}$$

为了消除式(b)右端产生永年项的激励,取

$$b_1 = \frac{3}{4}\omega_0^2 a_0^2 \tag{c}$$

在该条件下,确定一次修正 u_1 的初值问题为

$$\begin{cases} \ddot{u}_1 + \omega^2 u_1 = -\frac{1}{4}\omega_0^2 a_0^3\cos(3\omega t) \\ u_1(0) = 0, \quad \dot{u}_1(0) = 0 \end{cases} \tag{d}$$

由此解出

$$u_1(t) = \frac{\omega_0^2 a_0^3}{32\omega^2}[\cos(3\omega t) - \cos(\omega t)] \tag{e}$$

因此,式(a)的一次近似解为

$$u(t) = a_0 \cos(\omega t) + \frac{\varepsilon \omega_0^2 a_0^3}{32\omega^2} \left[\cos(3\omega t) - \cos(\omega t) \right] \tag{f}$$

其中

$$\omega = \sqrt{\omega_0^2 + \varepsilon \frac{3\omega_0^2 a_0^2}{4}} \approx \omega_0 \left(1 + \varepsilon \frac{3a_0^2}{8} \right) \tag{g}$$

由式(f)和式(g)可见:立方非线性使 Duffing 系统的自由振动包含基频 ω 和三次谐波成分;而且基频 ω 不同于派生系统的固有频率 ω_0。当系统刚度渐硬时,即 $\varepsilon > 0$ 时,基频 ω 随着振幅(亦即初位移)的增加而增加;刚度渐软时,则有相反结果。这显著有别于线性系统的自由振动,其振动频率与振幅无关。

Lindstedt - Poincaré 摄动法是最早求解自治系统周期运动的方法。它比较简便,但局限于求周期运动。以下将介绍的多尺度法则可求解包括瞬态振动在内的一般自由振动。

7.3.2 多尺度法

根据 7.3.1 节,自治系统的周期振动相位可表示为

$$\omega t = \omega_0 t + \varepsilon \omega_1 t + \omega_2 \varepsilon^2 t + \cdots = \omega_0 t + \omega_1(\varepsilon t) + \omega_2(\varepsilon^2 t) + \cdots \tag{7.3.11}$$

它包含了不同的时间尺度

$$T_r \equiv \varepsilon^r t, \quad r = 0, 1, 2, \cdots \tag{7.3.12}$$

现将这些时间尺度视为独立变量,将式(7.3.1)的解表示为

$$u(t) = u_0(T_0, T_1, \cdots) + \varepsilon u_1(T_0, T_1, \cdots) + \varepsilon^2 u_2(T_0, T_1, \cdots) + \cdots \tag{7.3.13}$$

并通过如下偏导数算子表示导数算子

$$\frac{\mathrm{d}}{\mathrm{d}t} = \sum_{r=0}^{+\infty} \frac{\mathrm{d}T_r}{\mathrm{d}t} \frac{\partial}{\partial T_r} = \sum_{r=0}^{+\infty} \varepsilon^r \frac{\partial}{\partial T_r} \equiv \sum_{r=0}^{+\infty} \varepsilon^r D_r \tag{7.3.14a}$$

$$\frac{\mathrm{d}^2}{\mathrm{d}t^2} = \sum_{r=0}^{+\infty} \varepsilon^r D_r \left(\sum_{s=0}^{+\infty} \varepsilon^s D_s \right) = D_0^2 + 2\varepsilon D_0 D_1 + \varepsilon^2 (D_1^2 + 2D_0 D_2) + \cdots \tag{7.3.14b}$$

将式(7.3.13)和式(7.3.14)代入式(7.3.1a),比较 ε 同次幂的系数,得到一系列线性偏微分方程

$$D_0^2 u_0 + \omega_0^2 u_0 = 0 \tag{7.3.15a}$$

$$D_0^2 u_1 + \omega_0^2 u_1 = -2D_0 D_1 u_0 + p(u_0, D_0 u_0) \tag{7.3.15b}$$

$$D_0^2 u_2 + \omega_0^2 u_2 = -(D_1^2 + 2D_0 D_2)u_0 - 2D_0 D_1 u_1$$
$$+ \frac{\partial p(u_0, D_0 u_0)}{\partial u} u_1 + \frac{\partial p(u_0, D_0 u_0)}{\partial \dot{u}} (D_1 u_0 + D_0 u_1) \tag{7.3.15c}$$

乍看上去,问题变得更复杂了。然而,上述线性偏微分方程可按下述方法依次求解。

首先易见,式(7.3.15a)的解形如

$$u_0 = a(T_1, T_2, \cdots) \cos \left[\omega_0 T_0 + \varphi(T_1, T_2, \cdots) \right] \tag{7.3.16}$$

为了求解方便,根据 Euler 公式,将上式写作等价的复指数函数形式

$$u_0 = A(T_1, T_2, \cdots) \exp(\mathrm{i}\omega_0 T_0) + \mathrm{cc} \tag{7.3.17}$$

其中,cc 代表其前面各项的共轭,后不赘述。将式(7.3.17)代入式(7.3.15b),得到

$$D_0^2 u_1 + \omega_0^2 u_1 = -2\mathrm{i}\omega_0 D_1 A \exp(\mathrm{i}\omega_0 T_0) + \mathrm{cc}$$
$$+ p(A \exp(\mathrm{i}\omega_0 T_0) + \mathrm{cc}, \mathrm{i}\omega_0 A \exp(\mathrm{i}\omega_0 T_0) + \mathrm{cc}) \tag{7.3.18}$$

这可理解为周期激励下的无阻尼系统。为了不出现永年项，上式右端不能含有 $\exp(i\omega_0 T_0)$ 或 $\exp(-i\omega_0 T_0)$ 这样的项，即要求上式右端的下述 Fourier 系数为零

$$-2i\omega_0 D_1 A + \frac{\omega_0}{2\pi}\int_0^{2\pi/\omega_0} p(A\exp(i\omega_0 T_0) + \text{cc}, i\omega_0 A\exp(i\omega_0 T_0) + \text{cc})\exp(-i\omega_0 T_0)\,dT_0 = 0 \tag{7.3.19}$$

式(7.3.19)的三角函数形式是

$$i(D_1 a + iaD_1\varphi) = \frac{1}{2\pi\omega_0}\int_0^{2\pi} p(a\cos\psi, -\omega_0 a\sin\psi)(\cos\psi - i\sin\psi)\,d\psi \tag{7.3.20}$$

分离上式的实部和虚部，得到

$$\begin{cases} D_1 a = -\dfrac{1}{2\pi\omega_0}\displaystyle\int_0^{2\pi} p(a\cos\psi, -\omega_0 a\sin\psi)\sin\psi\,d\psi \\[3mm] D_1\varphi = -\dfrac{1}{2\pi\omega_0 a}\displaystyle\int_0^{2\pi} p(a\cos\psi, -\omega_0 a\sin\psi)\cos\psi\,d\psi \end{cases} \tag{7.3.21}$$

在这组条件下求解式(7.3.18)，得到一次修正 $u_1(T_0, T_1, \cdots)$，连同 $u_0(T_0, T_1, \cdots)$ 一起代入式(7.3.15c)，可类似获得消除永年项的条件，进而解出 $u_2(T_0, T_1, \cdots)$。读者可用多尺度求解 Duffing 系统的自由振动一次近似解，所得结果与例 7.3.1 完全相同。

7.4　非自治系统的受迫振动

将上节介绍的近似分析方法稍加修改，即可用于分析非自治系统的振动。本节考察如下含阻尼的 Duffing 系统在简谐激励下的振动问题

$$\ddot{u}(t) + \omega_0^2 u(t) + \varepsilon[2\mu\dot{u}(t) + \omega_0^2 u^3(t)] = F_0\cos(\omega t), \quad \mu > 0 \tag{7.4.1}$$

其中，$0 < \varepsilon \ll 1$。本节先讨论主共振问题，再讨论其他共振问题。

7.4.1　主共振

主共振是指外激励频率 ω 非常接近派生系统固有频率 ω_0 时的共振响应。如果系统是线性的，则很小的激励幅值就会激发出强烈共振。基于上述主共振概念，研究主共振时对外激励幅值和频率加以如下限制

$$F_0 = \varepsilon f_0, \quad \omega = \omega_0 + \varepsilon\sigma, \quad \mu = O(1), \quad f_0 = O(1), \quad \sigma = O(1) \tag{7.4.2}$$

其中，σ 称作激励频率失调参数。采用上述符号后，式(7.4.1)可表示为

$$\ddot{u}(t) + \omega_0^2 u(t) = \varepsilon\{-2\mu\dot{u}(t) - \omega_0^2 u^3(t) + f_0\cos[(\omega_0 + \varepsilon\sigma)t]\} \tag{7.4.3}$$

1. 一次近似解

为了研究解的一次近似，只需要二个时间尺度，故设

$$u(t) = u_0(T_0, T_1) + \varepsilon u_1(T_0, T_1) \tag{7.4.4}$$

将式(7.4.4)代入式(7.4.3)，比较 ε 同次幂后得到两个线性偏微分方程

$$D_0^2 u_0 + \omega_0^2 u_0 = 0 \tag{7.4.5a}$$

$$D_0^2 u_1 + \omega_0^2 u_1 = -2D_0 D_1 u_0 - 2\mu D_0 u_0 - \omega_0^2 u_0^3 + f_0\cos(\omega_0 T_0 + \sigma T_1) \tag{7.4.5b}$$

求解式(7.4.5a)并将结果表示为复数形式，即

$$u_0(T_0, T_1) = a(T_1)\cos[\omega_0 T_0 + b(T_1)]$$

$$= A(T_1)\exp(i\omega_0 T_0) + \mathrm{cc}, \quad A(T_1) \equiv \frac{a(T_1)}{2}\exp[ib(T_1)] \quad (7.4.6)$$

将式(7.4.6)代入式(7.4.5b),得到

$$D_0^2 u_1 + \omega_0^2 u_1 = -[2i\omega_0(D_1 A + \mu A) + 3\omega_0^2 A^2 \bar{A}]\exp(i\omega_0 T_0)$$

$$- \omega_0^2 A^3 \exp(3i\omega_0 T_0) + \frac{f_0}{2}\exp[i(\omega_0 T_0 + \sigma T_1)] + \mathrm{cc} \quad (7.4.7)$$

由此得消除永年项的条件

$$2i\omega_0(D_1 A + \mu A) + 3\omega_0^2 A^2 \bar{A} - \frac{f_0}{2}\exp(i\sigma T_1) = 0 \quad (7.4.8)$$

将式(7.4.6)中的 $A(T_1)$ 代入式(7.4.8)并分离实部和虚部,得到

$$\begin{cases} D_1 a = -\mu a + \dfrac{f_0}{2\omega_0}\sin(\sigma T_1 - b) \\ \\ a D_1 b = \dfrac{3\omega_0}{8} a^3 - \dfrac{f_0}{2\omega_0}\cos(\sigma T_1 - b) \end{cases} \quad (7.4.9)$$

这就是式(7.4.6)中慢时变振幅 $a(T_1)$ 和慢时变相位 $b(T_1)$ 应满足的常微分方程。

为便于后续分析,引入另一慢时变相位角

$$\psi(T_1) \equiv b(T_1) - \sigma T_1 \quad (7.4.10)$$

将式(7.4.9)改写为

$$\begin{cases} D_1 a = -\mu a - \dfrac{f_0}{2\omega_0}\sin\psi \\ \\ a D_1 \psi = -\sigma a + \dfrac{3\omega_0}{8} a^3 - \dfrac{f_0}{2\omega_0}\cos\psi \end{cases} \quad (7.4.11)$$

而式(7.4.6)中的一次近似解可表示为

$$u(t) = a(\varepsilon t)\cos[\omega_0 t + \sigma t + \psi(\varepsilon t)] = a(\varepsilon t)\cos[\omega t + \psi(\varepsilon t)] \quad (7.4.12)$$

2. 稳态主共振

为确定式(7.4.12)所对应稳态振动的振幅 $\bar{a}$ 和相位 $\bar{\psi}$,令式(7.4.11)中 $D_1 a = 0$ 和 $D_1 \psi = 0$,得到振幅 $\bar{a}$ 和相位 $\bar{\psi}$ 应满足的代数方程组

$$\begin{cases} \mu\bar{a} = -\dfrac{f_0}{2\omega_0}\sin\bar{\psi} & (7.4.13\mathrm{a}) \\ \\ \sigma\bar{a} - \dfrac{3\omega_0}{8}\bar{a}^3 = -\dfrac{f_0}{2\omega_0}\cos\bar{\psi} & (7.4.13\mathrm{b}) \end{cases}$$

由式(7.4.13)可解出振幅 $\bar{a}$ 和相位 $\bar{\psi}$ 与激励频率失调参数 σ 之间的关系

$$\begin{cases} \left[\mu^2 + \left(\sigma - \dfrac{3\omega_0 \bar{a}^2}{8}\right)^2\right]\bar{a}^2 = \left(\dfrac{f_0}{2\omega_0}\right)^2 & (7.4.14\mathrm{a}) \\ \\ \bar{\psi} = \tan^{-1}\left(\dfrac{\mu}{\sigma - 3\omega_0 \bar{a}^2/8}\right) & (7.4.14\mathrm{b}) \end{cases}$$

这分别称为稳态主共振的**幅频响应方程**和**相频响应方程**。

式(7.4.14a)是关于 σ 的实系数二次代数方程。对于 $0 < \bar{a} \leqslant f_0/2\mu\omega_0$，可解出一对实根

$$\sigma_{1,2} = \frac{3\omega_0\bar{a}^2}{8} \pm \sqrt{\left(\frac{f_0}{2\omega_0\bar{a}}\right)^2 - \mu^2} \qquad (7.4.15)$$

对给定的 $\bar{a}$，上式给出 $\sigma_{1,2}(\bar{a})$，由此得到两条幅频响应曲线 $\omega_{1,2}(\bar{a}) = \omega_0 + \varepsilon\sigma_{1,2}(\bar{a})$；将 $\sigma_{1,2}(\bar{a})$ 代入式(7.4.14b)，得到相频响应曲线；最终结果如图 7.4.1 所示。

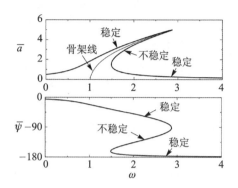

图 7.4.1　稳态主共振的幅频响应和相频响应($\omega_0 = 1, \mu = 0.1, f_0 = 1.0$)

对照图 2.4.3 中单自由度线性系统稳态振动的幅频特性和相频特性曲线，图 7.4.1 中的幅频响应和相频响应曲线依赖于激振力幅值 f_0，而且均发生弯曲。图 7.4.1 表明，对于给定的激励频率 ω，主共振可能是唯一的，也可能有三个。类似于自治系统有多个平衡点的情况，这多个稳态主共振中哪个能得以实现，取决于其渐近稳定性及系统初始条件。

读者从式(7.4.14a)可发现一个有趣现象，即主共振峰值大小与非线性因素无关，恒为

$$\bar{a}_{\max} = \frac{f_0}{2\mu\omega_0} \qquad (7.4.16)$$

然而，出现峰值的激励频率 ω 与非线性因素有关，即

$$\omega = \omega_0 + \varepsilon\sigma = \omega_0\left(1 + \varepsilon\frac{3\bar{a}^2}{8}\right) \qquad (7.4.17)$$

这与例 7.4.1 中 Duffing 系统的自由振动频率完全一致。其原因在于：主共振的一次近似解是简谐振动，共振时的激振力与阻尼力相互抵消，使系统的受迫振动犹如自由振动。通常，将式(7.4.17)所确定的曲线称为主共振的骨架线，即图 7.4.1 中细实线。它给出不同激励下主共振峰值与激励频率的关系，其弯曲程度取决于参数 ε，主导着主共振幅频响应曲线的形状。

3. 稳定性问题

主共振的稳定性可归结为式(7.4.11)在定常解 $(\bar{a}, \bar{\psi})$ 处的稳定性。将式(7.4.11)在 $(\bar{a}, \bar{\psi})$ 处局部线性化，形成关于扰动量 Δa 和 $\Delta \psi$ 的线性常微分方程组

$$\begin{cases} D_1\Delta a = -\mu\Delta a - \left(\dfrac{f_0\cos\bar{\psi}}{2\omega_0}\right)\Delta\psi & (7.4.18a) \\[3mm] D_1\Delta\psi = \left(\dfrac{3\omega_0\bar{a}}{4} + \dfrac{f_0\cos\bar{\psi}}{2\omega_0\bar{a}^2}\right)\Delta a + \left(\dfrac{f_0\sin\bar{\psi}}{2\omega_0\bar{a}}\right)\Delta\psi & (7.4.18b) \end{cases}$$

利用式(7.4.13)，消去式(7.4.18)中的 $f_0\sin\bar{\psi}$ 和 $f_0\cos\bar{\psi}$，可得到

$$\begin{cases} D_1 \Delta a = -\mu \Delta a + \bar{a}\left(\sigma - \dfrac{3\omega_0 \bar{a}^2}{8}\right)\Delta\psi \\ D_1 \Delta\psi = -\dfrac{1}{\bar{a}}\left(\sigma - \dfrac{9\omega_0 \bar{a}^2}{8}\right)\Delta a - \mu\Delta\psi \end{cases} \tag{7.4.19}$$

该线性常微分方程组的特征方程为

$$\lambda^2 + 2\mu\lambda + \mu^2 + \left(\sigma - \frac{3\omega_0\bar{a}^2}{8}\right)\left(\sigma - \frac{9\omega_0\bar{a}^2}{8}\right) = 0 \tag{7.4.20}$$

根据 7.2.5 节的 Routh-Hurwitz 判据及 $\mu > 0$,主共振的失稳条件是

$$\Gamma \equiv \mu^2 + \left(\sigma - \frac{3\omega_0\bar{a}^2}{8}\right)\left(\sigma - \frac{9\omega_0\bar{a}^2}{8}\right) < 0 \tag{7.4.21}$$

通过将式(7.4.15)关于 $\bar{a}^2$ 求偏导数并置为零,可发现幅频响应曲线上两处具有铅垂切线的条件正是 $\Gamma = 0$。因此,失稳条件对应着幅频响应曲线有多值解时中间的一支解。

4. 跳跃现象

在图 7.4.2 所示的主共振幅频响应多解频段 $[\omega_1, \omega_2]$,存在实线描述的两个渐近稳定解和虚线描述的一个不稳定解。对系统进行简谐激励扫频实验时,只能观察到稳定主共振。当频率递增时,得到幅频曲线的 $ABCD$ 段;而频率递减时,得到 $DEFA$ 段;呈现两次跳跃现象。

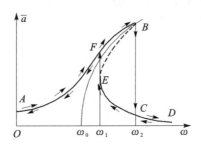

图 7.4.2 主共振幅频响应的跳跃现象

7.4.2 次共振

当激励频率 ω 远离 ω_0 时,可不必限定激励幅值为小量。将式(7.4.4)代入式(7.4.1),比较 ε 的同次幂,得到线性偏微分方程

$$D_0^2 u_0 + \omega_0^2 u_0 = F_0\cos(\omega T_0) \tag{7.4.22a}$$

$$D_0^2 u_1 + \omega_0^2 u_1 = -2D_0 D_1 u_0 - 2\mu D_0 u_0 - \omega_0^2 u_0^3 \tag{7.4.22b}$$

式(7.4.22a)的解可表示为

$$u_0(T_0, T_1) = A(T_1)\exp(\mathrm{i}\omega_0 T_0) + B\exp(\mathrm{i}\omega T_0) + \mathrm{cc}, \quad B \equiv \frac{F_0}{2(\omega_0^2 - \omega^2)} \tag{7.4.23}$$

将其代入式(7.4.22b)得

$$D_0^2 u_1 + \omega_0^2 u_1 = -[2\mathrm{i}\omega_0(D_1 A + \mu A) + 6\omega_0^2 AB^2 + 3\omega_0^2 A^2 \bar{A}]\exp(\mathrm{i}\omega_0 T_0)$$

$$- B[2\mathrm{i}\mu\omega + 3\omega_0^2 B^2 + 6\omega_0^2 A\bar{A}]\exp(\mathrm{i}\omega T_0)$$

$$-\omega_0^2 \{ A^3 \exp(3i\omega_0 T_0) + B^3 \exp(3i\omega T_0) + 3A^2 B \exp[i(2\omega_0 + \omega)T_0]$$

$$+ 3\bar{A}^2 B \exp[i(\omega - 2\omega_0)T_0] + 3AB^2 \exp[i(\omega_0 + 2\omega)T_0]$$

$$+ 3AB^2 \exp[i(\omega_0 - 2\omega)T_0] \} + \mathrm{cc} \qquad (7.4.24)$$

分析上式右端各项可发现:激励频率 ω 远离 ω_0 时,仍有某些 ω 的取值会导致永年项。例如,大括号中第 2 项和第 4 项分别在条件 $3\omega \approx \omega_0$ 和 $\omega - 2\omega_0 \approx \omega_0$ 下诱发永年项。在消除永年项条件下,可确定出 $A(T_1) \neq 0$,这将使式(7.4.23)中的自由振动部分保留下来。这是一种振动频率 $\omega \neq \omega_0$ 且振幅依赖于激励幅值的受迫振动。由于这种受迫振动的频率分别是 $\omega_0 \approx 3\omega$ 和 $\omega_0 \approx \omega/3$,故称其为 **3 次超谐共振**和 **1/3 次亚谐共振**,又统称为**次共振**。本节将研究 1/3 次亚谐共振,习题 7 - 12 中给出了 3 次超谐共振的结论,由读者自行证明。

1. 1/3 次亚谐共振解

定义新的激励频率失调参数 σ,使

$$\omega = 3\omega_0 + \varepsilon\sigma, \quad \sigma = O(1) \qquad (7.4.25)$$

由式(7.4.24)可写出消除永年项的条件

$$2i\omega_0(D_1 A + \mu A) + 6\omega_0^2 AB^2 + 3\omega_0^2 A^2 \bar{A} + 3\omega_0^2 \bar{A}^2 B \exp(i\sigma T_1) = 0 \qquad (7.4.26)$$

引入

$$A(T_1) \equiv \frac{a(T_1)}{2}\exp[ib(T_1)], \quad \psi(T_1) \equiv 3b(T_1) - \sigma T_1 \qquad (7.4.27)$$

将其第一式代入式(7.4.26),分离实虚部后再将第二式代入,得到 1/3 次亚谐共振的慢时变幅值和相位满足的自治常微分方程

$$\begin{cases} D_1 a = -\mu a + \dfrac{3\omega_0 B}{4} a^2 \sin\psi \\[3mm] a D_1 \psi = -(\sigma - 9\omega_0 B^2)a + \dfrac{9\omega_0}{8} a^3 + \dfrac{9\omega_0 B}{4} a^2 \cos\psi \end{cases} \qquad (7.4.28)$$

由式(7.4.23)得到系统的一次近似响应

$$u(t) = a(\varepsilon t)\cos\left[\frac{\omega t + \psi(\varepsilon t)}{3}\right] + \frac{F_0}{\omega_0^2 - \omega^2}\cos(\omega t) \qquad (7.4.29)$$

2. 定常解及其稳定性

令式(7.4.28)中 $D_1 a = 0$ 和 $D_1 \psi = 0$,得到 1/3 次亚谐稳态共振振幅 $\bar{a}$ 和相位 $\bar{\psi}$ 应满足的代数方程组。从该方程组中消去 $\sin\bar{\psi}$ 和 $\cos\bar{\psi}$,得到稳态幅频响应方程

$$9\mu^2 + \left(\sigma - 9\omega_0 B^2 - \frac{9\omega_0}{8}\bar{a}^2\right)^2 = \left(\frac{9\omega_0 B\bar{a}}{4}\right)^2 \qquad (7.4.30)$$

这是关于 $\bar{a}^2$ 的二次代数方程,可解出

$$\bar{a}^2 = P \pm \sqrt{P^2 - Q} \qquad (7.4.31)$$

其中

$$P \equiv \frac{8\sigma}{9\omega_0} - 6B^2, \quad Q \equiv \left(\frac{8}{9\omega_0}\right)^2 [9\mu^2 + (\sigma - 9\omega_0 B^2)^2] > 0 \qquad (7.4.32)$$

由 $\bar{a}^2 > 0$ 的条件和 $Q > 0$ 可知,$P > 0$ 且 $P^2 > Q$,由此得到 1/3 次亚谐共振的必要条件

$$B^2 < \frac{4\sigma}{27\omega_0}, \quad 2\mu^2 \leqslant \omega_0 B^2\left(\sigma - \frac{63\omega_0 B^2}{8}\right) \tag{7.4.33}$$

第一个不等式说明,1/3 次亚谐共振发生在激励频率 ω 略高于 $3\omega_0$ 的频段上;第二个不等式表明,增加阻尼可破坏 1/3 次亚谐共振。当上述条件不满足时,式(7.4.28)只有定常解 $\bar{a}=0$。由式(7.4.29)可见,此时系统的一次近似响应与线性系统在远离共振频段的响应相同。

采用与 7.4.1 节中相同的方法,可分析 1/3 次亚谐共振的稳定性。其结论是:在对应同一激励频率的两个解支中,幅值大的解支渐近稳定,幅值小的解支不稳定。

通常,若系统具有 n 次非线性,则可能产生 $1/n$ 次亚谐共振。1956 年,Lefschetz 曾报道某飞机螺旋桨激发机翼的 1/2 次共振,而机翼又激发尾翼的 1/4 次共振,导致飞机被破坏。又如,若隔振系统具有弱非线性,尽管激励频率远高于系统固有频率,仍可能在隔振频段内发生亚谐共振,产生危险。避免上述危险是研究非线性振动的目的之一。

7.4.3 组合共振

若含阻尼 Duffing 系统同时受频率为 $\omega_1 < \omega_2$ 的两个简谐激振力作用,其动力学方程为
$$\ddot{u} + \omega_0^2 u + \varepsilon(2\mu\dot{u} + \omega_0^2 u^3) = F_1\cos(\omega_1 t + \theta_1) + F_2\cos(\omega_2 t + \theta_2) \tag{7.4.34}$$
仍采用两尺度展开式(7.4.4),将其代入上式后比较 ω 同次幂,得到
$$\begin{cases} D_0^2 u_0 + \omega_0^2 u_0 = F_1\cos(\omega_1 T_0 + \theta_1) + F_2\cos(\omega_2 T_0 + \theta_2) & (7.4.35a) \\ D_0^2 u_1 + \omega_0^2 u_1 = -2D_0 D_1 u_0 - 2\mu D_0 u_0 - \omega_0^2 u_0^3 & (7.4.35b) \end{cases}$$
将式(7.4.35a)的解代入式(7.4.35b),得到冗长的非齐次项,含如下 11 种发生永年项的可能性
$$\omega_0 \approx 3\omega_1, \quad \omega_0 \approx 3\omega_2, \quad \omega_0 \approx \omega_1/3, \quad \omega_0 \approx \omega_2/3 \tag{7.4.36a}$$
$$\omega_0 \approx \omega_2 \pm 2\omega_1, \quad \omega_0 \approx 2\omega_2 \pm \omega_1, \quad \omega_0 \approx 2\omega_1 - \omega_2 \quad \omega_0 \approx \frac{1}{2}(\omega_2 \pm \omega_1) \tag{7.4.36b}$$
式(7.4.36a)中的 4 种情况对应于两个激励各自引起的 3 次超谐和 1/3 次亚谐共振。式(7.4.36b)中的 7 种情况则表明:若两个外激励频率的线性组合接近派生系统固有频率,也会发生共振。这类共振称为组合共振。

以 $\omega_0 \approx 2\omega_1 + \omega_2$ 为例,采用类似于 7.4.2 节的推导,可得到如下一次近似解
$$u(t) = a(\varepsilon t)\cos[(2\omega_1 + \omega_2)t + 2\theta_1 + \theta_2 + \psi(\varepsilon t)]$$
$$+ \frac{F_1}{\omega_0^2 - \omega_1^2}\cos(\omega_1 t + \theta_1) + \frac{F_2}{\omega_0^2 - \omega_2^2}\cos(\omega_2 t + \theta_2) \tag{7.4.37}$$
这表明,组合共振响应并非两个简谐激振力各自引起的受迫振动之和。

7.5 非线性振动的利用

根据前几节的讨论,非线性振动远比线性振动复杂,会呈现出乎意料的共振、失稳、跳跃等现象。因此,工程界总是尽量避免处理非线性振动问题。近年来,随着对非线性振动的认识深化和计算技术的进步,利用非线性振动的新技术不断涌现,正在促使工程界转变传统观念,关注如何利用非线性振动。

例如,在动力消振器中引入非线性弹簧后,拓宽了动力消振器的工作频段;又如,在能量采

集器中引入由磁场产生的多个势阱,拓宽了能量采集器的工作频段。本节以超低频隔振问题为例,说明非线性振动利用是颇具前景的新技术。

7.5.1　超低频隔振与准零刚度弹性元件

根据 2.6 节所述,单自由度线性隔振器的隔振条件是:激励频率大于系统固有频率的 $\sqrt{2}$ 倍。为了对给定质量的设备实施低频隔振,必须降低隔振器刚度。然而,这导致隔振器产生很大静变形,不仅需要足够安装空间,还可能导致侧向失稳。在工程实践中,若要隔离 2~5 Hz 频率的低频振动,会遇到不少困难。然而,对于引力波探测、集成电路光刻机等超精密设备,需要隔离频率为 0.02~0.2 Hz 的振动。这类超低频隔振技术是公认的难题。如果采用现有隔振技术,需将多级隔振平台进行串联,导致隔振系统的结构复杂,体积庞大。

近年来,学者们发明了利用负弹性元件的准零刚度隔振技术。这类隔振系统由提供正刚度的弹性元件和提供负刚度的辅助机构并联组成,可提供较高的静刚度和很低的动刚度,在不改变系统静承载能力的前提下实现低频隔振。

本节以图 7.5.1 所示的准零刚度隔振系统为例,介绍其设计思路。在图 7.5.1(a)中,质量为 m 的设备、刚度系数为 k_0 的弹簧、阻尼系数为 c 的阻尼器构成常规隔振系统。两个长度为 L 的连杆和两个刚度系数为 k_1 的水平弹簧,组成提供负刚度的辅助机构。在系统静平衡位置 $\theta=0$,通过调节图 7.5.1(b)中的螺母,可改变水平弹簧的预压缩量 δ_1,与垂直弹簧组合来实现高静刚度、低动刚度的设计目标。

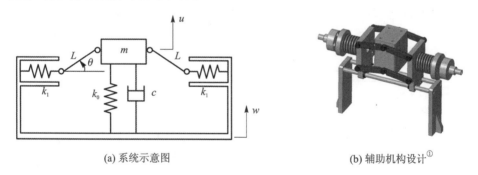

(a) 系统示意图　　　　　　　(b) 辅助机构设计[①]

图 7.5.1　准零刚度隔振系统

现讨论第二类隔振问题,图中刚性基础受到简谐位移激励 $w(t)=w_0\cos(\omega t)$。设备与刚性基础之间的相对位移记为 $u_r(t)\equiv u(t)-w(t)$,则它满足动力学方程

$$m\ddot{u}_r(t)+c\dot{u}_r(t)+F(u_r(t))=-m\ddot{w}(t)=mw_0\omega^2\cos(\omega t) \tag{7.5.1}$$

其中,$F(u_r)$ 是隔振系统的弹性反力。

根据图 7.5.1(a),可确定 $F(u_r)$ 的表达式。对于相对位移 u_r,单个水平弹簧的压缩量为

$$\delta=\sqrt{L^2-u_r^2}-L+\delta_1 \tag{7.5.2}$$

根据几何关系

① Le T D, Ahn K K. A Vibration Isolation System in Low Frequency Excitation Region Using Negative Stiffness Structure for Vehicle Seat. Journal of Sound and Vibration,2011,330(26):6311-6335.

$$\tan\theta = \frac{u_r}{\sqrt{L^2 - u_r^2}} \tag{7.5.3}$$

可将隔振系统的弹性反力表示为

$$F(u) = k_0 u_r - 2k_1 \delta \tan\theta = k_0 u_r - 2k_1 \left(1 - \frac{L - \delta_1}{\sqrt{L^2 - u_r^2}}\right) u_r \tag{7.5.4}$$

其中,等式右端第二项是辅助机构提供的弹性恢复力。

现将式(7.5.4)表示为无量纲形式

$$f(\bar{u}_r) \equiv \frac{F(u_r)}{k_0 L} = (1 - 2\bar{k})\bar{u}_r + \frac{2\bar{k}(1 - \bar{\delta})\bar{u}_r}{\sqrt{1 - \bar{u}_r^2}}, \quad \bar{u}_r \equiv \frac{u_r}{L}, \quad \bar{k} \equiv \frac{k_1}{k_0}, \quad \bar{\delta} \equiv \frac{\delta_1}{L} \tag{7.5.5}$$

将上式对无量纲相对位移 $\bar{u}_r$ 求导数,得到无量纲弹性反力对应的非线性刚度

$$k(\bar{u}_r) \equiv \frac{\mathrm{d}f(\bar{u}_r)}{\mathrm{d}\bar{u}_r} = 1 - 2\bar{k} + \frac{2\bar{k}(1 - \bar{\delta})}{(1 - \bar{u}_r^2)^{3/2}} \tag{7.5.6}$$

在系统静平衡位置,即 $\bar{u}_r = 0$ 处,$k(0) = 1 - 2\bar{k}\bar{\delta}$,由此得到零刚度条件和结果

$$\bar{k}\bar{\delta} = \frac{1}{2} \quad \Rightarrow \quad k(0) = 0 \tag{7.5.7}$$

图 7.5.2 给出 $\bar{k} = 1.0$ 和 $\bar{\delta} = 0.5$ 时的弹性反力及其非线性刚度。由图 7.5.2(a)可见,当系统相对位移幅值增加时,弹性反力呈非线性递增,可限制隔振器的静变形,即系统具有较高的静刚度;对于微振动,图 7.5.2(b)则表明,其刚度很低,即系统具有较低的动刚度。值得指出,式(7.5.7)是理想的零刚度条件。考虑到制造和装配误差,为了使系统不因负刚度而失稳,通常选择系统参数使 $k(0)$ 略大于零,故称为准零刚度隔振技术。

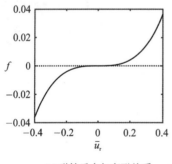

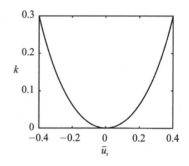

(a) 弹性反力与变形关系　　　　　　(b) 非线性刚度与变形关系

图 7.5.2　准零刚度隔振系统的弹性反力和非线性刚度

7.5.2　准零刚度隔振系统的性能

式(7.5.5)表明,无量纲的弹性反力 $f(\bar{u}_r)$ 是非线性奇函数。为便于研究,在 $\bar{u}_r = 0$ 处将其 Taylor 级数截断到三次项

$$f(\bar{u}_r) \approx \alpha_1 \bar{u}_r + \alpha_3 \bar{u}_r^3, \quad \alpha_1 \equiv 1 - 2\bar{k}\bar{\delta}, \quad \alpha_3 \equiv \bar{k}(1 - \bar{\delta}) \tag{7.5.8}$$

对无辅助机构的隔振系统定义固有频率,并引入无量纲参数

$$\omega_n \equiv \sqrt{\frac{k_0}{m}}, \quad \tau \equiv \omega_n t, \quad \lambda \equiv \frac{\omega}{\omega_n}, \quad \zeta \equiv \frac{c}{2m\omega_n}, \quad \bar{w}_0 \equiv \frac{w_0}{L} \tag{7.5.9}$$

将式(7.5.8)和式(7.5.9)代入式(7.5.1),得到描述无量纲相对位移的动力学方程

$$\bar{u}''_r(\tau) + 2\zeta \bar{u}'_r(\tau) + \alpha_1 \bar{u}_r(\tau) + \alpha_3 \bar{u}_r^3(\tau) = \bar{w}_0 \lambda^2 \cos(\lambda\tau) \tag{7.5.10}$$

其中,撇号代表对无量纲时间 τ 求导数。

虽然式(7.5.10)描述了 Duffing 系统,但由于 $|\alpha_1| \approx 0$ 和 $|\alpha_3| \gg 0$,故并非弱非线性系统,难以用含小参数 ε 的方法求解。根据前几节知,当非线性系统具有稳态振动时,其各次谐波分量分别满足动力学方程。本节基于该性质求解式(7.5.10),并称其为**谐波平衡法**。

现将系统相对位移的主共振稳态解表示为

$$\bar{u}_r(\tau) = A\cos(\lambda\tau + \psi) \tag{7.5.11}$$

将上式代入式(7.5.10),得到

$$-A\lambda^2\cos(\lambda\tau+\psi) - 2\zeta A\lambda\sin(\lambda\tau+\psi) + \alpha_1 A\cos(\lambda\tau+\psi) + \alpha_3 A^3\cos^3(\lambda\tau+\psi)$$
$$= \bar{w}_0\lambda^2\cos(\lambda\tau) \tag{7.5.12}$$

将上式左端的最后一项和右端项改写为

$$\begin{cases} \alpha_3 A^3\cos^3(\lambda\tau+\psi) = \dfrac{\alpha_3 A^3}{4}[3\cos(\lambda\tau+\psi) + \cos(3\lambda\tau+3\psi)] \\ \bar{w}_0\lambda^2\cos(\lambda\tau) = (\bar{w}_0\lambda^2\cos\psi)\cos(\lambda\tau+\psi) + (\bar{w}_0\lambda^2\sin\psi)\sin(\lambda\tau+\psi) \end{cases} \tag{7.5.13}$$

将式(7.5.13)代入(7.5.12),得到稳态主共振的基波平衡条件

$$\begin{cases} \alpha_1 A - \lambda^2 A + \dfrac{3}{4}\alpha_3 A^3 = \bar{w}_0\lambda^2\cos\psi \\ -2\zeta\lambda A = \bar{w}_0\lambda^2\sin\psi \end{cases} \tag{7.5.14}$$

由此可得到稳态主共振的幅频响应方程和相频响应方程

$$\begin{cases} [(\lambda^2 - \alpha_1 - 3\alpha_3 A^2/4)^2 + (2\lambda\zeta)^2]A^2 = \bar{w}_0^2\lambda^4 \tag{7.5.15a} \\ \psi = \tan^{-1}\left(\dfrac{2\zeta\lambda}{\lambda^2 - \alpha_1 - 3\alpha_3 A^2/4}\right) \tag{7.5.15b} \end{cases}$$

对于第二类隔振问题,主要关注系统的绝对位移 $u(t)$ 幅值,其无量纲形式为

$$|\bar{u}(t)|_{max} = |\bar{w}(t) + \bar{u}_r(t)|_{max} = \sqrt{(A\cos\psi + \bar{w}_0)^2 + (A\sin\psi)^2} \tag{7.5.16}$$

从式(7.5.14)解出 $\cos\psi$ 和 $\sin\psi$ 后代入上式,利用式(7.5.15a)化简,得到

$$|\bar{u}(t)|_{max} = \sqrt{\left(\frac{\alpha_1 A^2 - \lambda^2 A^2 + 3\alpha_3 A^4/4}{\bar{w}_0\lambda^2} + \bar{w}_0\right)^2 + \left(\frac{2\zeta\lambda A^2}{\bar{w}_0\lambda^2}\right)^2}$$
$$= \frac{1}{\lambda}\sqrt{(3\alpha_3/2)A^4 + (2\alpha_1 - \lambda^2)A^2 + \bar{w}_0^2\lambda^2} \tag{7.5.17}$$

由此得到隔振系统的绝对位移传递率

$$T_d \equiv \frac{|\bar{u}(t)|_{max}}{\bar{w}_0} = \frac{\sqrt{(3\alpha_3/2)A^4 + (2\alpha_1 - \lambda^2)A^2 + \bar{w}_0^2\lambda^2}}{\bar{w}_0\lambda} \tag{7.5.18}$$

图 7.5.3 给出不同弹簧预压缩量下准零刚度非线性隔振系统的绝对位移传递率,以及与线性隔振系统的效果对比,其中虚线代表不稳定解支。显然,随着弹簧预压缩量增大,准零刚度隔振系统的隔振频段下限和传递率峰值均减小,明显优于线性隔振系统。

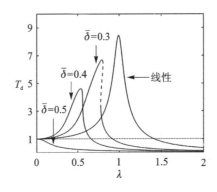

图 7.5.3　准零刚度隔振系统的绝对位移传递率($\zeta = 0.06$, $\bar{w}_0 = 0.1$, $\bar{k} = 1$)

　　值得指出,准零刚度隔振系统也有其自身不足。例如,由于它是非线性系统,当系统阻尼较小或经受强激励时,其稳态主共振可能失稳或发生跳跃,影响隔振效果。换言之,在设计和使用准零刚度隔振系统时,必须高度重视其工作环境的变化。

　　在准零刚度隔振系统中,负刚度辅助机构的设计是关键。近年来,已有许多成功的设计和案例。例如,图 7.5.4 是由双层倾斜弹簧提供负刚度的准零刚度隔振系统。图 7.5.5 是为航天器的控制力矩陀螺设计的准零刚度平台。该平台具有超薄结构,在每对支撑点之间,均设有两根屈曲梁提供准零刚度,可在狭小空间内对较重的设备进行低频隔振。

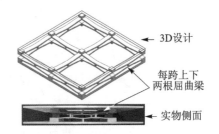

图 7.5.4　具有双层倾斜弹簧的准零刚度隔振系统　　图 7.5.5　利用结构屈曲的准零刚度隔振器

7.6　非线性振动的认识深化

　　本节举例说明非线性系统的其他若干奇特现象,帮助读者理解在工程和生活中遇到的复杂振动问题,拓展振动设计和振动利用的思路。关于这些现象的深入讨论,参见《应用非线性动力学》[①]。

7.6.1　内共振

　　图 7.6.1 是具有二自由度的弹簧摆系统,其自由振动满足的常微分方程组为

---

　　①　胡海岩.应用非线性动力学[M].北京:航空工业出版社,2000,97-183.

$$\begin{cases} \ddot{u}_1 + \dfrac{\omega_1^2 \sin u_1 + 2\dot{u}_1 \dot{u}_2 / l}{1 + u_2 / l} = 0 \\ \ddot{u}_2 + \omega_2^2 u_2 - g\cos u_1 - \dot{u}_1^2 (l + u_2) = 0 \end{cases} \tag{7.6.1}$$

其中,$\omega_1 \equiv \sqrt{g/l}$ 是弹簧刚度系数无限大时摆的固有振动频率, $\omega_2 \equiv \sqrt{k/m}$ 是摆动角为零时集中质量-弹簧系统的固有频率。若 $|u_1|$ 和 $|u_2|$ 足够小,该系统可简化为两个互不耦合的单自由度 线性系统,以 ω_1 为频率的摆动和以 ω_2 为频率的弹簧伸缩振动 彼此独立。

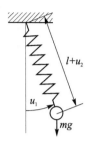

图 7.6.1　重力场中的弹簧摆

理论分析和实验表明,若 $\omega_2 \approx 2\omega_1$,两种振动通过非线性因 素发生耦合。其表现是:若拉长弹簧并给摆很小的初始角释放, 集中质量起初主要作上下振动,然后逐渐过渡到以摆动为主;此 后又回到上下振动为主,不断重复;系统能量在两种振动形态中交替转移。这种现象称作内共 振,是非线性多自由度系统在自由振动中的特有现象。

7.6.2　饱和与渗透

考察船体在频率为 ω 的规则波浪作用下绕其纵轴的滚转振动 u_1 和绕横轴的俯仰振动 u_2,得到如下二自由度系统的受迫振动问题

$$\begin{cases} \ddot{u}_1 + \mu_1 \dot{u}_1 + \omega_1^2 u_1 + \alpha_1 u_1 u_2 = f_1 \cos(\omega t + \varphi_1) \\ \ddot{u}_2 + \mu_2 \dot{u}_2 + \omega_2^2 u_2 + \alpha_2 u_1^2 = f_2 \cos(\omega t + \varphi_1) \end{cases} \tag{7.6.2}$$

若两个转动角度均很小,可略去式(7.6.2)中的二次非线性项,得到两个解耦的单自由度线性 系统。但客观存在的二次非线性耦合项,导致系统产生如下耦合效应:理论分析和实验表明, 当 $\omega_2 \approx 2\omega_1$ 时,船体振动会发生与内共振有关的饱和现象。例如,当 $f_1 = 0$ 且 $\omega \approx \omega_2$ 时,若基 于直观判断,增加激励幅值 f_2 将导致俯仰振动 u_2 加剧。然而,当激励幅值 f_2 大于某一临界值 后,俯仰振动 u_2 达到饱和,再增加 f_2 导致滚转振动 u_1 加剧,输入能量从俯仰振动转移到滚转 振动。这是多自由非线性系统受迫振动所特有的现象。

7.6.3　分岔和混沌

回顾例 7.2.2 中质点沿定轴转动圆环的运动,放弃对参数所做 $\mu < 1$ 的限制,即参数 μ 是 给定区域中的可变参数。此时,根据条件 $V''(0) = \mu - 1$,当 $\mu > 1$ 时,平衡点$(0,0)$变为中心。 即系统的动力学行为随系统参数的变化发生了突变,平衡点$(0,0)$由鞍点变为中心,而中心和 鞍点附近的相图完全不同。这种因系统参数连续变化而引起系统相图结构发生突变的现象被 称为分岔,发生分岔现象的参数值被称为分岔点。

在例 7.2.2 中,$\mu = 1$ 就是分岔点,系统在分岔点前后的动力学行为结构具有本质区别。 对例 7.2.2 中的式(c)进行数值计算,可获得图 7.6.2 所示的系统相图。读者可以验证,若考 虑与质点速度成正比的摩擦阻尼力的作用,则原来的两个中心变为焦点。此时,过鞍点的分隔 线破缺为通过焦点的两条螺旋线。

例 7.6.1　讨论如下含阻尼 Duffing 系统的主共振分岔问题

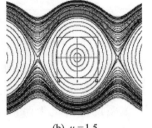

(a) $\mu=0.5$ (b) $\mu=1.5$

图 7.6.2   系统参数变化引起的相图结构变化

$$\ddot{u}(t)+\varepsilon\dot{u}(t)+u(t)+\varepsilon u^3(t)=\varepsilon f_0\sin(\omega t), \quad 0<\varepsilon\ll 1 \tag{a}$$

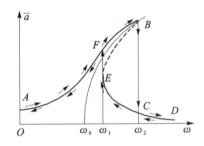

图 7.6.3   含阻尼 Duffing 系统主共振的分岔

解 取激励频率 ω 为分岔参数,复制图 7.4.2 中含阻尼 Duffing 系统稳态主共振幅频响应,如图 7.6.3 所示。当 $\omega<\omega_1$ 或 $\omega>\omega_2$ 时,该系统只发生一个稳态周期运动,其相轨线为闭轨。在分岔点 $\omega=\omega_1$ 和 $\omega=\omega_2$ 附近,系统有不同形式的周期振动,即出现分岔。当 $\omega_1<\omega<\omega_2$ 时,系统存在三个同频率的周期振动,图中实线表示两个稳定周期振动,虚线则表示一个不稳定周期振动。含阻尼 Duffing 系统稳态主共振的这种分岔又称为**动态分岔**。

在非线性系统中,系统随着参数变化而产生的分岔是普遍现象。经过分岔之后,系统振动可能像含阻尼 Duffing 系统主共振那样,保持为同频率的周期振动,也可能产生频率下降一半的倍周期振动或概周期振动,甚至呈现混沌振动。

例 7.6.2 $*$ 考察如下受简谐激励的含阻尼 Duffing 系统

$$\ddot{u}(t)+0.05\dot{u}(t)+u^3(t)=7.5\cos t \tag{a}$$

在如下两组非常相近的初始状态下计算系统振动

$$u(0)=3.00, \quad \dot{u}(0)=4.00 \tag{b}$$

$$u(0)=3.01, \quad \dot{u}(0)=4.01 \tag{c}$$

解 采用附录 A7 中的 MATLAB 程序,用 Runge-Kutta 方法求解式(a)在式(b)和式(c)条件下的初值问题,得到图 7.6.4 所示的系统位移时间历程和相轨线。由图 7.6.4(a)可见,系统运动状态在初始时刻的小差异会随时间增加而迅速扩大,导致系统的长时间历程结果完全不同。而图 7.6.4(b)则表明,系统的振动并不发散,但其稳态振动却不是任何周期运动。

虽然在上述两组给定的初始条件下,该 Duffing 系统的振动属于确定性动力学问题,但有限字长计算机得出的结果却会因系统对初始条件的极端敏感性,变得丧失确定性。这并不是计算过程出了问题,而是系统的真实行为。通过类似系统的实验已证实,系统振动的确是永不

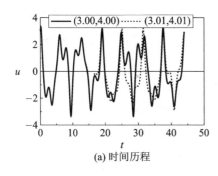
(a) 时间历程

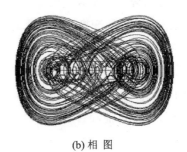
(b) 相　图

图 7.6.4　含阻尼 Duffing 系统的混沌振动

重复、貌似随机的运动。这种现象称为混沌，即俗称的"蝴蝶效应"。

为了更直观地理解混沌振动，令 $u=u_1,\dot{u}=u_2,t=u_3$，将式(a)改写为描述三维空间中自治系统的常微分方程组

$$\begin{cases} \dot{u}_1=u_2 \\ \dot{u}_2=-0.05u_2-u_1^3+7.5\cos u_3 \\ \dot{u}_3=1.0 \end{cases} \quad\text{(d)}$$

此时，式(d)的解是三维空间中随时间 t 演化的参数曲线：$\gamma\equiv t\mapsto\{u_1(t),u_2(t),u_3(t)\}$。在空间中取平面 Σ 与曲线 γ 横截，定义其为 Poincaré 截面。对于 $u_3=0$ 时自平面 Σ 出发的曲线 γ，当 $u_3=2\pi$ 时穿越平面 Σ，留下一个相点 (u_1,u_2)；当 $u_3=2k\pi$ 时(k 为正整数)，曲线 γ 与平面 Σ 相交 k 次。由图 7.6.5 可见，若曲线 γ 是以 2π 为周期的振动，则在右侧 Poincaré 截面 Σ 上表现为点 P；若 γ 是环面 S^2 上的概周期运动，则在右侧 Poincaré 截面 Σ 上表现为封闭的圆 S^1。因此，对式(d)所描述的系统运动，可转化为对 Poincaré 截面 Σ 上点的研究。这称为 Poincaré 点映射，它将式(d)所描述的 3 维空间曲线映射到 2 维平面 Σ 上。

对于系统的混沌振动，其在 Poincaré 截面上表现为有界的、永不重复的、具有吸引性的点集，称为奇怪吸引子。在图 7.6.5 中左侧的 Poincaré 截面 Σ 上，展示了数值求解式(d)得到的奇怪吸引子 S。根据分形理论，奇怪吸引子的维数是分数。

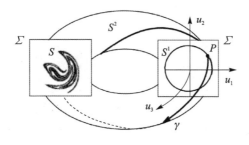

图 7.6.5　含阻尼 Duffing 系统几种振动的 Poincaré 截面

混沌现象解释了许多过去令人困惑的问题，从而与相对论、量子力学被誉为 20 世纪物理学的三大发现。它促使非线性振动研究进入了一个高潮，成为非线性科学的重要分支。它还在提高振动机械效率、加速化工过程、改善保密通讯等方面显示出应用前景。

在结束本章之际，归纳总结非线性系统的如下特征：

① 非线性系统不满足叠加性原理,无法采用模态坐标变换、模态叠加法、Duhamel 积分、Fourier 变换和 Laplace 变换等方法来进行研究;只有对极少数非常简单的非线性系统,能获得精确解。

② 非线性系统不再具有固有频率,其自由振动的振动频率和振幅有关;简谐激励下的系统稳态振动会包含激励频率的倍数频率、分数频率、组合频率等复杂成分。

③ 非线性系统可能存在多个平衡位置、多个稳态运动,真实运动的实现取决于运动稳定性和初始条件。

④ 非线性系统存在随系统参数变化而发生的分岔,还存在对初始条件异常敏感、局部不稳定但整体有界的混沌振动。

⑤ 非线性系统的上述特征导致对非线性振动的分析、计算和实验均有较大难度。与此同时,正确理解和利用非线性,可使动态设计、振动利用等具有更广阔发展空间。

▶▶▶ 思考题

7-1 在本书前 6 章,总是将机械和结构系统的微振动作为线性振动来研究,思考这样处理的合理性,列举不能这样处理的反例。

7-2 通过网络检索各类自激振动现象,思考在工程中是否可利用自激振动?

7-3 在多尺度法中,为何可将时间 $T_0=t$ 和 $T_1=\varepsilon t$ 视为两个独立的自变量?

7-4 为了利用振动采集能量,不少学者借助单自由度非线性系统的主共振,试图获得比线性系统更宽的工作频带。思考这有哪些优点和缺点,如何避免这样的缺点?

7-5 在结构振动实验中,发现几个共振峰对应的频率之比为整数。有人认为这是非线性系统的次共振,有人认为这是线性系统的共振。思考如何进行判断和检验?

7-6 对于一个三维非线性系统,若在其 Poincaré 截面上可获得二维系统的节点、鞍点、焦点、中心,应如何理解该系统的振动特征?

▶▶▶ 习　题

7-1 图 7-1 所示集中质量 m 连接于长为 $2l$ 的金属丝中点,位于无重力环境中。已知金属丝截面积为 A,弹性模量为 E,初始张力为 S。先建立集中质量沿水平方向作大幅位移运动 u 的动力学方程;再证明当 $|u| \ll l$ 时,该方程可近似为 Duffing 系统。

7-2 图 7-2 所示系统的集中质量在中央位置时弹簧无变形,设系统的初始位移非零而初始速度为零,求系统的自由振动频率。

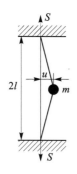

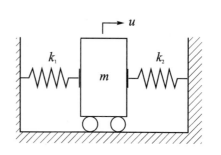

图 7-1 习题 7-1 用图　　　　　图 7-2 习题 7-2 用图

7-3 在图 7-3 所示倒立摆中,扭转弹簧产生弹性力矩正比于摆角 u,刚度系数为 k。先确定 $|u|<\pi$ 范围内系统的平衡点分布;再对 $k=ml^2$ 和 $l=2g/\pi$,确定平衡点位置和类型,并讨论其稳定性。

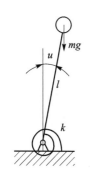

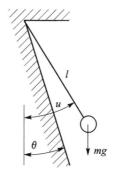

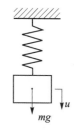

图 7-3 习题 7-3 用图　　图 7-4 习题 7-4 用图　　图 7-5 习题 7-5 用图

7-4 考虑图 7-4 所示与刚性墙作重复碰撞的微振动单摆,其每次碰撞前后的能量比大于1。先在初始角位移 $|u(0)|>|\theta|$ 前提下,分别绘出 $\theta>0$、$\theta=0$ 和 $\theta<0$ 时的相图;再证明当 $\theta>0$ 时摆经过有限时间达到静止,而当 $\theta<0$ 时摆永不静止。

7-5 在图 7-5 中,系统的非线性弹簧恢复力 q 与变形 δ 间关系为 $q(\delta)=k\delta+\epsilon k\delta^3$,其中 $k>0,0<\epsilon\ll1$,用摄动法分析重力场对系统自由振动的影响。

7-6 在 MATLAB 平台上绘制以下两个保守系统的相图,对系统平衡点的稳定性进行讨论。

(1) $\ddot{u}(t)-u(t)+u^3(t)=0$;

(2) $\ddot{u}(t)+u(t)-u^3(t)=0$。

7-7 对于图 7.1.4 中的重力摆,证明当基础运动满足一定条件时,系统可在摆角 180° 附近保持稳定。

7-8 用摄动法求例 7.3.1 的二次近似解;对于 $a_0=1$,选择不同的参数 ϵ,在 MATLAB 平台上采用 Runge-Kutta 法计算该系统的自由振动,验证二次近似解的精度高于一次近似解。

7-9 用多尺度法求 Van der Pol 系统自激振动的二次近似解。

7-10 求解下述系统的主共振稳态响应

$$\ddot{u}(t) + \omega_0^2 u(t) + \varepsilon \left[2\mu \dot{u}(t) + \omega_0^2 u^2(t)\right] = \varepsilon f_0 \cos(2\omega t)$$

任选一组系统参数和初始条件，在 MATLAB 平台上用 Runge - Kutta 法求解系统的响应，与解析结果进行对比。

7-11 对于无阻尼 Duffing 系统

$$\ddot{u}(t) + \omega_0^2 u(t) + \varepsilon \omega_0^2 u^3(t) = F_0 \cos(\omega t)$$

证明其具有如下纯 1/3 亚谐共振

$$u(t) = \bar{a}\cos\left(\frac{\omega t}{3}\right), \quad \bar{a} \equiv \sqrt[3]{\frac{4F_0}{\varepsilon \omega_0^2}}, \quad \omega \equiv 3\omega_0 \sqrt{1 + \frac{3\varepsilon \bar{a}^2}{4}}$$

7-12 对于含阻尼的 Duffing 系统

$$\ddot{u}(t) + \omega_0^2 u(t) + \varepsilon \left[2\mu \dot{u}(t) + \omega_0^2 u^3(t)\right] = F_0 \cos(\omega t)$$

证明其在激励频率为 $\omega \approx \omega_0/3$ 时的稳态超谐共振可表示为

$$u(t) = \bar{a}\cos(3\omega t + \bar{\psi}) + B\cos(\omega t), \quad B = \frac{F_0}{\omega_0^2 - \omega^2}$$

其中，振幅 $\bar{a}$ 和相位 $\bar{\psi}$ 满足

$$\begin{cases} \left[\mu^2 + \left(\sigma - 3\omega_0 B^2 - \dfrac{3\omega_0}{8}\bar{a}^2\right)^2\right]\bar{a}^2 = (\omega_0 B^3)^2 \\ \bar{\psi} = \tan^{-1}\left(\dfrac{\mu}{\sigma - 3\omega_0 B^2 - 3\omega_0 \bar{a}^2/8}\right) \end{cases}$$

讨论上述稳态振动随着激励频率 ω 变化产生的跳跃现象。

附录 A 用 MATLAB 求解振动问题

A1　MATLAB 及其常用命令

A1.1　MATLAB 简介

MATLAB 意为 Matrix Laboratory，是美国 The MathWorks，Inc. 公司研制的数值分析软件，在全球科技界具有广泛影响。MATLAB 主要适用于处理如下问题：

① 矩阵计算和矩阵分析；

② 信号分析计算和信号特征分析计算；

③ 计算机代数（符号运算与推导）；

④ 图像处理分析计算、图像特征分析及模式识别；

⑤ 系统控制及系统识别；

⑥ 数字仿真系统的设计及计算。

MATLAB 具有以矩阵作为基本数据元素的交互计算环境，用户在完成矩阵运算时，不必定义矩阵的行列数。它具有多种工具箱（库程序），可直接调用进行数学建模、信号处理、自动控制等领域的数值仿真，并对结果进行图形显示和动画显示。这非常有助于学习有关课程和开展科学研究。与早期自行编程和此后学习调用各种计算程序相比，MATLAB 使处理数值问题的起点上了一个台阶。

MATLAB 的一个重要特色是：提供工程计算与数字仿真软件的开发平台，用户可对其不断扩充发展。每一位 MATLAB 的使用者同时又是它的开发者。众多的 MATLAB 使用者已将自己编写的程序在 Internet 上公开，不断扩充着 MATLAB 的工具箱。

在 MATLAB 平台上，可以方便地进行振动系统的模态分析、瞬态响应计算、非线性振动计算、随机振动计算、各种振动信号的时域与频域分析、信号的特征分析、振动主动控制的设计。它特别适合求解中小型规模的研究性问题。

在 Window 环境下安装 MATLAB，与安装其他软件的方式相同。在 Windows 环境下进入 MATLAB 后，读者可直接在命令行窗口输入 demos，进入 MATLAB 帮助系统的主演示页面，查看演示程序；然后，便可尝试本附录中的算例。读者可在命令窗口的符号≫后输入例题中的命令，用分号结束命令；并可在命令后用符号％作注解。读者也可将命令写入一个名为"＊.m"的 ASCII 文件，点击编辑器的"运行"按钮或使用快捷键"F5"来批运行这些命令。

读者若不便使用 MATLAB 软件，可选择与 MATLAB 语言兼容的开源科学计算软件

Octave,在自由软件基金会(GNU, GNU′s Not Unix)的网址(ftp://ftp. gnu. org/gnu/oc-tave)下载其最新版本。本附录中的 MATLAB 程序均可在 Octave 平台上运行。

A1. 2　常用命令

MATLAB 程序的语言结构与 FORTRAN、C++等计算机语言类似,以下仅介绍本附录所涉及的若干主要命令。

1. 定义矩阵

矩阵是 MATLAB 进行数值操作和计算的基本单位,可通过如下四种方法定义。

① 直接输入法:以"[ ]"为标识符号定义矩阵,同行元素由空格或逗号分隔,行与行之间由分号或回车键分隔;MATLAB 可自动生成矩阵的行列数。

例如,输入:x=[2 4 6];则生成行向量 x=[2　4　6]。若命令结束时不用分号,则显示:A = 2 4 6

又如,输入:A=[1 2 3;4 5 6];则生成如下矩阵(若不用分号,则显示 A)

$$A = \begin{bmatrix} 1 & 2 & 3 \\ 4 & 5 & 6 \end{bmatrix}$$

② 冒号法:对于行距阵,可通过冒号定义。基本格式为 x=first:increment:last,表示创建从 first 开始,到 last 结束,元素增量为 increment 的行向量;若增量为 1,则格式可简化为 x=first:last。

例如,输入:x=2:2:6;则生成行向量:x=[2　4　6]。若不用分号,则显示:x=2　4　6

③ 函数生成法:通过函数命令可直接生成下述类型的矩阵。

- eye(n):生成 $n \times n$ 单位矩阵;
- eye(m, n):生成 $m \times n$ 单位矩阵;
- eye(size(A)):生成与矩阵 A 行列数相同的单位矩阵;
- ones(n):生成元素全为 1 的 $n \times n$ 矩阵;
- ones(m, n):生成元素全为 1 的 $m \times n$ 矩阵;
- ones(size(A)):生成元素全为 1、与矩阵 A 行列数相同的矩阵;
- zeros(n):生成元素全为 0 的 $n \times n$ 矩阵;
- zeros(m, n):生成元素全为 0 的 $m \times n$ 矩阵;
- zeros(size(A)):生成元素全为 0、与矩阵 A 行列数相同的矩阵;
- diag(v):生成以向量 v 中元素为对角元素的对角矩阵。

④ 文件生成法:当矩阵规模较大时,可通过 m 文件和文本文件生成矩阵。

2. 矩阵的基本运算

矩阵的基本运算包括:加、减、乘、乘方、左除、右除、点乘、点乘方、点左除、点右除、转置、求逆等,具体运算说明如表 A1 所列。

例如,以下命令定义三个行向量,完成后两个行向量对应元素的乘法,然后输出结果。

t = 0:0.2:0.6　　%生成并显示行向量 t = 0　0.2000　0.4000　0.6000

a = exp(−0.1*t)　%生成并显示行向量 a = 1.0000　0.9802　0.9608　0.9418

b = sin(t)　　　　%生成并显示行向量 b = 0　0.1987　0.3894　0.5646

u = a. * b;   %将 a 中各元素与 b 中对应元素相乘,赋予行向量 u

fprintf('位移为:\n'); u %在屏幕上显示"位移为:"以及 u 的数值,该命令详见表 A2

建议读者仿照上述几行命令,用表 A1 中的命令计算几个简单的矩阵运算并显示结果。然后,即可结合本附录的例题,阅读和掌握后续的 MATLAB 命令和编程。

表 A1   矩阵基本运算符号和函数

运算符/函数	定 义	说 明
+	加	对于标量的加、减、乘、乘方,均与传统意义一致。对于矩阵,加、减、乘及乘方,则与线性代数中的定义一致
−	减	
*	乘	
^	乘方	
\	左除	对于标量,a\b = b÷a;对于矩阵,A\B 对应求解线性方程 AX=B
/	右除	对于标量,a/b = a÷b;对于矩阵,B/A 对应求解线性方程 XA=B
. *	点乘	点运算指矩阵内元素与元素之间的运算,要求参与运算的变量在结构上类似
.^	点乘方	
.\	点左除	
./	点右除	
'	共轭转置	对于实矩阵,两者结果一致;对于复数矩阵 A,A' 为其共轭转置矩阵,即 $A'=\overline{A}^{T}$,而 A.' 为其转置矩阵,即 $A.'=A^{T}$
.'	非共轭转置	
inv	求逆	调用格式为 B=inv(A),计算非奇异方阵 A 的逆矩阵 B

3. 显示和输出数据

表 A2   显示和输出数据的命令调用格式

调用格式	说 明
fprintf('formatSpec', A1,···, An)	'formatSpec'是用单引号标记的字符串,按列顺序将该字符串规定的格式用于数组 A1,···,An,并在屏幕上显示结果
fprintf('fileID','formatSpec', A1,···,An)	'fileID'是用单引号标记的文件名;类似上一个命令,按'formatSpec'规定的格式,将数组 A1,···,An 写入文件'fileID'
nbytes = fprintf(___)	nbytes 表示写入数据的字节数

4. 绘制二维图

表 A3   绘制二维图的命令调用格式

调用格式	说 明
plot(x)	当 x 是实向量,绘制以向量元素标号为横坐标,向量元素值为纵坐标的曲线;当 x 是实矩阵,按列绘制对应的多条曲线;当 x 是复数向量或矩阵,绘制以实部为横坐标,虚部为纵坐标的曲线

调用格式	说　明
plot(x,y)	当 x 和 y 是同维向量,绘制以 x 为横坐标、以 y 为纵坐标的二维曲线;当 x 和 y 是相同行列数的矩阵,绘制以 x 的列元素为横坐标,以 y 对应的列元素为纵坐标的多条曲线;当 x 为向量,y 为矩阵,其行或列数与 x 的维数相等,绘制 x 为横坐标,以 y 对应的行/列元素为纵坐标的多条曲线;当 x 为矩阵,y 为向量,同上,但以 y 为横坐标
plot(x,y,'LineSpec')	'LineSpec'是用单引号标记的字符串,用来设置所画数据点的类型、大小、颜色以及数据点之间连线的类型、粗细、颜色等
plot(x1,y1,…,xn,yn)	绘制多条二维曲线,等价于逐次执行 plot(xi,yi)命令,i=1,2,…

5. 求解特征值问题

表 A4　求解特征值问题的命令调用格式

调用格式	说　明
lambda=eig(A)	求解矩阵 A 的特征值问题,得到由特征值组成的列阵 lambda
[V,D]=eig(A)	求解矩阵 A 的特征值问题,得到由特征值组成的对角阵 D 及特征向量矩阵 V
lambda=eig(A,B)	求解广义特征值问题 Ax=λBx,得到由特征值组成的列阵 lambda
[V,D]=eig(A,B)	求解广义特征值问题 Ax=λBx,得到由特征值组成的对角阵 D 和特征向量矩阵 V

6. 数值积分

表 A5　数值积分的命令调用格式

调用格式	说　明
q=integral(fun, xmin, xmax)	计算函数 fun 在区间 [xmin, xmax] 上的定积分
q=integral(fun, xmin, xmax, 'Name', Value)	'Name'是用单引号标记的字符,如 'RelTol'(相对误差)或 'AbsTol'(绝对误差);Value 是数字,给出误差要求

7. 求解常微分方程组

采用 4-5 阶 Runge-Kutta 法求解常微分方程组,其命令调用格式见表 A4。在 MATLAB 中,其他阶次的 Runge-Kutta 算法命令还有 ode23,ode113,ode15s,ode23s,ode23t 和 ode23tb,调用格式与 ode45 一致。

表 A6　求解常微分方程组的命令调用格式

调用格式	说　明
[t,y] = ode45(odefun,tspan,y0)	odefun 定义微分方程组的形式,tspan 定义积分区间,y0 定义初始条件
[t,y]=ode45(odefun,tspan,y0,options)	options 的参数是用单引号标记的字符,如 'RelTol'(相对误差),'AbsTol'(绝对误差),'MaxStep'(最大步长)等;其后跟随对应的数字 Value。通过 odeset 设置 options,其格式为: options = odeset('Name1',Value1,'Name2',Value2,…)

8. 计算快速 Fourier 变换

表 A7 快速 Fourier 变换的命令调用格式

调用格式	说 明
Y = fft(X)	计算向量 X 的 FFT
Y = fft(X,n)	计算向量 X 的 n 点 FFT。当 X 的长度小于 n 时,将在尾部补零,以构成 n 点数据;当 X 的长度大于 n 时,截断尾部数据,以构成 n 点数据
Y = fft(X,n,dim)	当 dim 为 1,计算矩阵 X 中各列向量的 FFT; 当 dim 为 2,计算矩阵 X 各行向量的 FFT

A2 第 2 章例题

例 2.4.1 单自由度系统在简谐激振力下的振动计算

```
% Ex2_4_1.m
% 设置系统参数
clear;
zeta = 0.1;
omega_n = 1;
t = 0：0.01：40;
% 根据该例题的式(f)输入振动位移
u = (1 - exp( - zeta * omega_n * t)). * sin(omega_n * t);
% 绘制位移的时间历程
plot(t, u, 'k', 'Linewidth', 2); hold on;
ylabel('u')；xlabel('t');
% 绘制位移的包络线
plot(t, 1 - exp( - zeta * omega_n * t), 'k', t, - 1 + exp( - zeta * omega_n * t), 'k');
```

扫描二维码
下载程序代码

例 2.9.1 单自由度系统在阶跃激振力下的振动计算

```
% Ex2_9_1.m
% 设置系统参数
clear;
zeta = 0.1;
m = 1;
omega_n = 1;
omega_d = omega_n * sqrt(1 - zeta^2);
% 设置采样点数和时间步长
n = 31;
delta_t = 30/(n - 1);
% 对各采样时间计算 Duhamel 积分
for j = 1：n
    t(j) = (j - 1) * delta_t;
```

```
F = @(tau)1/(m * omega_d) * exp( - zeta * omega_n * (t(j) - tau)). * sin(omega_d * (t(j) - tau));
    u(j) = integral (F, 0, t(j));
end
% 绘制位移的时间历程
plot(t,u); hold on;
ylabel('u'); xlabel('t');
```

A3　第3章例题

例 3.2.2　二自由度系统的自由振动计算

```
% Ex3_2_2.m
% 设置系统参数
clear;
m = 1;
k = 1;
mu = 1;
% 生成系统的质量矩阵和刚度矩阵
M = [m, 0; 0, m];
K = [k + mu * k, - mu * k; - mu * k, k + mu * k];
% 求解广义特征值问题
[Phi, Lambda] = eig(K, M);
% 计算关于第二个分量归一化的固有振型
for i = 1: 2
    omega(i) = sqrt(Lambda(i, i));
    Phi(:, i) = Phi(:, i)/Phi(2, i);
end
% 设置系统的初始条件
init_disp = [1, 0]';
init_vel = [0, 0]';
% 根据该例题的式(a)和式(b)求解 a1, b1, a2, b2
syms A1 B1 A2 B2
eqn = [Phi(:, 1) * A1 + Phi(:, 2) * A2 == init_disp, Phi(:, 1) * omega(1) * B1 + Phi(:, 2) * omega(2)
* B2 == init_vel];
    [a1, b1, a2, b2] = solve(eqn, [A1, B1, A2, B2]);
% 绘制自由振动的时间历程
t = 0: 0.01: 12;
U = a1 * Phi(:, 1) * cos(omega(1) * t) + a2 * Phi(:, 2) * cos(omega(2) * t);
subplot(2, 1, 1); plot(t, U(1, :)); ylabel('\itu_1');
subplot(2, 1, 2); plot(t, U(2, :)); ylabel('\itu_2'); xlabel('\itt');
```

例 3.2.7　汽车动力学模型的解耦计算

```
% Ex3_2_7.m
% 设置系统参数
```

```
clear;
m = 1800;
Jc = 3456;
l1 = 1.5;
l2 = 1.3;
k = 8.2e5;
%生成系统的质量矩阵及刚度矩阵
M = [m 0; 0 Jc];
K = [2 * k k * (l1 - l2); k * (l1 - l2) k * (l1^2 + l2^2)];
%求解广义特征值问题
[Phi, Lambda] = eig(K, M);
%计算按最大幅值归一化的固有振型
for i = 1:2
    f_n(i) = sqrt(Lambda(i, i))/(2 * pi);
    [n, I] = max(abs(Phi(:, i)));
    Phi(:, i) = Phi(:, i)/Phi(I, i);
end
%计算和输出模态参数
fprintf('固有频率为(Hz):\n'); f_n
fprintf('固有振型矩阵为:\n'); Phi
M_q = Phi' * M * Phi;
fprintf('模态质量矩阵为:\n'); M_q
K_q = Phi' * K * Phi;
fprintf('模态刚度矩阵为:\n'); K_q
```

例 3.3.2　三自由度系统的固有振动计算

```
% Ex3_3_2.m
clear;
%生成系统的质量矩阵及刚度矩阵
M = diag([1 1 1]);
K = [2 -1 0; -1 2 -1; 0 -1 1];
%求解广义特征值问题
[Phi, Lambda] = eig(K, M);
%计算按第三个分量归一化的固有振型
for i = 1: 3
    omega(i) = sqrt(Lambda(i, i));
    Phi(:, i) = Phi(:, i)/Phi(3, i);
end
%输出模态参数
fprintf('固有频率为(rad/s):\n'); omega
fprintf('固有振型为:\n'); Phi
```

例 3.5.1　二自由度系统的复模态自由振动计算

```
% Ex3_5_1.m
%设置系统参数
```

```
clear;
m = 1;
k = 1;
c = 0.1;
epsilon = 0.1;
% 生成系统的质量矩阵、刚度矩阵和阻尼矩阵
M = diag([m, m]);
K = [2 * k - k; - k 2 * k];
C = diag([c + epsilon, c]);
% 生成状态方程的系数矩阵
A = [C M; M zeros(2)];
B = [K zeros(2); zeros(2) - M];
% 求解广义特征值问题
[Psi,Lambda] = eig(B, - A);
fprintf(' 特征值矩阵为:\n'); Lambda
fprintf(' 特征向量矩阵为:\n'); Psi
% 设置初始条件
init = [1; - 1; 0; 0];
% 根据式(3.5.20)计算系统自由振动
t = 0: 0.01: 5;
w = zeros(4, length(t));
for i = 1: 4
    a(i) = Psi(:, i).' * A * Psi(:, i);
    w = w + Psi(:, i) * Psi(:, i).' * A * init * exp(Lambda(i, i) * t)/a(i);
end;
plot(t, w(1, :), 'r', t, w(2, :), 'b--', 'LineWidth', 1);
axis([0 5 - 1 1]);
ylabel('\itu_{1,2}'); xlabel('\itt');
legend('u_1','u_2'); grid on;
```

A4　第4章例题

例4.1.3　具有端部集中质量的杆固有振动计算

```
% Ex4_1_3.m
% 设置系统参数
clear;
alpha = 1;
% 绘制曲线 r = tan(beta)
beta = 0: 0.01: 10;
plot(beta, tan(beta)); hold on;
% 绘制曲线 r = alpha/beta
plot(beta, 1./beta * alpha);
axis([0 10 - 2 2]); xlabel('\beta'); ylabel('\gamma')
```

```
% 计算并输出前三阶特征值
beta_r = fsolve(@(b)tan(b) - alpha./b, [1 3 6]);
fprintf('前三阶特征值为:\n'); beta_r
```

例 4.2.2　悬臂梁的固有振动计算

```
% Ex4_2_2.m
clear;
% 绘制曲线 y = cos(x)
x = 0: 0.01: 10;
plot(x, cos(x)); hold on;
% 绘制曲线 y = -1/ch(x)
plot(x, -1./cosh(x));
axis([0 10 -1 1]);
% 计算前三阶特征值和固有频率
kl = fsolve(@(x)cos(x).*cosh(x) + 1, [2 4 8]);
omega = kl.^2;
fprintf('前三阶特征值为:\n'); kl
fprintf('前三阶固有频率为(rad/s):\n'); omega
% 计算和绘制前三阶固有振型
x = 0: 0.02: 1.0;
for i = 1: 3
    k = kl(i);
    a_2 = -(cos(k) + cosh(k))/(sin(k) + sinh(k));
    phi = cos(k*x) - cosh(k*x) + a_2*(sin(k*x) - sinh(k*x));
    figure(i); clf
    plot(x, -0.5*phi)
    hold on
    title(sprintf('第 %d 阶固有振型', i))
    axis([0, 1, -1, 1])
end
```

A5　第 5 章例题

例 5.2.1　用 Rayleigh 法计算三自由度系统的第一阶固有频率

```
% Ex5_2_1.m
clear;
% 生成系统的质量矩阵及刚度矩阵
M = diag([1 1 1]);
K = [2 -1 0; -1 2 -1; 0 -1 1];
% 求解广义特征值问题并输出第一阶固有频率
lambda = eig(K, M);
omega1 = sqrt(lambda(1))
% 根据 Rayleigh 商计算第一阶固有频率
```

```
psi = [1 2 3]';
omega1_R = sqrt(psi' * K * psi/(psi' * M * psi))
% 计算相对误差
Rel_err = (omega1_R - omega1)/omega1
```

例 5.2.3　用 Ritz 法计算三自由度系统的前二阶固有振动

```
% Ex5_2_3.m
% 设置系统参数
clear;
m = 1;
k = 1;
% 生成系统的质量矩阵及刚度矩阵
M = m * diag([1 1 1]);
K = k * [2 -1 0; -1 2 -1; 0 -1 1];
% 生成缩聚变换矩阵
psi1 = [1 2 3]';
psi2 = [1 1 -1]';
Psi = [psi1 psi2];
% 生成缩聚质量矩阵及缩聚刚度矩阵
MM = Psi' * M * Psi;
KK = Psi' * K * Psi;
% 求解缩聚的广义特征值问题
[Q, A_Lambda] = eig(KK, MM);
% 计算按第一个分量归一化的特征向量
for i = 1:2
    A_omega(i) = sqrt(A_Lambda(i, i));
    Q(:, i) = Q(:, i)/Q(1, i);
end
% 计算关于第三个分量归一化的近似固有振型
for i = 1:2
    A_Phi(:, i) = Psi * Q(:, i);
    A_Phi(:, i) = A_Phi(:,i)/A_Phi(3, i);
end
fprintf(' 近似固有频率为(rad/s):\n'); A_omega
fprintf(' 近似固有振型为:\n'); A_Phi
% 直接求解广义特征值问题
[Phi, Lambda] = eig(K, M);
% 计算关于第三个分量归一化的固有振型
for i = 1:3
    omega(i) = sqrt(Lambda(i, i));
    Phi(:, i) = Phi(:, i)/Phi(3, i);
end
fprintf(' 精确固有频率为(rad/s):\n'); omega
fprintf(' 精确固有振型为:\n'); Phi
% 计算相对误差
```

```
for i = 1: 2
    Rel_err(i) = (A_omega(i) − omega(i))/omega(i)
end
fprintf('固有频率相对误差为:\n'); Rel_err
```

例 5.3.2　用有限元法计算悬臂梁固有振动

```
%Ex5_3_2.m
%设置系统参数
clear;
l = 1;
b = 0.01;
rho = 7800;
E = 2.1e11;
A = b^2;
I = 1/12 * b^4;
m = rho * A * l;
%生成系统的刚度矩阵和质量矩阵
K = 4 * E * I/l^3 * [48 0 −24 6 * l; 0 4 * l^2 −6 * l l^2; ···
    −24 −6 * l 24 −6 * l; 6 * l l^2 −6 * l 2 * l^2];
M = rho * A * l/3360 * [1248 0 216 −26 * l; 0 8 * l^2 26 * l −3 * l^2; ···
    216 26 * l 624 + 3360 * m/(rho * A * l) −44 * l; −26 * l −3 * l^2 −44 * l 4 * l^2];
%求解广义特征值问题并输出前二阶固有频率
[Phi, Lambda] = eig(K, M);
for i = 1: 2
    f_n(i) = sqrt(Lambda(i, i))/(2 * pi);
end
fprintf('固有频率为(Hz):\n'); f_n
```

例 5.5.1　设备-弹性基础的耦合振动计算

```
%Ex5_5_1.m
%设置系统参数
clear;
l = 1;
b = 0.01;
rho = 7800;
E = 2.1e11;
eta = 0.001
m2 = rho * b^2 * l;
m1 = 5 * m2;
%生成系统的质量矩阵和刚度矩阵
M = 1/2 * m2 * [11 −10 10; −10 11 −10; 10 −10 11];
K = pi^4 * b^4 * E/(24 * l^3) * diag([1, 81, 625]);
%求解广义特征值问题并输出固有频率
[Phi, Lambda] = eig(K, M);
for i = 1: 3
```

```
        f_n(i) = sqrt(Lambda(i, i))/(2 * pi);
end
fprintf('固有频率为(Hz)：\n'); f_n
% 用 Runge - Kutta 法计算系统受迫振动
M_inv = inv(M);
T = 15;
N = 4096;
tspan = [T/N * (0: N - 1)];
[t, y] = ode45(@(t, y) Ex551(t, y, M_inv, K), tspan, [0 0 0 0 0 0]);
% 计算梁中点的铅垂振动并绘制时间历程(单位为 mm)
w_mid = sin(pi/2) * y(:, 1) + sin(pi/2 * 3) * y(:, 2) + sin(pi/2 * 5) * y(:, 3);
figure(1); clf;
plot(t, 1000 * w_mid);
xlabel('t/s'); ylabel('w/mm');
% 参考 6.2.2 节计算位移的 Fourier 变换并转化为单边幅值谱
fs = N/T;
Y = fft(y(:, 1));
P2 = abs(Y/N);
P1 = P2(1: N/2 + 1);
P1(2: end - 1) = 2 * P1(2: end - 1);
ff = fs * (0: (N/2))/N;
% 绘制位移的幅值谱(单位为 mm)
figure(2); clf;
plot(ff, 1000 * P1);
xlabel('f/Hz'); ylabel('W/mm');
axis([0 30 0 2]);


% Ex551.m(子程序)：为 Ex5_5_1.m 定义常微分方程组
function dw = Ex551(t, y, M_inv, K)
% 生成激振力
f0 = 10;
fS = 0;
fT = 5;
t1 = 10;
t2 = 15;
if t > = 0 && t < = t1
    w = 2 * pi * (fS + (fT - fS) * t/t1);
elseif t > t1 && t < = t2
    w = 4 * pi * fT;
end;
f = f0 * sin(w * t);
% 生成常微分方程组
for i = 1: 3
    p(i) = - K(i, i) * y(i) - C(i, i) * y(i + 3) + sin((2 * i - 1) * pi/2) * f
end
```

```
q = M_inv * [p(1) p(2) p(3)]';
dw = zeros(6,1);
for i = 1: 3
    dw(i) = y(i + 3);
    dw(i + 3) = q(i);
end
```

例 5.6.1　直升机桨叶的固有振动计算

```
% Ex5_6_1.m
% 设置桨叶参数
clear;
EI_y = 2.9324e4;
EI_z = 3.064034e6;
rhoA = 13.51;
l = 8;
omega = 25; % 更改该转速,可获得不同结果
% 生成桨叶的刚度矩阵和质量矩阵
K_y = zeros(10, 10);
K_z = zeros(10, 10);
M = zeros(10, 10);
for r = 1: 10
    for s = 1: 10
        K_y(r, s) = EI_y * (r + 1) * (s + 1) * r * s * l^(r + s - 1)/(r + s - 1) + ···
        rhoA * omega^2 * (r + 1) * (s + 1) * l^(r + s + 3)/((r + s + 1) * (r + s + 3));
        K_z(r, s) = EI_z * (r + 1) * (s + 1) * r * s * l^(r + s - 1)/(r + s - 1) + ···
        rhoA * omega^2 * (r + 1) * (s + 1) * l^(r + s + 3)/((r + s + 1) * (r + s + 3));
        M(r, s) = rhoA/(r + s + 3) * l^(r + s + 3);
    end
end
% 求解广义特征值问题
[Phi_y, Lambda_y] = eig(K_y, M);
[Phi_z, Lambda_z] = eig(K_z, M);
for i = 1: 10
    f_y(i) = sqrt(Lambda_y(i, i))/(2 * pi);
    f_z(i) = sqrt(Lambda_z(i, i))/(2 * pi);
    Phi_y(:, i) = Phi_y(:, i);
    Phi_z(:, i) = Phi_z(:, i);
End
% 输出桨叶的固有频率
fprintf('挥舞固有频率为(Hz):\n'); f_y
fprintf('摆动固有频率为(Hz):\n'); f_z
% 绘制桨叶的前四阶挥舞振型
x = 0: 0.2: 8;
figure(1); clf;
for i = 1: 4
```

```
        subplot(4, 1, i); plot(x, Phi_y(1: 10, i)' * [x.^2; x.^3; x.^4; x.^5; x.^6; x.^7; x.^8; x.^9; x.
^10; x.^11],'LineWidth',2);
        hold on; plot([0, 8], [0, 0],'- -');
        title(sprintf('第 % d 阶挥舞振型 ', i))
        axis([0, 8, - 0.5, 0.5])
    end
    % 绘制桨叶的前二阶摆动振型
    figure(2); clf;
    for i = 1: 2
        subplot(4, 1, i); plot(x, Phi_z(1: 10, i)' * [x.^2; x.^3; x.^4; x.^5; x.^6; x.^7; x.^8; x.^9; x.
^10; x.^11],'LineWidth',2);
        hold on; plot([0, 8], [0, 0],'--');
        title(sprintf('第 % d 阶摆动振型 ', i))
        axis([0, 8, - 0.2, 0.2])
    end
```

≫≫≫ A6　第 6 章例题

例 6.2.2　对正弦扫频信号作快速 Fourier 变换

```
% Ex6_2_2.m
% 设置信号和采样参数
clear;
u0 = 10; % 信号幅值
f1 = 0; % 频率下界
f2 = 20; % 频率上界
T = 10; % 信号长度
N = 1024; % 采样点数
fs = N/T; % 采样频率
% 对模拟信号采样
t = T/N * (0: N - 1);
u = u0 * sin(2 * pi * (f1 + t * (f2 - f1)/(2 * T)). * t);
% 绘制信号的时间历程
figure(1); clf;
plot(t, u); xlabel('t/s'); ylabel('u/mm');
axis([0 10 - 11 11]);
% 计算信号的 Fourier 变换并转换为单边幅值谱
Y = fft(u);
P2 = abs(Y/N);
P1 = P2(1: N/2 + 1);
P1(2: end - 1) = 2 * P1(2: end - 1);
ff = fs * (0: (N/2))/N;
% 绘制信号的幅值谱
figure(2); clf;
```

```
plot(ff, P1); xlabel('f/Hz'); ylabel('U/mm');
axis([0 40 0 1.0]);
```

A7　第 7 章例题

例 7.2.4　Van der Pol 系统的自激振动计算

```
% Ex7_2_4.m
% 设置系统参数和两组初始条件
clear;
epsilon = 1;  % 可取该参数为 0.1 和 1.0 进行对比
init1 = [0.1, 0.0];
init2 = [-2.0, 2.0];
% 用 Runge-Kutta 法求解 Van der Pol 系统的自激振动
tspan = [0: 1e-2: 100];
[t1, y1] = ode15s(@(t, y) Ex724(t, y, epsilon), tspan, init1);
[t2, y2] = ode15s(@(t,y) Ex724(t, y, epsilon), tspan, init2);
% 绘制系统的相轨线
figure(1); clf;
plot(y1(:, 1), y1(:, 2),'-b'); hold on;
plot(y2(:, 1), y2(:, 2), '-r');
xlabel('u'); ylabel('du/dt');
axis([-3 3 -3.5 3.5]);
% 计算位移的 Fourier 变换并转换为单边幅值谱
N = 4096;
Y = fft(y1((end-N):(end-1),1));
fs = N/(t1(end) - t1(end-N));
P2 = abs(Y/N);
P1 = P2(1: N/2+1);
P1(2: end-1) = 2*P1(2: end-1);
ff = fs*(0:(N/2))/N;
% 绘制位移的幅值谱
figure(2); clf;
plot(ff, P1);
axis([0 2 0 2]);
xlabel('f/Hz'); ylabel('U');

% Ex724.m(子程序):为 Ex7_2_4.m 定义常微分方程组
function dw = Ex724(t, y, a)
dw = zeros(2, 1);
dw(1) = y(2);
dw(2) = -y(1) - a*(y(1)^2 - 1)*y(2);
```

例 7.6.2   Duffing 系统的混沌振动计算

```
% Ex7_6_2.m
clear;
% 设置两组相近的初始条件
init1 = [3.00, 4.00];
init2 = [3.01, 4.01];
% 用 Runge - Kutta 法求解 Duffing 系统的混沌振动
tspan = [0 200];
[t1, y1] = ode45('Ex762', tspan, init1);
[t2, y2] = ode45('Ex762', tspan, init2);
% 绘制位移的时间历程
figure(1); clf;
plot(t1, y1(:, 1),'- b'); hold on;
plot(t2, y2(:, 1),'-- r');
xlabel('t'); ylabel('u');
legend('(3.00, 4.00)','(3.01, 4.01)');
axis([0 50 - 4 4])
% 绘制系统的相轨线
figure(2); clf;
plot(y1(:, 1), y1(:, 2),'- b'); hold on;
plot(y2(:, 1), y2(:, 2),'- r');

% Ex762.m(子程序):为 Ex7_6_2.m 定义常微分方程组
function dw = Ex762(t, y)
dw = zeros(2, 1);
dw(1) = y(2);
dw(2) = - y(1)^3 - 0.05 * y(2) + 7.5 * cos(t);
```

附录 B Fourier 变换性质及其常用变换对

表 B1 Fourier 变换的性质

性质	原函数 $f(t),f_1(t),f_2(t)$	Fourier 变换 $F(\omega),F_1(\omega),F_2(\omega)$
线性	$\alpha f_1(t)+\beta f_2(t)$	$\alpha F_1(\omega)+\beta F_2(\omega)$
时移	$f(t-\tau)$	$\exp(-i\omega\tau)F(\omega)$
频移	$\exp(i\omega_0 t)f(t)$	$F(\omega-\omega_0)$
时域导数	$f^{(n)}(t)$	$(i\omega)^n F(\omega)$
频域导数	$(-it)^n f(t)$	$F^{(n)}(\omega)$
时域积分	$\displaystyle\int_{-\infty}^{t} f(t)\mathrm{d}t$	$\dfrac{F(\omega)}{i\omega}$
时域卷积	$f_1(t)*f_2(t)\equiv\displaystyle\int_{0}^{t} f_1(t-\tau)f_2(\tau)\mathrm{d}\tau$	$F_1(\omega)F_2(\omega)$

表 B2 常用 Fourier 变换对

原函数	Fourier 变换
Dirac 函数 $\delta(t)$	1
1	$2\pi\delta(\omega)$
单位阶跃函数 $s(t)\equiv\begin{cases}0, & t<0 \\ 1, & t\geqslant 0\end{cases}$	$\dfrac{1}{i\omega}+\pi\delta(\omega)$
$ts(t)$	$\dfrac{1}{(i\omega)^2}$
$\cos(\omega_0 t)$	$\pi\left[\delta(\omega+\omega_0)+\delta(\omega-\omega_0)\right]$
$\sin(\omega_0 t)$	$i\pi\left[\delta(\omega+\omega_0)-\delta(\omega-\omega_0)\right]$
$\exp(i\omega_0 t)$	$2\pi\delta(\omega-\omega_0)$
$\exp(i\omega_0 t)s(t)$	$\dfrac{1}{i(\omega-\omega_0)}$
$\exp(-\alpha t),\quad \alpha>0$	$\dfrac{2\alpha}{\alpha^2+\omega^2}$
$\exp(-\alpha t)s(t),\quad \alpha>0$	$\dfrac{1}{\alpha+i\omega}$
$\exp(-\alpha t)\sin(\omega_0 t)s(t),\quad \alpha>0$	$\dfrac{\omega_0}{\omega_0^2-(\omega-i\alpha)^2}$
$\exp(-\alpha t)\cos(\omega_0 t)s(t),\quad \alpha>0$	$\dfrac{i(\omega-i\alpha)}{\omega_0^2-(\omega-i\alpha)^2}$

附录 C Laplace 变换性质及其常用变换对

表 C1 Laplace 变换的性质

性 质	原函数 $f(t), f_1(t), f_2(t)$	Laplace 变换 $F(s), F_1(s), F_2(s)$
线 性	$\alpha f_1(t) + \beta f_2(t)$	$\alpha F_1(s) + \beta F_2(s)$
时 移	$f(t-\tau), \quad \tau > 0$	$\exp(-s\tau) F(s)$
频 移	$\exp(at) f(t)$	$F(s-a)$
卷 积	$f_1(t) * f_2(t) \equiv \int_0^t f_1(t-\tau) f_2(\tau) \mathrm{d}\tau$	$F_1(s) F_2(s)$
时域导数	$\dot{f}(t), \quad \ddot{f}(t)$	$sF(s) - f(0^+), \quad s^2 F(s) - sf(0^+) - \dot{f}(0^+)$
频域导数	$(-1)^n t^n f(t)$	$F^{(n)}(s)$
时域积分	$\int_0^t f(\tau) \mathrm{d}\tau$	$\dfrac{F(s)}{s}$
频域积分	$\dfrac{f(t)}{t}$	$\int_s^{+\infty} F(u) \mathrm{d}u$

表 C2 常用 Laplace 变换对

原函数	Laplace 变换
Dirac 函数 $\delta(t)$	1
单位阶跃函数 $s(t)$	$\dfrac{1}{s}$
$\exp(at)$	$\dfrac{1}{s-\alpha}$
$\sin(\omega t)$	$\dfrac{\omega}{s^2 + \omega^2}$
$\cos(\omega t)$	$\dfrac{s}{s^2 + \omega^2}$
$\sinh(\lambda t)$	$\dfrac{\lambda}{s^2 - \lambda^2}$
$\cosh(\lambda t)$	$\dfrac{s}{s^2 - \lambda^2}$
$\exp(-at)\sin(\omega t)$	$\dfrac{\omega}{(s+\alpha)^2 + \omega^2}$

原函数	Laplace 变换
$\exp(-\alpha t)\cos(\omega t)$	$\dfrac{s+\alpha}{(s+\alpha)^2+\omega^2}$
$\dfrac{1}{(n-1)!}t^{n-1}\exp(-\alpha t)$，$n$ 为正整数	$\dfrac{1}{(s+\alpha)^n}$
$\dfrac{1}{\sqrt{1-\zeta^2}\,\omega_n}\exp(-\zeta\omega_n t)\sin(\sqrt{1-\zeta^2}\,\omega_n t)$	$\dfrac{1}{s^2+2\zeta\omega_n s+\omega_n^2}$

参考文献

[1] Balachandran B, Magrab E B. Vibrations[M]. 3rd ed. Cambridge: Cambridge University Press, 2019.

[2] Craig Jr R R, Kurdila A J. Fundamentals of Structural Dynamics[M]. 2nd ed. New York: John Wiley & Sons Inc., 2006.

[3] Den Hartog J P. Mechanical Vibrations[M]. 4th ed. New York: Dover Publications Inc., 1985.

[4] Hagedorn P, Das Gupta A. Vibrations and Waves in Continuous Mechanical Systems[M]. Chichester: John Wiley & Sons Inc., 2007.

[5] Harris C M. Shock and Vibration Handbook [M]. 3rd ed. New York: McGraw - Hill Book Company, 1988.

[6] Inman D. Engineering Vibrations[M]. 4th ed. London: Pearson Education. 2013.

[7] Jinsberg J H. Mechanical and Structural Vibrations: Theory and Applications[M]. Baffins Lane: John Wiley & Sons Inc., 2001.

[8] Kelley S J. Mechanical Vibrations: Theory and Applications[M]. 2nd ed. Stamford: Cengage Learning, 2012.

[9] Meirovitch L. Fundamentals of Vibrations[M]. International ed. Singapore: McGraw Hill Book Company, 2001.

[10] Meirovitch L. Computational Methods in Structural Dynamics[M]. Alphen aan den Rijn: Sijthoff & Noordhoff, 1980.

[11] Mueller P C, Schiehlen W O. Lineare Schwingungen[M]. Wiesbaden: Akademische Verlagsgesellschaft, 1976.

[12] Palm III W J. Mechanical Vibration[M]. Hoboken: John Wiley & Sons Inc., 2016.

[13] Rao S S. Vibration of Continuous Systems[M]. New York: John Wiley & Sons Inc., 2007.

[14] Rao S S. Mechanical Vibrations[M]. 6th ed. London: Pearson Education, 2018.

[15] ShabanaA. Vibration of Discrete and Continuous Systems[M]. 3rd ed. Cham: Springer Nature, 2019.

[16] Thomson W T, Dahleh M D. Theory of Vibration with Applications[M]. 4th ed. Boca Raton: CRC Press, 2018.

[17] Timoshenko S, Young D H, Weaver Jr W. Vibration Problems in Engineering[M]. 4th ed. New York: John Wiley and Sons Inc., 1974.

[18] Zhou S D, Heylen W, Liu L. Structural Dynamics[M]. Beijing: Beijing Institute of Technology Press, 2016.

[19] 机械振动、冲击名词术语. 中华人民共和国国家标准 GB2298－80. 1980.

[20] 丁文镜. 减振理论[M]. 北京: 清华大学出版社, 1988.

[21] 傅志方. 振动模态分析与参数辨识[M]. 北京: 机械工业出版社, 1990.

[22] 胡海昌. 多自由度结构固有振动理论[M]. 北京：科学出版社，1987.

[23] 胡海岩. 机械振动与冲击[M]. 北京：航空工业出版社，1998.

[24] 胡海岩. 应用非线性动力学[M]. 北京：航空工业出版社，2000.

[25] 胡海岩. 振动力学——研究性教程[M]. 北京：科学出版社，2020.

[26] 季文美，方同，陈松琪. 机械振动[M]. 北京：科学出版社，1985.

[27] 刘延柱，陈文良，陈立群. 振动力学[M]. 3 版. 北京：高等教育出版社，2019.

[28] 苗同臣. 振动力学习题精解与 MATLAB 应用[M]. 北京：中国建筑工业出版社，2019.

[29] 张阿舟，姚起杭. 振动控制工程[M]. 北京：航空工业出版社，1989.

[30] 张阿舟，张克荣，姚起杭. 振动环境工程[M]. 北京：航空工业出版社，1986.